DIFFERENTIËREN IN HET REKENONDERWIJS

Hoe doe je dat in de praktijk?

Eva van de Weijer-Bergsma
Hans van Luit
Emilie Prast
Evelyn Kroesbergen
Jarise Kaskens
Carla Compagnie-Rietberg
Ina Cijvat
Henk Logtenberg

Dit boek werd mede mogelijk gemaakt met de financiële steun van de Nederlandse Organisatie voor Wetenschappelijk Onderzoek in het kader van het programma 'Rekenen in het primair onderwijs' (dossiernummer 411-10-753).

Colofon

Omslagontwerp	Eva van de Weijer-Bergsma
Foto's	Eva van de Weijer-Bergsma
Opmaak binnenwerk	Renate Siebes | Proefschrift.nu
Afbeeldingen	Bente Daanen
ISBN	978-94-91337-62-8
NUR	841 - 848 - 846 - 190

© 2016 Graviant scientific & educational books, Doetinchem.

Niets uit deze uitgave mag worden verveelvoudigd en/of openbaar gemaakt door middel van druk, fotokopie, microfilm, geluidsband of op welke andere wijze ook, zonder voorafgaande schriftelijke toestemming van de uitgever.

Inhoudsopgave

	Voorwoord	5
Hoofdstuk 1	Inleiding	11
Hoofdstuk 2	Onderwijsbehoeften vaststellen [stap 1]	25
Hoofdstuk 3	Doelen stellen [stap 2]	57
Hoofdstuk 4	Gedifferentieerde instructie [stap 3]	73
Hoofdstuk 5	Gedifferentieerde verwerking [stap 4]	91
Hoofdstuk 6	Evaluatie [stap 5]	105
Hoofdstuk 7	Implementatie en praktijkervaringen	121
Hoofdstuk 8	Wetenschappelijke verantwoording	157
	Literatuur	183
	Bijlagen	193
I	Differentiatie Zelfevaluatie Vragenlijst	194
II	Leerdoelen voor leerkrachten	201
III	Kijkwijzer Differentiëren in de rekenles	204
IV	Aanbieders van het GROW traject	215

Voorwoord

Aanleiding voor dit boek

Goede rekenvaardigheid is zeer belangrijk voor het dagelijks functioneren en de verdere (school)loopbaan van kinderen. Ieder kind verdient goed rekenonderwijs, dus ook de zwakke en sterke leerlingen: onderwijs dat uitgaat van de mogelijkheden van een kind, voldoende uitdaging biedt en daarbij rekening houdt met verschillen in onderwijsbehoeften. Een sleutelrol voor het afstemmen van het rekenonderwijs op verschillen in onderwijsbehoeften (oftewel differentiëren) ligt bij de leerkracht[1], die daarmee kan zorgen dat alle leerlingen zo veel mogelijk profiteren van de les.

Voor veel leerkrachten is differentiatie een uitdaging. Hoe breng je in kaart wat de onderwijsbehoeften van leerlingen in de klas zijn? En hoe vertaal je dit naar leerdoelen en rekeninstructie? Welke verwerkingsopdrachten geef je leerlingen? Hoe kun je evalueren of de gekozen aanpak gewerkt heeft? En ook niet onbelangrijk: Hoe organiseer je dit, in de klas, maar ook schoolbreed? Dit boek zet uiteen hoe differentiatie in het rekenonderwijs vorm gegeven kan worden.

In dit boek worden de opbrengsten van het project 'Gedifferentieerd RekenOnderWijs' (GROW) beschreven. De opzet van GROW was om een breed inzetbaar nascholingstraject te ontwikkelen, met als doel het bieden van duidelijke handvatten voor onderwijsprofessionals. Het project, inclusief dit boek, is tot stand gekomen mede dankzij financiële steun van de Nederlandse Organisatie voor Wetenschappelijk Onderzoek (NWO)[2]. De bevindingen uit het project zijn verwerkt in dit boek, om daarmee antwoord te geven op de volgende vragen:

- Hoe ziet goede differentiatie in het rekenonderwijs eruit?
- Welke kennis en vaardigheden moeten leerkrachten hebben om goed gedifferentieerd rekenonderwijs aan te bieden?

Opbouw van het boek

In de verschillende hoofdstukken zullen op een systematische en stapsgewijze manier handvatten geboden worden, die schoolteams in staat stellen om differentiatie toe te passen in het rekenonderwijs. In *hoofdstuk 1* worden algemene uitgangspunten voor differentiatie besproken en wordt de differentiatiecyclus als systematisch werkmodel geïntroduceerd. Ook komen rekeninhoudelijke modellen aan bod die een belangrijke basis bieden voor het

---

[1] In dit boek wordt ten behoeve van de leesbaarheid naar de leerkracht met 'zij' verwezen en naar de leerling met 'hij'.
[2] Het onderzoeksproject "Ieder kind heeft recht op gedifferentieerd rekenonderwijs" werd door NWO gesubsidieerd in het kader van het programma 'Rekenen in het primair onderwijs' (dossiernummer 411-10-753).

afstemmen van rekenonderwijs op verschillende onderwijsbehoeften. De daaropvolgende hoofdstukken (2 t/m 6) bieden een uitgebreide toelichting op de verschillende stappen uit de differentiatiecyclus. In de uitwerking van de stappen worden zoveel mogelijk handvatten gegeven voor de toepassing van differentiatie in de dagelijkse rekenonderwijspraktijk. De handvatten zijn toepasbaar in verschillende schooltypen, ongeacht welke rekenmethode wordt gebruikt en óf een rekenmethode wordt gebruikt. In *hoofdstuk 2* wordt beschreven hoe leerkrachten inzicht kunnen krijgen in de verschillende onderwijsbehoeften van de leerlingen in hun klas. *Hoofdstuk 3* bespreekt hoe leerkrachten kennis over de onderwijsbehoeften kunnen gebruiken bij het stellen van doelen. *Hoofdstuk 4* geeft inzicht in hoe leerkrachten hun instructie kunnen vormgeven om tegemoet te komen aan de verschillende onderwijsbehoeften en gestelde doelen. *Hoofdstuk 5* gaat in op differentiatie in verwerkingsopdrachten: hoe kunnen verwerkingsopdrachten aangepast worden om goed aan te sluiten bij verschillende onderwijsbehoeften en doelen? In *hoofdstuk 6* wordt beschreven hoe leerkrachten kunnen evalueren of de gekozen aanpak gewerkt heeft, en welke nieuwe informatie dit oplevert over de onderwijsbehoeften van hun leerlingen. *Hoofdstuk 7* gaat over de implementatie van gedifferentieerd rekenonderwijs. Wat bepaalt of een nieuwe aanpak succesvol is? En welke praktijkervaringen zijn er al opgedaan met de implementatie en borging van differentiatie in het rekenonderwijs? Tot slot wordt in *hoofdstuk 8* de wetenschappelijke verantwoording beschreven. Hierbij wordt beschreven hoe het GROW nascholingstraject is vormgegeven op basis van literatuuronderzoek, focusgroepdiscussies met rekenexperts en interviews met 'best-practice' leerkrachten. Ook worden resultaten uit een grootschalige effectstudie gepresenteerd, waarbij een antwoord wordt gegeven op de vraag wat er dankzij het nascholingstraject is veranderd bij zowel de leerkrachten als de leerlingen.

Leeswijzer

Differentiëren is een complexe vaardigheid en dat wordt weerspiegeld door de vele informatie in dit boek. Veel van deze informatie gaat uit van de *ideale* situatie (de *ideale* leerkracht, de *ideale* school). Hoewel dit niet de bedoeling is, kan dit op de lezer overkomen als onhaalbaar. De informatie in het boek is bedoeld om een kader en handvatten te geven bij het vormgeven van differentiatie in het rekenonderwijs. Het boek kan gebruikt worden om te reflecteren: Wat doen wij, als team (of ik, als leerkracht) al? Wat nog niet? Waar willen wij naar toewerken?

Het realiseren van passend en gedifferentieerd rekenonderwijs vraagt ook van leerkrachten en schoolleiders om maatwerk. Niet alleen leerlingen verschillen, ook leerkrachten verschillen in de mate waarin ze competent zijn en zich competent voelen in het realiseren van differentiatie. Het is belangrijk dat leerkrachten zich hierin kunnen professionaliseren. Het boek kan dan ook op verschillende manieren gebruikt worden. Schoolteams en leerkrachten kunnen het boek gebruiken als overzicht en tijdens het lezen ideeën opdoen over aspecten van differentiatie die nog geoptimaliseerd kunnen worden. Zij kunnen echter ook oplossingen en suggesties in het boek opzoeken op basis van problemen waar zij in de praktijk tegenaan lopen of vanuit affiniteit of interesse met een bepaald thema (bijvoorbeeld gevorderde rekenaars). Leerkrachten kunnen ook (individueel of in teamverband) met een vragenlijst in kaart brengen welke aspecten van differentiatie zij al toepassen en in welke mate (zie bijlage I. Differentiatie Zelf-evaluatie Vragenlijst). Op basis van deze inventarisatie kan de leerkracht bepalen aan welk(e) aspect(en) van differentiatie zij wil werken (en eventueel in welke volgorde). Ook (collegiale) klassenconsultatie zou een aanleiding kunnen zijn om de aandacht te vestigen op sterke aspecten van differentiatie en aspecten die nog beter kunnen (zie bijlage III voor de Kijkwijzer Differentiëren in de rekenles). Daarnaast kunnen leerkrachten die al veel aan differentiatie doen hun kennis verdiepen en zullen ze tijdens het lezen tips tegenkomen die ze direct kunnen en willen toepassen. Een andere mogelijkheid is om schoolbreed te kiezen om samen één of enkele aspecten van differentiatie te versterken.

Om het de lezer te vergemakkelijken, bieden wij op verschillende manieren ondersteuning in het boek. In de hoofdstukken 2 t/m 6 over de verschillende stappen van de differentiatiecyclus worden verschillende pictogrammen gebruikt om de lezer te helpen om een weg te vinden in de informatie.

 Intensieve subgroep, met dit pictogram verwijzen we naar tekst die specifiek ingaat op leerlingen die meer moeite hebben met één of meer (sub)domeinen van het rekenen.

 Gevorderde subgroep, met dit pictogram verwijzen we naar tekst die specifiek ingaat op leerlingen die meer aan kunnen en meer uitdaging nodig hebben bij het rekenen.

 Groepen 1 en 2, met dit pictogram verwijzen we naar tekst die specifiek ingaat op voorbereidend rekenonderwijs in de onderbouw.

 Voorwaarden voor differentiatie, met dit pictogram verwijzen we naar tekst die erop ingaat aan welke voorwaarden moet worden voldaan om te kunnen differentiëren.

Organisatie, met dit pictogram verwijzen we naar tekst die ingaat op aspecten die te maken hebben met de organisatie en planning van differentiatieactiviteiten.

 Voorbeeld of stappenplan, met dit pictogram verwijzen we in blauw gekleurde boxen naar een voorbeeld of stappenplan dat u in de praktijk kunt gebruiken.

Dankwoord

In het project GROW hebben medewerkers van de volgende instellingen geparticipeerd als consortiumlid: Hogeschool Windesheim (Jarise Kaskens & Anton Boonen), Hogeschool Utrecht (Mieke van Groenesteijn & Marianne Konings), Marnix Onderwijscentrum (Carla Compagnie, Lourens van der Leij & Martine van Schaik), Expertis (Ina Cijvat, Tessa Egbertsen, Gert Gelderblom & Marcel Schmeier), Rekenkracht (Bronja Versteeg; eerder via Giralis-groep), CED-groep (Marcel Absil, Ruud Janssen & Lenie van den Bulk), CPS Onderwijsontwikkeling & advies (Henk Logtenberg & Suzanne de Lange), Academische Lerarenopleiding Primair Onderwijs Hogeschool Utrecht/Universiteit Utrecht (Karel Stokkink), Universiteit Utrecht afdeling Onderwijskunde (Gijsbert Erkens). Wij willen alle consortiumleden hartelijk danken voor hun waardevolle bijdrage tijdens de consortiumbijeenkomsten, ontwikkeling van materialen voor het nascholingstraject en inzet bij het verzorgen van de teambijeenkomsten en coachbijeenkomsten in het kader van het traject. Tevens willen wij Anneke Noteboom en Sylvia van Os van de Stichting Leerplanontwikkeling (SLO) hartelijk danken voor hun bereidheid tot meedenken en het beschikbaar stellen van materialen voor het traject.

Daarnaast danken we alle leerlingen, leerkrachten, projectcoaches en directies van de scholen die in het kader van het project GROW hebben deelgenomen aan de trainingen en de intensieve onderzoeksmetingen voor de pilotstudie en de hoofdstudie. Hun bijdrage aan dit project is van groot belang geweest. Een lijst met namen van de deelnemende scholen is opgenomen in hoofdstuk 8.

Naast de auteurs hebben ook anderen bijgedragen aan de totstandkoming van dit boek: Wij willen Samantha Martens danken voor haar ondersteuning bij het schrijven in het kader van haar stage. Daarnaast willen wij Lourens van der Leij danken voor het lezen en becommentariëren van de stukken in de laatste fase van het schrijven.

Eva van de Weijer-Bergsma, Hans van Luit, Emilie Prast en Evelyn Kroesbergen
Universiteit Utrecht
Januari 2016

Hoofdstuk 1

Inleiding

Iedere leerkracht heeft te maken met verschillen tussen leerlingen in de klas. Dit geldt ook voor het rekenonderwijs en begint al bij het voorbereidend rekenen in groep 1 en 2. Het is voor leerkrachten dan ook een grote uitdaging om de rekenles zo vorm te geven dat alle leerlingen voldoende profiteren van de inhoud. Maar hoe geef je gedifferentieerd rekenonderwijs vorm in de dagelijkse onderwijspraktijk? Hoe pak je dat systematisch aan? En wat moet je daarvoor als leerkracht in huis hebben aan kennis en vaardigheden?

In dit hoofdstuk worden, na een korte inleiding, de uitgangspunten van het project GROW besproken en wordt de differentiatiecyclus geïntroduceerd, een stapsgewijze aanpak die de implementatie van differentiatie kan ondersteunen. Daarnaast worden twee belangrijke rekeninhoudelijke modellen beschreven die de basis vormen voor het geven van goed gedifferentieerd rekenonderwijs. Tot slot worden kort enkele belangrijke voorwaarden voor differentiatie besproken.

Goed rekenonderwijs is van groot belang voor zowel de verdere schoolloopbaan van leerlingen als hun latere werk en maatschappelijk functioneren. Hoewel we er nauwelijks bij stil staan, gebruiken we dagelijks onze rekenvaardigheden in zeer diverse contexten. We rekenen bijvoorbeeld wanneer we een traktatie verdelen, wanneer we ons afvragen of we in de supermarkt voldoende geld bij ons hebben om boodschappen af te rekenen en wanneer we bedenken hoe laat we van huis moeten om de volgende bus te halen.

Kinderen verschillen van elkaar, ook in hun ontwikkeling van rekenvaardigheden. Deze verschillen ontstaan door een interactie tussen kindfactoren (bijvoorbeeld verschillen in aanleg, intelligentie, aandacht, werkgeheugen, taalvaardigheid) en omgevingsfactoren (bijvoorbeeld stimulering door ouders, kwaliteit van het genoten onderwijs). Iedere leerkracht krijgt te maken met verschillen tussen leerlingen in de klas. Leerlingen leren niet alleen in verschillend tempo, maar ook op verschillende manieren. De ene leerling heeft bijvoorbeeld een voorkeur voor mondelinge instructie, terwijl een andere leerling de instructie liever visueel aangeboden krijgt. Dit geldt zeker ook voor het leren rekenen, en begint al bij het voorbereidend rekenen. Onderwijsbehoeften, dus wat de leerling nodig heeft om een bepaald doel te behalen, verschillen daardoor per leerling (Pameijer, van Beukering, & de Lange, 2009). De individuele verschillen tussen leerlingen lijken alleen maar toe te nemen door een aantal maatschappelijke trends. Door een toename in de sociaal-culturele diversiteit in Nederland in de afgelopen decennia, zijn bijvoorbeeld verschillen in taalontwikkeling, sociaal-economische status, en culturele verschillen toegenomen (Severiens, Wolff, & van Herpen, 2014). De invoering van Passend Onderwijs in 2014 heeft als doel om leerlingen een zo passend mogelijk onderwijsaanbod te geven, ook als zij specifieke ondersteuningsbehoeften hebben, en meer ondersteuning op maat te bieden. Daarnaast is er steeds meer aandacht voor talentontwikkeling om ook bij de beste leerlingen het potentieel optimaal tot ontwikkeling te laten komen (Ministerie van Onderwijs, Cultuur & Wetenschap, 2014). Differentiatie, oftewel het afstemmen van het onderwijs op de verschillende onderwijsbehoeften van leerlingen, is van belang om aan deze verschillen tegemoet te komen (van de Weijer-Bergsma, Prast, Kroesbergen, & van Luit, 2012). Differentiatie betreft een proactieve afstemming op verschillen tussen leerlingen om zo rekenproblemen te voorkómen, en verschilt daarmee van een – over het algemeen veel minder effectieve – curatieve of remediërende aanpak van reeds ontstane problemen (Coubergs, Struyven, Engels, Kools, & de Martelaer, 2013; Gelderblom, 2007).

In de praktijk is differentiatie echter niet altijd zo eenvoudig. Het is voor leerkrachten dan ook een grote uitdaging om de rekenles zó vorm te geven dat alle leerlingen voldoende profiteren van de rekenles, zowel de lager presterende, hoger presterende, als gemiddeld presterende leerlingen. In veel scholen werken leerkrachten bijvoorbeeld al wel met een indeling in subgroepen naar niveau. De indeling van leerlingen in subgroepen is daarentegen vaak nog weinig flexibel (Faber, Visscher, & Schut, 2015). Bovendien wordt de keuze voor het onderwijsaanbod aan leerlingen in subgroepen nog niet altijd bewust of op basis van relevante informatie genomen. Daarnaast kunnen leerlingen ook binnen deze subgroepen nog verschillen in onderwijsbehoeften. De afstemming kan dus nog verbeterd worden.

Differentiëren is echter een complexe vaardigheid die niet alleen vraagt om algemene en rekenspecifieke didactische kennis en vaardigheden van leerkrachten, maar bijvoorbeeld ook vraagt om goed klassenmanagement. Maar wat is nu precies 'goede differentiatie'? Hoe ziet differentiatie er in de klas uit en welke rekeninhoudelijke aspecten spelen een rol? En hoe kan de leerkracht de stappen zetten die nodig zijn om meer differentiatie in te bouwen?

In dit hoofdstuk worden eerst de uitgangspunten van differentiëren volgens het project GROW toegelicht. Na bespreking van de algemene uitgangspunten wordt een systematisch en cyclisch werkmodel, de differentiatiecyclus, geïntroduceerd. Vervolgens worden belangrijke rekeninhoudelijke modellen besproken. Tot slot worden kort enkele belangrijke voorwaarden voor differentiatie besproken

Uitgangspunten

Een algemeen uitgangspunt bij differentiatie is dat onderwijs optimaal is afgestemd op de onderwijsbehoeften van leerlingen en dat elke leerling, ongeacht zijn of haar beginniveau, beter kan en moet leren rekenen in de rekenles. Daarbij is verbetering ten opzichte van eerdere prestaties belangrijker dan de absolute score van leerlingen. Differentiatie kan echter op verschillende manieren worden toegepast. Het model en de invulling van differentiatie in het project GROW in dit hoofdstuk zijn gebaseerd op een combinatie van kennis en ervaring van een groep rekenexperts en wetenschappelijke literatuur (zie hoofdstuk 8, Wetenschappelijke onderbouwing). Hieronder worden deze uitgangspunten toegelicht.

Differentiatie kan toegepast worden op basis van het vaardigheidsniveau van de leerling (de huidige kennis en vaardigheid van de leerling), voorkeur van de leerling voor een bepaalde manier van leren (zoals bijvoorbeeld een voorkeur voor samenwerken) en interesse van de leerling (onderwerpen waar de leerling graag meer over wil leren) (Tomlinson, Brighton, Hertberg, Callahan, Moon et al., 2003). In dit boek ligt de nadruk met name op differentiatie op basis van vaardigheidsniveau, al komt differentiatie op basis van voorkeur voor de manier van leren ook aan de orde. Het vaardigheidsniveau van een leerling wordt bepaald door zowel de natuurlijke aanleg, als de leerervaringen die de leerling heeft opgedaan. De vraag is hoe de leerkracht met verschillen in vaardigheidsniveau om kan gaan.

Er kan op twee manieren omgegaan worden met verschillen tussen leerlingen. Leerkrachten kunnen inzetten op een divergente of een convergente aanpak (Blok, 2004; Bosker, 2005). Bij divergente differentiatie is de ontwikkeling van de individuele leerling het uitgangspunt. Elke leerling werkt op eigen niveau en in eigen tempo. Er is dan sprake van weinig klassikale instructie, en veel individuele en subgroepinstructie. Bij convergente differentiatie daarentegen worden voor alle leerlingen in de groep zo veel mogelijk dezelfde inhoudelijke rekendoelen in een bepaalde periode nagestreefd. Beide vormen van differentiatie hebben voor- en nadelen, en in de praktijk zal de leerkracht meestal beide vormen gebruiken (Bosker, 2005; Deunk, Doolaard, Smale-Jacobse, & Bosker, 2015). Divergente differentiatie heeft als nadeel dat leerlingen van verschillende niveaus minder interactie met elkaar hebben, waardoor zij minder van elkaar kunnen leren. Onderwijs waarin elke leerling een individueel traject doorloopt, biedt bovendien minder tijd voor inhoudelijke begeleiding. Daardoor worden de verschillen tussen leerlingen groter, en zijn de leerprestaties van zwakke leerlingen over het algemeen niet gebaat bij een divergente aanpak. Convergente differentiatie heeft als mogelijk nadeel dat er minder aandacht aan hoogpresterende leerlingen besteed wordt en zij dus onvoldoende uitgedaagd worden. Een convergente aanpak is echter wel een efficiënte manier van werken voor de leerkracht, omdat deze met alle leerlingen aan dezelfde rekeninhoud werkt. Leerlingen kunnen hierdoor bovendien onderling van elkaar profiteren.

In dit boek worden zowel aspecten van convergente differentiatie als van divergente differentiatie gebruikt. In het differentiatiemodel dat in GROW ontwikkeld is, werken alle leerlingen uit een leerjaar in principe tegelijkertijd aan dezelfde onderwerpen en onderdelen uit de methode. Hierbij wordt gewerkt met een indeling in tenminste drie subgroepen, waarbij het belangrijk is op te merken dat deze indeling dynamisch en flexibel is. De indeling in subgroepen is afhankelijk van de lesinhoud in combinatie met de onderwijsbehoeften van individuele leerlingen. Zowel tussen als binnen deze subgroepen wordt gedifferentieerd op basis van onderwijsbehoeften. Hoewel er sprake is van een basisaanbod voor de gehele groep, is differentiatie in doelen mogelijk door de mate van verdieping te variëren. Bij leerlingen met sterke rekenvaardigheden kan bijvoorbeeld met verrijkende stof over hetzelfde onderwerp gestreefd worden naar hogere doelen, terwijl bij leerlingen met zwakke rekenvaardigheden minder verdieping wordt gezocht. Binnen de subgroepen kan in de instructie of verwerking meer op individuele verschillen tussen leerlingen ingespeeld worden. Voor scholen die niet met een leerstofjaarklassensysteem werken is het differentiatiemodel eveneens zeer bruikbaar. Er is dan mogelijk geen sprake van een basisaanbod voor de gehele groep, maar wel van differentiatie in doelen en het werken met subgroepen.

De differentiatiecyclus

Het toepassen van differentiatie vraagt om een systematische en stapsgewijze aanpak (Gavin & Moylan, 2012). De differentiatiecyclus (zie Afbeelding 1.1) die binnen GROW is ontwikkeld, biedt een cyclisch werkmodel en bestaat uit vijf stappen die het systematisch implementeren van differentiatie ondersteunen (van de Weijer-Bergsma et al., 2012).

Afbeelding 1.1   De differentiatiecyclus.

De cyclus begint bij het *vaststellen van de onderwijsbehoeften* [stap 1, zie hoofdstuk 2]. Onderwijsbehoeften geven aan wat een leerling nodig heeft om de onderwijsdoelen te behalen (Pameijer et al., 2009; van de Weijer-Bergsma et al., 2012). Het vaststellen van de onderwijsbehoeften is van belang, omdat leerkrachten goed zicht moeten hebben op wat leerlingen kunnen en kennen, en op wat leerlingen nog *niet* kunnen en kennen om op basis hiervan de volgende stappen uit de cyclus voor iedere leerling aan te kunnen passen. Op basis van de onderwijsbehoeften kan de leerkracht vervolgens *gedifferentieerde doelen bepalen* [stap 2, zie hoofdstuk 3]. Hierbij wordt onderscheid gemaakt tussen einddoelen (die leerlingen aan het eind van de basisschool moeten beheersen), tussendoelen en lesdoelen. Hoewel steeds meer nieuwe rekenmethoden op drie niveaus lesdoelen formuleren, is het de taak van de leerkracht om deze doelen (haalbaar en uitdagend) te formuleren, wanneer dit niet afdoende door de methode wordt gedaan of onvoldoende aansluit bij (de onderwijsbehoeften van) leerlingen uit haar klas. Op basis van de onderwijsbehoeften en de gestelde doelen, bepaalt de leerkracht vervolgens hoe *gedifferentieerde instructie* vormgegeven wordt [stap 3, zie hoofdstuk 4]. Tijdens de klassikale instructie wordt een zo breed mogelijk bereik van onderwijsbehoeften bediend, zodat zoveel mogelijk leerlingen profiteren van de instructie. Dit kan bijvoorbeeld door te variëren in abstractieniveau (zie het handelingsmodel verderop in dit hoofdstuk), door vragen te stellen van verschillende moeilijkheidsgraad, en door verschillende inputmodaliteiten te gebruiken (visueel / auditief / geschreven / tactiel). De keuze om leerlingen met (zeer) sterke rekenvaardigheden wel of niet deel te laten nemen aan de klassikale instructie moet altijd een afgewogen beslissing zijn (op basis van onderwijsbehoeften en introductie van nieuwe stof). Tijdens subgroepinstructie (bijvoorbeeld preteaching of verlengde instructie) stemt de leerkracht af op de onderwijsbehoeften binnen de betreffende subgroep. Wanneer de instructie met begeleide inoefening gevolgd wordt door een *verwerkingsfase*, brengt de leerkracht differentiatie aan in de oefeningen die leerlingen maken [stap 4, zie hoofdstuk 5]. De oefeningen kunnen variëren in hoeveelheid, werkvorm en complexiteit. Tot slot *evalueert* de leerkracht of de gestelde doelen behaald zijn en of de gekozen aanpak heeft aangesloten bij de behoeften van de leerling(en) [stap 5, zie hoofdstuk 6]. Dit kan bijvoorbeeld door een rekengesprek met een leerling te voeren of schriftelijk werk te analyseren. De evaluatiefase is cruciaal voor succesvolle differentiatie, omdat er wordt nagegaan of de gekozen aanpak voor de leerlingen effectief is gebleken. Ook levert dit weer belangrijke informatie op over de onderwijsbehoeften van leerlingen. De cyclus wordt gedurende het schooljaar meerdere keren doorlopen, en geldt op microniveau ook voor iedere les.

Naast de vijf stappen, staat de organisatie centraal in de cyclus. Alle stappen in de cyclus roepen namelijk vragen op over hoe dit het beste georganiseerd kan worden, op verschillende niveaus. De leerkracht heeft te maken met organisatieaspecten die beïnvloed worden door bijvoorbeeld de grootte van de klas, of het hebben van een homogene leerjaargroep of combinatieklas. Hoe organiseert de leerkracht de instructietijd en verwerkingstijd over de les, en hoe over de gehele schoolweek of het blok? Indien er te veel tijd wordt besteed aan de klassikale instructie, kan er minder tijd worden besteed aan andere fasen zoals de verwerking, wat kan leiden tot een ongewenste klassenorganisatie. De manier waarop de leerkracht de rekenles organiseert is bepalend voor de mogelijkheden tot differentiatie. Zo is een duidelijk klassenmanagement van belang voor het maximaliseren van de speelruimte voor differentiatie. Maar ook organisatieaspecten op schoolniveau zijn van invloed. Hoeveel tijd wordt er binnen de school voor rekenlessen gereserveerd? Worden de doelen voor het verrijkingsaanbod bijvoorbeeld op schoolniveau geformuleerd of niet? Heeft het team een gezamenlijke visie op differentiatie in het rekenonderwijs? Worden leerkrachten ondersteund door leer- of gedragsspecialisten bij het vormgeven van differentiatie?

Nogmaals benadrukken wij dat de hierboven beschreven stappen van de cyclus zijn beschreven vanuit een school die met een leerstofjaarklassensysteem en met een rekenmethode werkt; de stappen van de cyclus kunnen echter ook steeds worden toegepast op het niveau van subgroepen.

Raakvlakken met OGW en HGW

Veel scholen werken tegenwoordig met opbrengstgericht werken (OGW) en/of handelingsgericht werken (HGW; Pameijer et al., 2009). Wellicht roept de differentiatiecyclus bij schoolteams de vraag op of we nóg een werkmodel nodig hebben. De differentiatiecyclus ligt echter in het verlengde van deze twee veelgebruikte systematische werkwijzen, maar geeft daarbij specifieke en vakinhoudelijke handvatten om differentiatie in het rekenonderwijs toe te kunnen passen. Net als de differentiatiecyclus zijn OGW en HGW ontwikkeld om scholen te ondersteunen bij het realiseren van een structurele, planmatige aanpak om tot een betere afstemming te komen. In alle drie de werkwijzen worden toetsgegevens verzameld die vertaald worden naar een groepsplan, en worden doelen geformuleerd op groepsniveau, op subgroepniveau en eventueel op individueel niveau. Daarnaast wordt het groepsplan gebruikt als een manier om de verschillen binnen een groep hanteerbaar te maken, en de leerkrachteffectiviteit te vergoten. Bij de differentiatiecyclus wordt net als bij HGW (en meer dan bij OGW) uitgegaan van de individuele onderwijsbehoeften bij het indelen in subgroepen, en worden deze geformuleerd in termen van wat de leerling nodig heeft om geformuleerde (reken)doelen te behalen. Scholen die al met OGW en/of HGW werken, kunnen hier dus juist profijt van hebben wanneer zij de differentiatiecyclus willen toepassen.

Rekeninhoudelijke modellen

De stappen in de differentiatiecyclus vragen uiteraard om een inhoudelijke invulling. Wat moet de leerkracht doen in de klas om differentiatie vorm te geven? Om goed en gedifferentieerd rekenonderwijs te kunnen geven, heeft de leerkracht kennis nodig van het proces van leren rekenen. In de verschillende stappen van de differentiatiecyclus wordt gebruik gemaakt van twee rekenmodellen die dit proces beschrijven: het hoofdlijnenmodel (van Groenestijn, Borghouts, & Janssen, 2011) en het handelingsmodel (Gal'perin, 1969; van Groenestijn et al., 2011).

Het *hoofdlijnenmodel* (zie Afbeelding 1.2) laat zien dat rekenwiskundige ontwikkeling globaal verloopt in vier fasen. In de eerste fase (Begripsvorming) ervaren en begrijpen leerlingen wat de essentie van bepaalde rekenkundige concepten en begrippen is door te handelen en te doen. Het kan hierbij bijvoorbeeld gaan om de vraag wat optellen eigenlijk is of de vraag wat een bepaalde bewerking oplost, zoals: 'Bij de som 5 erbij 4, wat maakt doortellen vanaf 5 handiger dan tellen vanaf het begin?' Het ontwikkelen van rekentaal is ook onderdeel van deze fase. Het zorgvuldig verwoorden door de leerkracht en het door leerlingen vaak laten vertellen wat zij denken en doen bij een rekenopgave, bevordert de

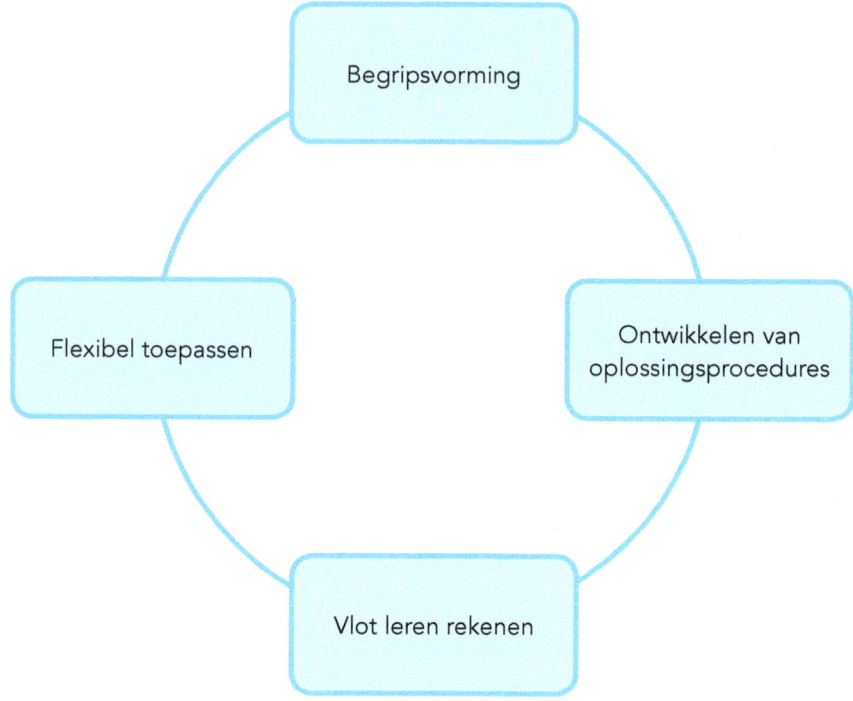

Afbeelding 1.2   Het Hoofdlijnenmodel (Bron: van Groenestijn et al., 2011).

ontwikkeling van rekentaal. Bij het verlenen van betekenis aan rekenwiskundig handelen is het van belang dat de eigen informele wereld en de formele schoolwereld aan elkaar verbonden worden. Dit kan door gebruik te maken van het handelingsmodel dat verderop in dit hoofdstuk behandeld wordt. In de tweede fase (Oplossingsprocedures ontwikkelen) herkennen leerlingen passende bewerkingen en procedures, en zetten de juiste bewerkingsstappen in de meest logische volgorde. Hierbij leren de leerlingen gebruik te maken van modellen, zoals de lege getallenlijn (zie Afbeelding 1.3).

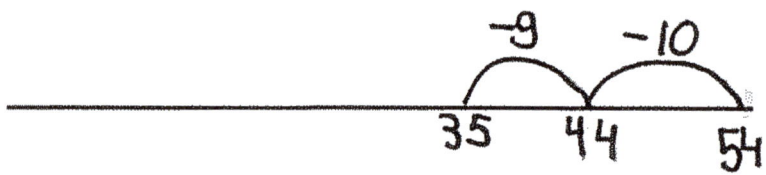

Afbeelding 1.3   Een leerling heeft een lege getallenlijn gebruikt om een som op te lossen.

Ook het combineren van procedures behoort tot deze fase, zoals bij het leren rekenen met steeds grotere getallen en complexere berekeningen waarbij samengestelde basisbewerkingen (zoals optellen, aftrekken, vermenigvuldigen en delen) gecombineerd worden met onder andere verhoudingen, procenten of het rekenen met tijd. In de derde fase (Vlot leren rekenen) worden strategieën ingeoefend en verkort. Het gaat er in deze fase dus om dat strategieën uit de tweede fase geautomatiseerd worden, en vlot en accuraat gebruikt kunnen worden. Voorkennis en betekenisvolle informatie spelen een belangrijke rol in deze fase. Leerlingen zullen vlotter leren rekenen, wanneer zij nieuwe kennis koppelen aan bestaande kennis. Wanneer leerlingen de som '8 × 8 = 64' weten en zij begrijpen dat '7 × 8 = 56' één keer acht minder is, dan kunnen de leerlingen dit koppelen aan hun bestaande kennis. In de vierde en laatste fase (Flexibel toepassen) selecteren en combineren leerlingen hun eerder opgedane inzichten, kennis en vaardigheden. Zij kunnen deze in verschillende contexten toepassen om zo de gepresenteerde rekentaak op te lossen. Het gaat hierbij uiteindelijk om de rekenvaardigheden die nodig zijn om rekenvraagstukken uit het dagelijks leven op te lossen, zoals het uitrekenen van de benodigde hoeveelheid vloerbedekking voor een bepaalde kamer. De vier hoofdlijnen zijn altijd met elkaar verweven en hebben een cyclisch verloop. Elke volgende fase gaat uit van beheersing van de voorafgaande fase. De cyclus wordt voor elk nieuw leerstofonderdeel opnieuw doorlopen. Vaak komen meerdere leerstofonderdelen naast elkaar voor en dan kan het zijn dat de leerling wat vermenigvuldigen betreft, met tweelingsommen (8 × 4 = 4 × 8) al wel in de fase van ontwikkelen van oplossingsprocedures fase zit, maar met één meer en één minder (4 × 6, 5 × 6, 6 × 6) nog in de fase van begripsvorming zit. Deze vier hoofdlijnen en het cyclische verloop daarvan is terug te zien in de opbouw van leerlijnen in het rekenonderwijs.

Het *handelingsmodel* is eveneens een schematische weergave van de rekenwiskundige ontwikkeling en is opgebouwd uit vier handelingsniveaus, van concreet naar abstract (zie Afbeelding 1.4 voor de verschillende niveaus van het handelingsmodel).

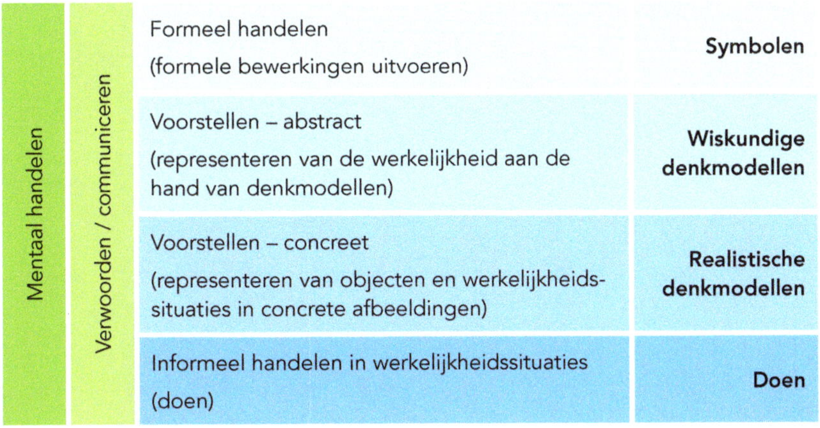

Mentaal handelen	Verwoorden / communiceren	Formeel handelen (formele bewerkingen uitvoeren)	Symbolen
		Voorstellen – abstract (representeren van de werkelijkheid aan de hand van denkmodellen)	Wiskundige denkmodellen
		Voorstellen – concreet (representeren van objecten en werkelijkheidssituaties in concrete afbeeldingen)	Realistische denkmodellen
		Informeel handelen in werkelijkheidssituaties (doen)	Doen

Afbeelding 1.4   Het handelingsmodel (Bron: van Groenestijn et al., 2011).

In Afbeelding 1.5 zijn de vier handelingsniveaus in beeld gebracht aan de hand van de zogeheten 'bussommen', waarmee optellen en aftrekken geïntroduceerd wordt. Het vormen van begrip van rekenkundige concepten start met concrete situaties in de werkelijkheid (niveau van *informeel of concreet handelen*). Dit houdt in dat de leerlingen samen met de leerkracht iets doen, bijvoorbeeld door daadwerkelijk snoepjes te tellen of een pizza in punten te verdelen. Bij de bussommen zet de leerkracht bijvoorbeeld een rij stoelen achter elkaar en laat alvast vier leerlingen in de 'bus' zitten. Drie leerlingen wachten bij de zelfgemaakte bushalte op de bus en mogen daarna instappen. De leerlingen vertellen hoeveel kinderen er nu in de bus zitten. Op het volgende niveau (*concrete representaties*) wordt gebruik gemaakt van afbeeldingen van contexten, zoals in geval van de buscontext een bus is afgebeeld met vier kinderen erin, en een bushalte waar drie kinderen wachten tot zij ook in mogen stappen. Op het derde niveau (*schematische en abstracte representaties*) worden schematische voorstellingen van de werkelijkheid gebruikt. Dit betekent dat de werkelijkheid gerepresenteerd is door middel van het gebruik van denkmodellen. Bij de bussommen, kunnen de voorwerpen (bus, bushalte) weergegeven worden met symbolen zoals een cirkel of een vierkant. Op het vierde en meest abstracte niveau (*formeel niveau van symboliseren*) worden getalsymbolen en bewerkingstekens gebruikt bij het rekenen en de formele berekening uitgevoerd. Leerkrachten kunnen dit model gebruiken om (verschillen in) onderwijsbehoeften van leerlingen in kaart te brengen, en het rekenonderwijs af te stemmen op deze onderwijsbehoeften. Volgens dit model is het leren rekenen een

Eerste niveau – Informeel handelen (doen)

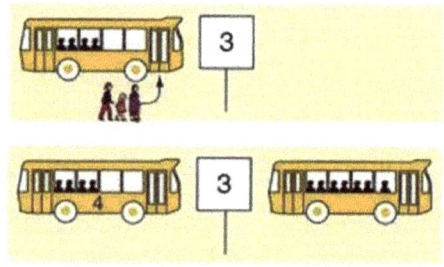

Tweede niveau – Concreet voorstellen (realistische denkmodellen)

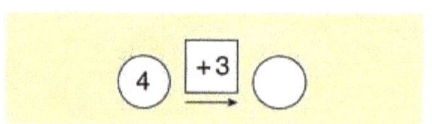

Derde niveau – Abstract voorstellen (schematische denkmodellen)

Vierde niveau – Formeel handelen (symbolen)

Afbeelding 1.5   Het handelingsmodel weergegeven door middel van de bussom (Bron: Pluspunt).

wisselwerking tussen mentaal handelen (denken) en het daadwerkelijk handelen (doen, waarnemen). Tijdens het doorlopen van de vier niveaus ontwikkelen leerlingen rekenkennis en -vaardigheden. Voor een goede ontwikkeling van concepten is echter niet alleen het doorlopen van alle vier handelingsniveaus noodzakelijk, maar ook het terug- en weer opschakelen en verbinden van de handelingsniveaus.

Voorwaarden voor differentiatie

Naast kennis van deze rekenmodellen worden er van leerkrachten nog andere kennis en vaardigheden vereist om differentiatie te kunnen realiseren. Zo stellen Ball, Thames en Phelps (2008) dat een goede rekenleraar in staat moet zijn tot:

- het analyseren, beoordelen, parafraseren en evalueren van verschillende oplossingswijzen van leerlingen;
- het kunnen uitleggen en verklaren van de verschillende aanpakken;
- het kunnen visualiseren, noteren en verwoorden van die aanpakken;
- het kunnen produceren van de verschillende aanpakken, op verschillende manieren, op verschillende abstractieniveaus.

Bovenstaande vraagt dus van leerkrachten om domeinspecifieke kennis, zoals rekenkundige kennis (kennis van rekenmodellen, -strategieën en -procedures), kennis van de rekenmethode, kennis van cruciale momenten in de doorlopende leerlijnen, en kennis van fundamentele en streefniveaus. Daarbij is het beschikken over pedagogische kwaliteiten en vaardigheden op het gebied van klassenmanagement van groot belang. Als leerkrachten problemen ervaren met de toepassing van een bepaalde stap in de cyclus, kan het zijn dat er niet wordt voldaan aan één of meerdere van deze voorwaarden.

In de volgende hoofdstukken lichten we achtereenvolgens de vijf stappen van de differentiatiecyclus toe. Elk hoofdstuk besteedt, na een algemene toelichting bij de stap, aandacht aan de wijze waarop deze stappen vormgegeven kunnen worden voor verschillende subgroepen leerlingen. Ook wordt in elk hoofdstuk besproken hoe de stappen vormgegeven kunnen worden in de groepen 1 en 2. Hoewel ook in deze groepen al duidelijke verschillen tussen leerlingen aanwezig zijn, wordt differentiatie in de groepen 1 en 2 niet altijd vanzelfsprekend toegepast. Daarnaast wordt bij elke stap aangegeven welke voorwaarden voor differentiatie van belang zijn. Tot slot wordt besproken welke aspecten van organisatie spelen bij de betreffende stap in de cyclus. Elk hoofdstuk bevat daarnaast voorbeelden, stappenplannen en suggesties voor leerkrachten. Deze zijn bedoeld om leerkrachten handvatten te geven. Zoals eerder genoemd is het niet realistisch om te verwachten dat leerkrachten alle stappen tegelijkertijd proberen toe te passen. Verstandiger is het om steeds een aspect van differentiatie uit te kiezen, te oefenen en te experimenteren totdat dit aspect comfortabel voelt, en zo geleidelijk het differentiatierepertoire uit te breiden.

Om het de lezer te vergemakkelijken zijn verschillende onderdelen van herkenbare pictogrammen voorzien. Meer informatie hierover en over hoe lezers het boek kunnen gebruiken, is te vinden in de leeswijzer (zie Voorwoord).

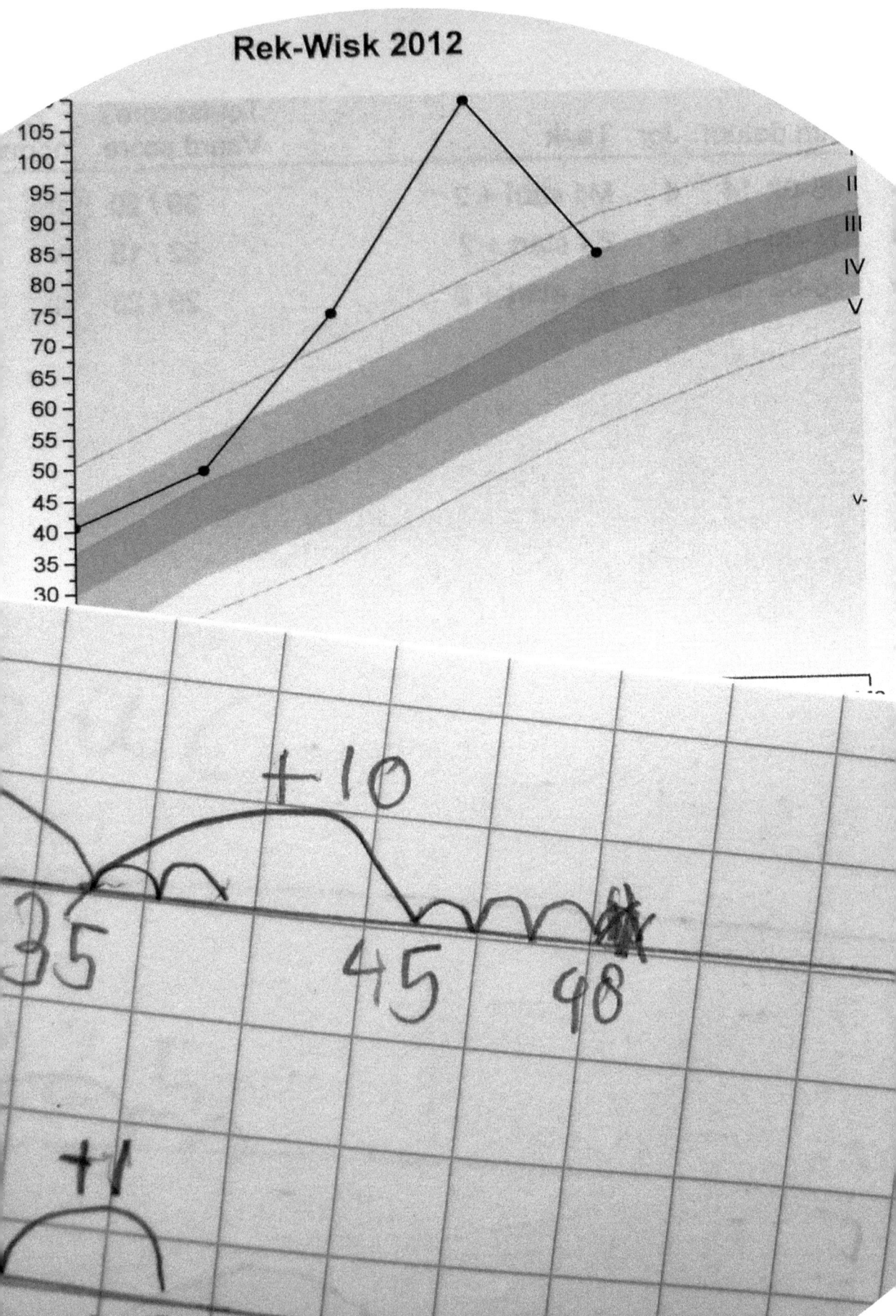

Hoofdstuk 2

Onderwijsbehoeften vaststellen [stap 1]

Om het rekenonderwijs goed af te kunnen stemmen, moet de leerkracht eerst zicht krijgen op de verschillende onderwijsbehoeften van leerlingen in haar klas. Dit hoofdstuk biedt een mogelijke werkwijze voor de leerkracht om de onderwijsbehoeften in kaart te brengen, door eerst een grove indeling te maken op basis van toetsgegevens (fase 1) en daarna een fijnmaziger beeld te vormen (fase 2). Het uitgangspunt hierbij is een dynamische en flexibele indeling in (minstens) drie subgroepen: de intensieve groep, de basisgroep en de gevorderde groep.

De differentiatiecyclus start bij het in kaart brengen van de onderwijsbehoeften van leerlingen. Het vaststellen van de onderwijsbehoeften gebeurt in twee fasen. In de eerste fase wordt er een grove indeling gemaakt in subgroepen op basis van Cito-scores en methodegebonden toetsen. In de tweede fase worden onderwijsbehoeften fijnmaziger in kaart gebracht. Bij de indeling in subgroepen wordt gewerkt met minimaal drie subgroepen: de basisgroep, de intensieve groep en de gevorderde groep. In de *basisgroep* worden leerlingen ingedeeld die gemiddelde rekenprestaties behalen en (op dit moment) geen extra instructie of verdieping nodig hebben. Leerlingen in de *intensieve groep* hebben (soms tijdelijk) meer moeite met de rekenstof en hebben daarom extra instructie en/of begeleiding nodig. De *gevorderde groep* bevat leerlingen die extra verdieping en uitdaging nodig hebben. Een belangrijke eigenschap van deze groepsindeling is dat deze flexibel is. Door een flexibele indeling van de subgroepen te hanteren wordt recht gedaan aan het feit dat de onderwijsbehoeften van leerlingen kunnen veranderen gedurende het schooljaar en kunnen verschillen per (sub)domein van rekenen. Leerlingen die bijvoorbeeld door de leerkracht zijn ingedeeld in de basisgroep kunnen op bepaalde (stappen binnen) domeinen behoefte hebben aan extra instructie en bij de intensieve groep aanschuiven. Ook kunnen leerlingen die in de intensieve groep zijn ingedeeld bij bepaalde lessen de verlengde instructie overslaan. Het is dus belangrijk dat de leerkracht de leerling en zijn ontwikkeling voor ogen heeft, gevoed vanuit dagelijkse observaties en contact met de leerling. Daarnaast kan het voorkomen dat de onderwijsbehoeften van één of meerdere leerlingen in een groep zo ver van de rest af liggen, dat zij (tijdelijk) niet in één van de subgroepen kunnen worden ingedeeld en een min of meer individueel programma moeten krijgen. Het streven is echter alle leerlingen zoveel mogelijk in één van de drie subgroepen in te delen. De namen voor de subgroepen zijn gekozen om deze flexibiliteit van de groepsindeling te benadrukken en stigmatisering te voorkomen. Termen als 'zwakke rekenaar' of 'sterke rekenaar' kunnen tot gevolg hebben dat leerkrachten (én leerlingen) dit als relatief vaststaande eigenschappen van personen gaan zien. Ons uitgangspunt is dat de huidige rekenvaardigheid van leerlingen beïnvloed wordt door een complexiteit aan factoren (aanleg én leerervaringen) en niet per se bepalend is voor de rekenvaardigheid die zij nog gaan ontwikkelen. In de volgende paragrafen worden de twee fasen van onderwijsbehoeften vaststellen verder uitgewerkt.

Fase 1

Voor de eerste, grove indeling in subgroepen kan het indelingsschema in Afbeelding 2.1 gebruikt worden. Het schema bestaat uit negen categorieën, waarin leerlingen ingedeeld kunnen worden op basis van de niveauscores op de meest recente Cito-toets Rekenen-Wiskunde en de toetsresultaten van de meest recente methodetoets. Bij elke categorie

Onderwijsbehoeften vaststellen [stap 1]

TOETS-SCORE Methode-toets → Cito-toets ↓	80–100% goed Toetsresultaten van de laatste 6 weken	60–80% goed Toetsresultaten van de laatste 6 weken	≤60% goed Toetsresultaten van de laatste 6 weken
A / I	1. Gevorderde groep	2. Gevorderde groep / basisgroep	3. Basisgroep / gevorderde groep (+ verklaring en begeleiding)
B/C / II-IV	4. Basisgroep / gevorderde groep	5. Basisgroep	6. Intensieve groep
D/E / V	7. Intensieve groep / basisgroep (+ verklaring en begeleiding)	8. Intensieve groep / basisgroep (+ verklaring en begeleiding)	9. Intensieve groep

Afbeelding 2.1   Indelingsschema in negen categorieën op basis van resultaten uit de Cito en methodegebonden toetsen.

wordt een advies gegeven over de subgroep waar de leerling het beste bediend kan worden. Wanneer de toetsresultaten van de Cito- en de methodetoets met elkaar overeen komen, dan vallen leerlingen in de categorieën 1, 5 en 9. Voor leerlingen in deze categorieën, is het advies voor de subgroepindeling eenduidig. Wanneer de toetsresultaten van de Cito- en de methodetoets *niet* met elkaar overeen komen, valt een leerling meestal in een 'twijfelcategorie' (categorieën 2, 3, 4, 7 en 8). Voor leerlingen in de twijfelcategorieën is het niet meteen eenduidig in welke subgroep zij het beste bediend worden. Een uitzondering wordt gemaakt wanneer de Cito- en de methodetoets *niet* met elkaar overeen komen, én de leerling scoort op de methodetoets laag (categorie 6). Dan worden leerlingen uit voorzorg in de intensieve subgroep ingedeeld, in elk geval voor de komende lessencyclus. Voor elke categorie worden hierna een toelichting en aandachtspunten uitgewerkt, maar met name bij de twijfelcategorieën is het extra van belang dat de leerkracht aanvullende informatie gebruikt om een keuze tussen de geadviseerde subgroepen te onderbouwen. Deze informatie kan eerdere ervaringen van de leerkracht met de leerling betreffen of informatie over de oorzaak van verschillen tussen toetsresultaten. Hieronder zijn voor elke categorie een toelichting en aandachtspunten te vinden.

Toelichting bij Indelingsschema subgroepen

Categorie 1: A-score op Cito-toets & 80–100% goed op de methodetoets

Deze leerlingen worden in bijna alle gevallen ingedeeld in de niveaugroep met gevorderde leerlingen. In uitzonderingsgevallen kan er echter toch voor gekozen worden om de leerling (gedeeltelijk) mee te laten draaien in de basisgroep. Een reden hiervoor kan zijn dat de leerkracht, op basis van observaties en/of dagelijkse ervaringen met de leerling, de indruk heeft dat de leerling alle oefenstof hard nodig heeft, en komt hij tot deze goede scores door extreem hard te werken. Bij deze categorie leerlingen die goed scoren op zowel Cito- als methodegebonden toetsen moeten leerkrachten echter niet te voorzichtig zijn: zij kunnen in de meeste gevallen een blok meedraaien in de gevorderde groep, en wanneer dit toch niet blijkt te werken (zoals blijkt uit, bijvoorbeeld, een plotselinge afname in prestaties op de methodegebonden toets), kunnen zij de volgende lessencyclus weer terug geplaatst worden in de basisgroep. Sommige leerlingen worden met de reguliere stof veel minder uitgedaagd dan gedacht.

Aandachtspunten

- Door regelmatig tijd in te plannen om de leerlingen uit de gevorderde groep te begeleiden, en bijvoorbeeld de verrijkingsopdrachten te bespreken, krijgt de leerkracht meer zicht op de onderwijsbehoeften in deze groep.
- Het is belangrijk om ook in deze groep de rekenontwikkeling te monitoren: sluipen er geen (zelf bedachte) inefficiënte oplossingswijzen in? Komen de leerlingen voldoende tot automatisering?

Categorie 2: A-score op Cito-toets & 60–80% goed op de methodetoets

De hoge Cito-score van deze leerling(en) is een indicatie voor de gevorderde groep. Het kan echter gebeuren dat deze leerlingen de methodetoets minder goed maken dan op basis van hun hoge Cito-score verwacht wordt. Door de methodetoetsen te bekijken kan de leerkracht analyseren op welke toetsonderdelen de leerling(en) – ook na aanbieding van de reguliere herhalingsstof – uitvallen. Bij deze onderdelen laat de leerkracht de leerling(en) de komende lessencyclus meedoen met de basisgroep. Als de leerling op een beperkt aantal specifieke onderdelen uitvalt, maar hij het op de overige onderdelen goed doet, kan het goed zijn om de leerling bij de overige onderdelen in de gevorderde groep mee te laten doen. Aanwijzingen hiervoor zijn dat de leerling de indruk maakt met minder oefening toe te kunnen en/of de indruk maakt zich te vervelen en meer behoefte heeft aan uitdaging.

Aandachtspunten

- Ongeacht voor welke subgroep of mengvorm van subgroepen de leerkracht kiest, is het bij deze categorie leerlingen belangrijk dat de oorzaak van de relatief lage prestaties op de methodetoets aangepakt wordt. Vanwege de hoge Cito-scores mag verwacht worden dat het in veel gevallen voldoende is om de leerling bij de onderdelen waar het moeite mee heeft mee te laten draaien in de basisgroep. Aan de hand van de volgende methodetoets kan geanalyseerd worden of de leerling inderdaad vooruit is gegaan op de onderdelen waar het moeite mee had.

Categorie 3: A-score op Cito-toets & <60% goed op de methodetoets

In de praktijk zullen niet veel leerlingen in deze categorie vallen. Komt het toch voor dat een leerling ondanks hoge Cito-scores onvoldoende presteert op de methodetoetsen, dan is het belangrijk om hiervan de oorzaak te achterhalen. Wij lichten hier drie mogelijke oorzaken nader toe:

1. Gebrekkige automatisering. Er zijn goede rekenaars die prima overweg kunnen met contextopgaven, waar het gaat om het leggen van verbanden en het toepassen van rekenvaardigheden, maar die moeite hebben met de vlotte en geautomatiseerde beheersing van deze vaardigheden. Wanneer de leerkracht vermoedt dat er sprake is van gebrekkige automatisering, kan zij dit vermoeden toetsen door een rekenwerkgesprek te voeren en/of door een tempotoets af te nemen (eventueel aangevuld met observaties terwijl de leerling de toets maakt). Als de leerling inderdaad automatiseringsproblemen blijkt te hebben, is het belangrijk dat de leerling extra oefeningen gericht op automatisering aangeboden krijgt. Het is mogelijk om de leerling voor de verwerking mee te laten draaien in de basisgroep, waar sowieso al meer oefening is dan in de gevorderde groep. Het is echter ook mogelijk om de leerling mee te laten draaien in de gevorderde groep en dan, eventueel in plaats van de verrijkingsopdrachten, gerichte automatiseringsoefeningen te geven.
2. Gebrek aan motivatie / onderpresteren. Wanneer de stof voor leerlingen veel te gemakkelijk is, kan het gebeuren dat zij uit verveling, frustratie of vanuit het gevoel niet serieus genomen te worden niet meer gemotiveerd zijn om hun rekenwerk goed te maken. Om er achter te komen of dit het geval is, kan de leerkracht de volgende informatiebronnen gebruiken:
    - Observaties tijdens de rekenles en tijdens het maken van rekentoetsen. Hangt de leerling de clown uit? Maakt hij een verveelde of lusteloze indruk?
    - Informatie van ouders: klaagt de leerling thuis dat school / rekenen saai is? Heeft de leerling last van vage lichamelijke klachten zoals buikpijn? Gaat de leerling niet graag naar school?
    - Gesprek met de leerling: vraag de leerling wat het van rekenen vindt, of hij weet hoe het komt dat hij de afgelopen rekentoetsen zo slecht gemaakt heeft.

    Als de leerkracht denkt dat de lage toetsscores inderdaad aan een gebrek aan uitdaging – en daardoor een gebrek aan motivatie – te wijten zijn, dan wordt geadviseerd de leerling in de gevorderde groep te plaatsen.

3. Oorzaken die weinig tot niets met het rekenen te maken hebben. Soms kunnen andere problemen, zoals een scheiding van de ouders, de schoolprestaties van een leerling negatief beïnvloeden. Wanneer de Cito-toets is afgenomen voordat het probleem begon te spelen, kan dit het verschil tussen Cito en methode verklaren. Aanwijzingen hiervoor kunnen bijvoorbeeld zijn dat de leerling op meerdere vakken slechter gaat presteren, dat de leerling zich in de klas anders gedraagt dan voorheen (bijvoorbeeld lusteloos, stil) en/of dat de leerling last heeft van vage lichamelijke klachten. Of de leerling in de basisgroep of in de gevorderde groep geplaatst wordt, is afhankelijk van het onderliggende probleem en factoren die daarmee samenhangen, zoals hoe lang de leerkracht verwacht dat het probleem nog zal spelen en of de leerling het wel of juist niet prettig vindt om het een tijdje 'rustig aan' te doen in de basisgroep.

Aandachtspunten

In het geval de lage toetsscores te wijten zijn aan automatiseringsproblemen en de leerkracht inzet op extra automatisteringsoefening, dan is het van belang om aan de leerling ook uit te leggen waaróm een vlotte beheersing belangrijk en zelfs noodzakelijk is.

- Als de leerkracht vermoedt dat er sprake is van onderpresteren, is een gesprek met de leerling van belang. Het open bespreken van het probleem met de leerling en de leerling actief betrekken bij het vormgeven van een passend rekenaanbod leidt tot een grotere betrokkenheid. Naast compacting van de methode, is het van belang om voor écht uitdagend verrijkingsmateriaal te zorgen. In eerste instantie betreft dit verrijkingsmateriaal dat aantrekkelijk is voor de leerling, zodat het rekenen weer leuk wordt. De leerling moet daarbij niet te veel in het diepe gegooid worden; de leerkracht biedt begeleiding bij de overgang naar moeilijker werk. Als een school een intern begeleider of specialist op het gebied van hoogbegaafdheid in huis heeft, wordt deze ook ingeschakeld.
- Als de leerkracht vermoedt dat er sprake is van een ander onderliggend probleem, dat weinig met rekenen te maken heeft, dan is het noodzakelijk om te achterhalen welk probleem er speelt en of de leerkracht of de school daar wat aan kan doen. Indien nodig wordt de intern begeleider ingeschakeld. Zeker wanneer de achteruitgang in prestaties voor meerdere vakken geldt en wanneer de leerkracht verwacht dat dit ook vanzelf weer beter wordt als het probleem is opgelost, is het rekenen op dit moment van secundair belang.

Categorie 4: B/C-score op Cito-toets & 80–100% goed op de methodetoets

Deze leerlingen zullen meestal het beste in de basisgroep passen. Echter, het kan soms ook zijn dat de gevorderde groep een betere keuze is. Hiervoor wordt in eerste instantie naar de hoogte van de scores gekeken. Een grove richtlijn is dat leerlingen met C-scores in principe niet in de gevorderde groep geplaatst worden en leerlingen met lage B scores alleen als de resultaten op de methodetoets zeer goed zijn (90% goed of hoger). Vooral bij leerlingen met hoge B-scores en methodegebonden resultaten van 80–100% goed moet de gevorderde groep overwogen worden. Bij de keuze tussen de basisgroep en de gevorderde groep wordt ook andere informatie betrokken die de leerkracht heeft over de leerling, bijvoorbeeld vanuit haar dagelijkse ervaring en analyse van zijn schriftelijke rekenwerk. Daarbij worden antwoorden gezocht op vragen als:

Onderwijsbehoeften vaststellen [stap 1]

- Maakt de leerling de indruk met minder uitleg en oefening toe te kunnen? Lijkt hij zich te vervelen in de rekenles of behoefte te hebben aan meer uitdaging? Dit zijn indicaties voor de gevorderde groep.
- Zijn de methodegebonden toetsresultaten al langer (zeer) hoog of was er de vorige twee toetsen sprake van een uitschieter naar boven? Stabiel hoge toetsresultaten zijn een indicatie voor de gevorderde groep.
- Wat voor soort fouten heeft de leerling op de toetsen gemaakt? Heeft de leerling over de hele linie rond B / C niveau gepresteerd (indicatie voor de basisgroep) of zijn er bepaalde onderdelen waarop hij het heel goed doet en andere onderdelen waarop hij het veel minder goed doet? Dit laatste kan een indicatie zijn om de leerling extra begeleiding te bieden bij de onderdelen waar hij moeite mee heeft en de leerling bij de onderdelen die hem heel makkelijk af gaan in de gevorderde groep te plaatsen.

Aandachtspunten

- Indien de leerkracht besluit om de leerling in de basisgroep te plaatsen, volgt hij in principe de normale leerlijn van de methode. Wanneer de leerkracht erg heeft getwijfeld tussen de basisgroep en de gevorderde groep, kan de leerling af en toe mee doen met de verrijkingsopdrachten van de gevorderde groep (bijvoorbeeld als de leerling zijn reguliere werk eerder af heeft).
- Indien de leerkracht besluit om de leerling in de gevorderde groep te plaatsen, gelden dezelfde aandachtspunten als voor groep 1. Blijf de toetsresultaten monitoren: blijven de resultaten op de methodegebonden toets hoog en scoort de leerling op de volgende Cito-toets even hoog of hoger dan de vorige keer, dan is de leerling waarschijnlijk goed geplaatst in de gevorderde groep. Dalen de Cito-resultaten, dan komt de leerling waarschijnlijk toch beter tot zijn recht in de basisgroep.

Categorie 5: B/C-score op Cito-toets & 60–80% goed op de methodetoets

Deze leerlingen passen meestal het beste in de basisgroep. Indien er sprake is van lage C-scores en rond de 60% goed op de methodetoets, dan kan het de moeite waard zijn om de leerling de komende tijd mee te laten doen met de intensieve groep.

Aandachtspunten

- Analyseer op welke toetsonderdelen (van de methodegebonden toets) deze leerlingen – ook na aanbieding van de reguliere herhalingsstof – uitvallen.
- Geef deze leerlingen het komende blok verlengde instructie of pre-instructie op de onderdelen waarop ze, blijkend uit uw analyse van de toets, moeite mee hebben. Laat hen ook meedoen met de begeleide inoefening.
- Deze categorie vormt – als middelste cel in het schema – in alle opzichten een tussencategorie. Bij hoge scores en/of weinig uitval zullen deze leerlingen grotendeels de normale leerlijn uit de methode volgen. Als er sprake is van veel problemen, doen deze leerlingen vaker mee met de intensieve groep.

Categorie 6: B/C-score op Cito-toets & <60% goed op de methodetoets

Deze leerlingen passen in (bijna) alle gevallen het beste in de intensieve groep, in ieder geval in de komende lessencyclus.

Aandachtspunten

- Analyseer op welke toetsonderdelen (van de methodegebonden toets en de Cito-toets) deze leerlingen – ook na aanbieding van de reguliere herhalingsstof – uitvallen.
- Bekijk of deze leerlingen de basale tussendoelen van dit leerjaar ook daadwerkelijk beheersen. Een rekenwerkgesprek is hiervoor een handig middel. Ook analyses van dagelijks rekenwerk en / of toetsen kunnen een goede informatiebron zijn.
- Deze leerlingen krijgen verlengde instructie en / of preteaching, met gebruik van concreet materiaal en begeleide inoefening. Vaak zal bij deze vorm van instructie een stapje terug worden gedaan in de leerlijn en / of geschakeld moeten worden naar een lager handelingsniveau.
- De basisvaardigheden zullen ook blijvend geoefend moeten worden, dus veel en vooral regelmatig opfrissen/herhalen, bijvoorbeeld bij de startactiviteit.
- Indien leerlingen voor een langere periode (bijvoorbeeld 1 jaar) steeds weer in deze categorie vallen, kan het nuttig zijn om voor deze leerlingen over te schakelen naar fundamentele doelen (in tegenstelling tot de basisdoelen op streefniveau 1S). Het is belangrijk dat er op schoolniveau beleid is met richtlijnen in welke gevallen overgestapt moet / mag worden op fundamentele doelen.

Categorie 7: D/E-score op Cito-toets & 80–100% goed op de methodetoets

Deze leerlingen scoren laag op de Cito-toets, maar hoog op de methodetoetsen. Meestal kunnen deze leerlingen meedraaien in de basisgroep, maar soms is de intensieve groep geschikter. In welke groep ze geplaatst moeten worden, is afhankelijk van de oorzaak van het verschil tussen de twee soorten toetsen. Analyseer op welke onderdelen van de Cito-toets deze leerlingen uitvallen. Dit kan bijvoorbeeld met behulp van 'Haal meer uit je rekentoets' (Borghouts, Smits-Verburg, & van Doorn, 2003). Probeer het verschil te verklaren tussen de scores op de Cito-toets en die van de methodegebonden toets. Kijk ook naar de eerdere Cito-resultaten: heeft deze leerling altijd betere Cito-scores behaald en zit er nu opeens een D/E score tussen, of heeft deze leerling altijd D/E scores gehaald en haalt hij langzamerhand steeds betere resultaten op methodetoetsen?

Soms zit het verschil in de leerlijn van de methode, die een ander tempo of een andere volgorde aanhoudt dan de opgavenreeks uit de Cito-toets. Het kan ook zijn dat het verschil te wijten is aan te weinig doorgaande oefening in de methode, waardoor op de Cito-toets blijkt dat vaardigheden zijn weggezakt. In beide gevallen kunnen leerlingen in deze categorie voor het grootste deel meedoen in de basisgroep. Wel moeten wat aanpassingen worden gemaakt zodat de leerlingen datgene wat in de Cito-toets fout is gegaan nu wel kan oefenen. De oorzaak kan ook zijn dat de Cito-opgaven vaak een andere aanpak vragen dan de opgaven uit de methodetoets. Cito-opgaven zijn vaak meer ingekleed. Ook worden bij Cito-toetsen verschillende soorten sommen door elkaar gepresenteerd. De leerkracht moet dus achterhalen waarom de resultaten van de leerling zo verschillen tussen toetsen. Ook dan kunnen de leerlingen voor het grootste gedeelte in de basisgroep blijven, maar moet wel gerichte aandacht besteed worden aan de oorzaak van de verschillen. Kijk voor welke onderdelen deze leerlingen aan kunnen schuiven bij de extra instructie aan de intensieve groep, en voor welke onderdelen nog aparte begeleiding geboden moet worden (bijvoorbeeld aan de hand van een handelingsplan).

In sommige gevallen kan ervoor gekozen worden om deze leerlingen grotendeels mee te laten draaien in de intensieve groep. Op basis van dagelijkse ervaringen met de leerling en / of meer formele observaties en rekenwerkgesprekken kan bijvoorbeeld ingeschat worden dat de onderwijsbehoefte van de leerling meer overeenkomt met het aanbod in de intensieve groep. Hierbij kan gedacht worden aan leerlingen die behoefte hebben aan meer instructie en meer begeleide inoefening.

Aandachtspunten

- Of de leerkracht nu kiest voor de basisgroep of voor de intensieve groep, belangrijk is voor deze leerlingen dat de oorzaak van de lage Cito-scores wordt aangepakt. Controleer bij de volgende Cito-toets of de Cito-scores (en dan met name de onderdelen waar de leerling het meeste moeite mee had) zijn verbeterd. Zo nee, heroverweeg dan de oorzaak van het probleem en / of stel de aanpak bij.

Categorie 8: D/E-score op Cito-toets & 60–80% goed op de methodetoets

Als een leerling op de methodetoets rond de 60% goed heeft, dan past de leerling het beste in de intensieve groep. Als een leerling richting de 80% goed gaat, zal de leerkracht moeten achterhalen hoe het komt dat de score op de Cito-toets lager ligt. Op basis hiervan bepaald de leerkracht voor welke onderdelen de leerling instructie in de intensieve subgroep volgt en voor welke onderdelen in de basisgroep.

Aandachtspunten

- De aandachtspunten van categorie 6 zijn ook bij deze categorie leerlingen van toepassing.
- Analyseer op welke toetsonderdelen deze leerlingen uitvallen.
- Bekijk of deze leerlingen de basale tussendoelen van dit leerjaar ook daadwerkelijk beheersen. Bijvoorbeeld door middel van een diagnostisch gesprek en / of analyses van dagelijks rekenwerk en / of toetsen.
- Deze leerlingen krijgen op onderdelen waar zij moeite mee hebben verlengde instructie en / of preteaching, met gebruik van concreet materiaal en begeleide inoefening. Vaak zal bij deze vorm van instructie een stapje terug worden gedaan in de leerlijn en / of geschakeld moeten worden naar een lager handelingsniveau.
- De basisvaardigheden zullen ook blijvend geoefend moeten worden, dus veel en vooral regelmatig opfrissen/herhalen, bijvoorbeeld bij de startactiviteit.
- Indien leerlingen voor een langere periode (bijvoorbeeld 1 jaar) steeds weer in deze categorie vallen, kan het nuttig zijn om voor deze leerlingen over te schakelen naar fundamentele doelen (in tegenstelling tot de basisdoelen op streefniveau 1S). Het is belangrijk dat er op schoolniveau beleid is met richtlijnen in welke gevallen overgestapt moet / mag worden op fundamentele doelen.

Categorie 9: D/E-score op Cito-toets & <60% goed op de methodetoets

Deze leerlingen passen het beste in de intensieve groep.

🔍 Aandachtspunten

- Hier gelden dezelfde aandachtspunten als beschreven voor de categorieën 6 en 8.
- Voor leerlingen binnen deze categorie kan het zijn dat ook de aanpak in de intensieve groep nog niet voldoende is.
- Gezien de ernst van de achterstand en het grote aantal uitvallen, zal de aanpak zeer intensief moeten zijn. Een remedial teacher, intern begeleider of rekenspecialist kan hierbij ingeschakeld worden.
- Vanaf groep 6 moet gekeken worden of de leerling moet overstappen op een eigen leerlijn met bijbehorende doelen (zie 'Passende Perspectieven' van SLO; Boswinkel, Buijs, & van Os, 2012). Dit is een laatste redmiddel, dat alleen wordt ingezet in individuele gevallen! Deze beslissing kan nooit door één individuele leerkracht genomen worden, maar is een zaak van de gehele school. Als de leerling inderdaad overstapt op een eigen programma moet juist dan veel en regelmatig instructietijd ingepland worden. Ook moet gekeken worden bij welke onderdelen van de methode deze leerling mee kan doen met de klassikale instructie en de (eenvoudige) verwerking. Dit om te voorkomen dat deze leerling helemaal losgekoppeld raakt van de rest van de groep.

Fase 2

In de tweede fase worden onderwijsbehoeften fijnmaziger in kaart gebracht. Na de eerste indeling in subgroepen, is het van belang dat de leerkracht meer zicht krijgt op wat leerlingen al kennen, kunnen en begrijpen en in welke mate zij de rekenstof beheersen. Onderwijsbehoeften van leerlingen kunnen niet alleen variëren op basis van het huidige rekenniveau, maar ook op basis van factoren als abstractievermogen, voorkeur voor auditieve of visuele instructie, voorkeur voor bepaalde werkvormen (individueel, in tweetallen, groepswerk), werktempo, zelfregulatie, motivatie, beheersing van de Nederlandse taal, enzovoorts. Aanvullende diagnostiek kan gedaan worden met behulp van onder andere de analyse van toetsopgaven en leerlingwerk, de categorieënanalyse, diagnostische gesprekken, observatiesystemen en peilingspelletjes. Het gebruik van deze instrumenten wordt in de volgende paragrafen verder toegelicht. Bij al deze instrumenten kunnen het hoofdlijnen- en het handelingsmodel gebruikt worden om helder te krijgen hoe de leerling handelt en of zijn handelen gevoed wordt door inzicht. Belangrijke vragen hierbij zijn: wat laat de leerling zien aan vaardigheden en bij welke stap van het hoofdlijnenmodel past deze strategie? Welke aansluitende fase is tijdens de komende instructie aan de orde? Welke kennis en vaardigheden beheerst de leerling op welk handelingsniveau? Op welke handelingsniveaus moeten de volgende instructie en/of verwerkingsopdrachten gegeven worden?

Bij het formuleren van meer fijnmaziger onderwijsbehoeften is het belangrijk zich te realiseren dat deze eigenlijk bestaan uit twee delen, namelijk: 1. Welk doel streeft de leerkracht met de leerling na? en 2. Wat heeft de leerling (extra) nodig om dit doel te behalen? Onderwijsbehoeften worden dus geformuleerd door aan te geven wat een leerling nodig heeft (Janson & Noteboom, 2004; Nijhof, 2012; van de Weijer-Bergsma et al., 2012). Bijvoorbeeld: 'Deze leerling heeft instructie nodig die verlengd is en waarbij de leerkracht de oefening demonstreert en daarbij hardop zijn handelingen benoemt.'

Analyse van toetsopgaven en leerlingwerk

Door de antwoorden op toetsopgaven van leerlingen in de klas te analyseren en te bekijken welke rekenopgaven leerlingen goed, matig of onvoldoende beheersen, is het mogelijk om een beeld te krijgen van de 'zone van naaste ontwikkeling' (Vygotsky, 1978). De zone van naaste ontwikkeling heeft betrekking op de opgaven die een leerling matig beheerst: stof waar de leerling al wel wat van weet, maar nog niet goed beheerst. En daarmee stof waar de leerkracht in zijn extra hulp mee aan de slag zou moeten gaan. Een vuistregel voor de mate van beheersing van de stof kan zijn: Als een leerling tien sommen van een bepaalde categorie maakt, dan spreken we van goede beheersing bij 8, 9 of 10 sommen goed, van matige beheersing bij 5, 6 of 7 sommen goed, en van onvoldoende beheersing bij 4 of minder sommen goed. Naast het kijken naar het aantal goed gemaakte sommen (het *product*) kan de leerkracht de toetsopgaven nog verder analyseren om zo meer zicht te krijgen op de aanpak van de leerling (het *proces*). Per opgave kan bekeken worden:

- welke fasen uit het hoofdlijnenmodel (begripsvorming, ontwikkelen van oplossingsprocedures, vlot leren rekenen, flexibel toepassen) de leerling al succesvol doorlopen lijkt te hebben en welke nog niet;
- welke strategie(ën) de leerling gebruikt om de opgave op te lossen. Komt dit overeen met de door de leerkracht (of de methode) aangereikte strategie? Past de leerling de strategie(ën) die hij gebruikt correct toe? Zo nee, waar gaat het fout?

De toetsopgaven kunnen aangevuld worden met soortgelijke opgaven die de leerling tijdens de verwerkingsfase heeft gemaakt. Op basis van deze aanwijzingen krijgt de leerkracht zicht op hoe ver de leerling nog verwijderd is van het leerdoel en kan de leerkracht bedenken welke aanpak het beste zal aansluiten bij de onderwijsbehoeften van de leerling. Door leerlingen in de verwerkingsfase te vragen om hun berekeningen op te schrijven in hun schrift, krijgt de leerkracht bovendien nog beter zicht op de procedures die leerlingen gebruiken.

Met de categorieënanalyse uit het Computerprogramma LOVS van Cito (zie Afbeelding 2.2) krijgt de leerkracht zicht op bij welke categorieën een leerling zwakker of juist sterker scoort (Hollenberg, 2013; Janssen & Hickendorff, 2009). De meeste leerlingen scoren bij de verschillende categorieën op ongeveer hetzelfde niveau. Sommige leerlingen scoren bij een of meerdere categorieën relatief zwak. Dit betekent niet per se dat de leerling deze categorie onvoldoende beheerst, het betekent alleen dat de leerling hogere scores behaalt bij de andere categorieën. Voor een optimale groei is het belangrijk dat de leerling zich bij de verschillende categorieën ongeveer even snel ontwikkelt. Aan de hand van de categorieënanalyse kan de leerkracht zien of er onderdelen zijn die om extra aandacht vragen.

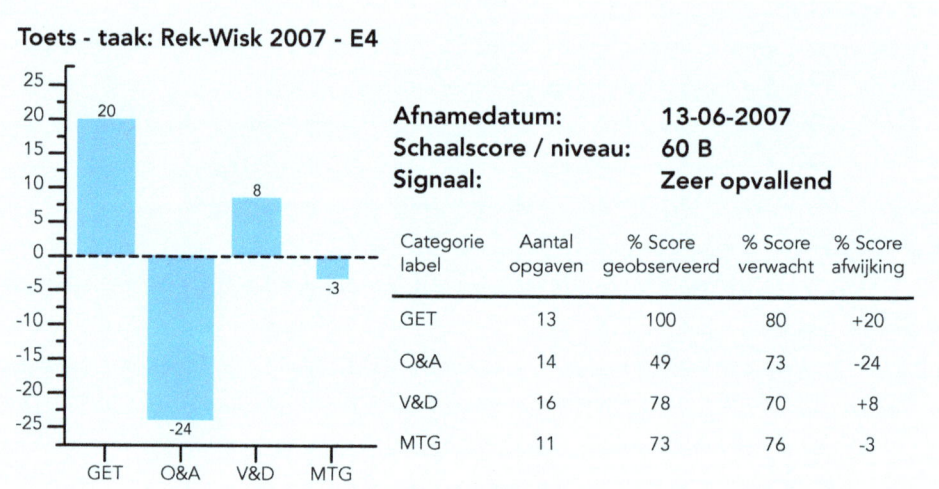

Afbeelding 2.2 Voorbeeld van een categorieënanalyse uit het Cito LOVS (Janssen & Hickendorff, 2009; GET = getallen, O&A = optellen en aftrekken, V&D = vermenigvuldigen en delen, MTG = meten, tijd en geld).

Peilingspelletjes

Peilingspelletjes geven de leerkracht de mogelijkheid om kennis, inzicht en vaardigheden tijdens een spel aan de orde te laten komen op verschillende niveaus en gericht te observeren op die niveaus. Daarnaast bieden peilingspelletjes de leerkracht meteen de mogelijkheid om extra hulp te bieden op deze kennis, inzicht en vaardigheden.

Enkele voorbeelden van peilingsspelletjes zijn: Getallen vangen met catch, Spaarspel, het Kommastraatje en Geheim getal (zie het voorbeeld in Box 2.1). Voor groep 1 en 2 (en 3) zijn speelse peilingsactiviteiten uitgewerkt om kennis, vaardigheden en inzichten na te gaan op alle aspecten van het rekenen. Ook voor de hogere leerjaren zijn geschikte peilingsspellen beschikbaar, zoals de spellen Rush Hour en Quatro (van der Linde-Meijerink & Noteboom, 2015). Het spel Quatro past bijvoorbeeld bij de domeinen Meetkunde en Logisch denken / redeneren. Het is geschikt voor leerlingen in de leerjaren 3 tot en met 8 en voor leerlingen in groep 2 met een voorsprong op de leerstof. Er is een aantal publicaties beschikbaar met meerdere peilingsspelletjes die worden toegelicht (Bakker, Bouwman, Kaskens, & Noteboom, 2011; Klep & Noteboom, 2010; van der Linde-Meijerink & Noteboom, 2015). In deze publicaties worden bij alle activiteiten suggesties gegeven voor het stellen van vragen, observatiepunten en interventies.

Box 2.1 Voorbeeld van een Peilingsspel

Geheim getal is een spel waar men niet veel benodigdheden voor nodig heeft, slechts velletjes papier en een pen. Afhankelijk van het rekenniveau wordt er van tevoren bepaald uit hoeveel cijfers het geheim getal mag bestaan. Dit spel is bedoeld om met twee personen te spelen vanaf groep vier. Speler één verzint een getal van bijvoorbeeld vier cijfers en schrijft dit op een papiertje. Elk cijfer mag maar één keer voorkomen. Speler twee krijgt het getal niet te zien. Speler twee probeert het getal te raden door op een ander papiertje ook een getal met vier cijfers op te schrijven. Nu moet speler één speler twee informeren in hoeverre de gekozen cijfers goed zijn. Speler één geeft aan of het geheime getal hoger of lager is dan het genoemde getal van speler twee. Speler één geeft dit aan door of een pijl omhoog of een pijl omlaag achter het getal te zetten. Ook geeft speler één aan welke cijfers in het getal voorkomen en of deze op de juiste plaats in het getal staan. Als een cijfer goed is en op de juiste plaats staat, dan zet speler één een cirkel om het juiste cijfer. Wanneer een cijfer wel in het getal voorkomt, maar niet op de goede plaats staat, zet speler één een streepje onder het cijfer. Vervolgens vult speler twee opnieuw een getal in, maar hij maakt gebruikt van de informatie die speler één aan hem heeft gegeven. Ga zo door tot dat speler twee het getal geraden heeft óf tot er maximaal tien regels gevuld zijn.

Er is een aantal voorwaarden waar een rekenspel aan moet voldoen om bruikbaar te zijn als peilingsspel (van der Linde-Meijerink & Noteboom, 2015):

- Kinderen vinden het spel leuk;
- Het spel werkt gericht (maar impliciet) aan specifieke rekendoelen (onderdelen van getalbegrip; bewerkingen, logisch denken en redeneren, ruimtelijke oriëntatie);
- Het spel heeft eenvoudige spelregels, die leerlingen goed aan elkaar uit kunnen leggen (zodat de leerkracht er niet veel extra tijd aan kwijt is);
- Het spel past bij de spanningsboog van (jonge) leerlingen, of kan aangepast worden zodat het niet te lang duurt;
- Het materiaal is stevig en heeft niet te kleine onderdelen (in verband met stuk gaan en kwijt raken) en is daarmee geschikt voor een klas met kinderen;

- Het spel is met z'n tweeën te spelen (eventueel individueel), zodat het overzichtelijk is en de kans op groot rumoer beperkt blijft;
- Het spel biedt de mogelijkheid om beter te worden en daarmee ook in de rekenvaardigheid die gevraagd wordt. Dit kan bijvoorbeeld betekenen dat leerlingen door oefening beter en sneller worden, hun inzicht vergroten bij vaker spelen of moeilijkere denkstrategieën zoeken en toepassen.

Diagnostisch gesprek

Via een diagnostisch gesprek kan de leerkracht nog meer specifieke informatie verkrijgen over hoe de leerling denkt, wat hij weet en kan, en begrijpt. Een diagnostisch gesprek is in feite een interactie tussen de leerling, de leerkracht en de leerstof. Het geeft de leerkracht inzicht in hoe de leerling een opgave aanpakt en hoe de leerling reageert op hulp.

Bij het voeren van zo'n gesprek kunnen modellen worden ingezet, die kunnen bijdragen aan het krijgen van inzicht op het denk- en redeneerproces van de leerling en zicht kunnen geven hoe kan worden aangesloten bij de onderwijsbehoeften van de leerling. Naast de rekeninhoudelijke modellen (het hoofdlijnenmodel en het handelingsmodel) kan het drieslagmodel (Notten, Versteeg, & Martens, 2014, zie Afbeelding 2.3) hiervoor gebruikt worden.

Het drieslagmodel is een model voor probleemoplossend handelen en kan met name een schat aan informatie opleveren indien contextopgaven (talige rekenvraagstukken) worden voorgelegd. Aangezien deze veel voorkomen in rekenmethoden en -toetsen is het uitermate

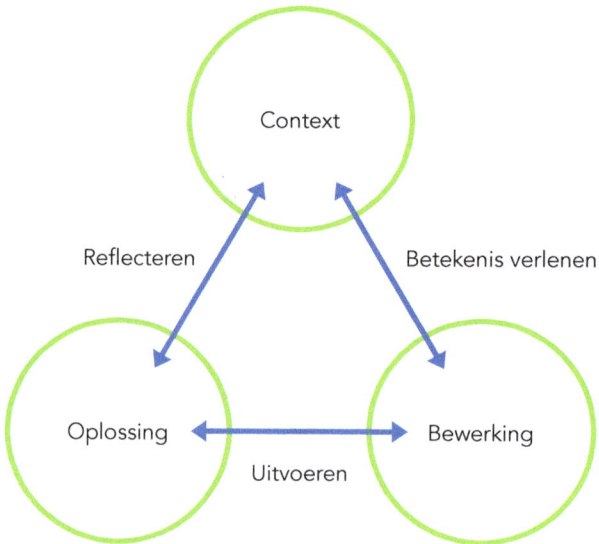

Afbeelding 2.3   Het drieslagmodel (Bron: Notten et al., 2014).

zinvol om te achterhalen hoe een leerling hierbij te werk gaat. Volgens het drieslagmodel worden er drie stappen doorlopen bij het oplossen van een taak, wanneer deze in een context is ingebed. In de eerste stap (Betekenis verlenen) wordt in kaart gebracht wat het probleem is en wordt een plan bedacht om het probleem op te lossen. In de tweede stap (Uitvoeren) leiden de gekozen bewerking(en) tot het vinden van een oplossing. In de derde stap (Reflecteren) wordt nagegaan of het resultaat klopt en of de gekozen oplossing paste bij het probleem.

Tijdens het diagnostisch gesprek stelt de leerkracht vragen die inzicht geven in de drie stappen van het drieslagmodel en de plaats in het proces waar het mis gaat (zie Box 2.2). Deze vragen kunnen niet alleen informatie voor de leerkracht opleveren, maar kunnen ook de leerling helpen om de processen in denkstappen te vertalen die helpen bij het benaderen van het probleem.

Box 2.2 Voorbeeld vragen tijdens de verschillende stappen van het drieslagmodel

Betekenis verlenen
Vragen bij deze stap gaan na in hoeverre de leerling betekenis verleent aan de opgave, de opgave kan analyseren en een nadenkt over een mogelijke aanpak. Begrijpt de leerling het probleem in de opgave en snapt hij wat er gevraagd wordt? Bijvoorbeeld:
- Wat staat er?
- Welke som moet je oplossen?
- Hoe ga je het aanpakken?
- Kun je een tekening bij deze opgave maken?
- Kun je bij deze kale som een verhaal bedenken?

Uitvoeren
Vragen bij deze stap onderzoeken hoe de leerling te werk gaat (hoe denkt hij, hoe redeneert hij, welke tussenstappen maakt hij, welke mogelijke fouten maakt hij), en in hoeverre hij de onderliggende basiskennis en vaardigheden beheerst. Bijvoorbeeld:
- Kun je hardop vertellen hoe je deze opgave uitrekent?
- Wat is de volgende stap?

Reflecteren
Vragen bij deze stap gaan na of de leerling het antwoord controleert en of hij kan terugkijken op de aanpak? Bijvoorbeeld:
- Klopt het antwoord?
- Kun je vertellen hoe je het hebt opgelost?
- Wat betekent het antwoord eigenlijk?

Naast het stellen van vragen zal de leerkracht tijdens het gesprek ook observeren, variëren in opgaven (en daarmee de zone van naaste ontwikkeling opzoeken) en hulp aanbieden (van Luit, Bloemert, Ganzinga, & Monch, 2014). De leerkracht kan hulp bieden door structuur te bieden, de complexiteit te verminderen, vragen te stellen over begrip van de taak, materiële hulp te bieden (in de vorm van materialen of schema's), en te modelleren (voordoen, samen doen, zelf doen). De leerkracht observeert: wat doet de leerling als de leerkracht de opgave makkelijker of concreter maakt? En in hoeverre kan de leerling de hulp die de leerkracht aanreikt, begrijpen en toepassen? Voorbeelden van diagnostische gesprekken met leerlingen uit de intensieve en gevorderde subgroepen zijn te vinden in respectievelijk Box 2.3 en 2.4.

Box 2.3 Voorbeeld van een diagnostisch gesprek (Intensieve subgroep)

Het gesprek is gestart. De leerkracht heeft op basis van een analyse van gegevens het gesprek voorbereid. Ze start het gesprek door de leerling eerst zelf aan te laten wijzen welke sommen hem goed afgaan en welke sommen hij op dit moment moeilijk vindt.

De volgende som in het boek is 190 + 60 = ...

Leerling   **Leerkracht**

Zegt vrij snel:

Het antwoord is 250.

> Het is goed, hoe ben je er nu aan gekomen?

Ik heb het opgeteld in mijn hoofd.

> En hoe heb je het dan opgeteld?

Nou, eerst het nulletje eraf halen. En dan met die 1 erbij is het 20 en dan doe ik er nog 5 bij en dat is 25. En dan het nulletje nog.

> Dus eigenlijk heb je die 6 gesplitst in 1 en 5 en dan doe je de nullen er weer bij.

Ja zo doe ik dat.

> Dus hoeveel is dan 190 + 60 = ?

De leerling aarzelt even en zegt dan:

250.

> Kun je bij deze som ook een verhaaltje bedenken of een tekening maken?

Box 2.3   Vervolg

Ik heb al 190 euro gespaard en als ik jarig ben
krijg ik er 60 euro bij. Dat is samen 250 euro.

De som 4 × 60

> Ik zie je opschrijven: 4 × 6
> Kun je vertellen hoe je dat hebt gedaan?

Ik haal eerst de nul weg…
en dan plak ik die nul er later weer bij.

> Okay, en weet je het antwoord ook van 4 × 6?

Ja, dat moet ik even uitrekenen.

De leerling heeft veel denktijd nodig

> Ik zag je de hele tijd omhoog kijken.
> Heb je nu gedaan:
> 1 × 6 = 6, 2 × 6 = 12, 3 × 6, = 18…?

Ja, zo doe ik dan en dan plak ik de nul er bij.
4 × 60 = 240.

> Nu de volgende opgave, die met dat plaatje.
> Wat zie je?

Ik zie dozen en op die dozen staat een getal.

> Kun jij me vertellen wat je nu moet gaan doen
> als je deze som ziet?

Nou, je moet eigenlijk die tulpen tellen…
70 + 70 + 70
en dan moet je het antwoord erbij schrijven.

> Wat voor som zou je hier bij schrijven?

9 × 70.

> En waarom dan 9 × 70?

Omdat het 9 dozen zijn en op die dozen staat 70.

Box 2.3   Vervolg

> En hoeveel is dat dan?

Uh, ik doe 9 × 7…

De leerling denkt weer heel erg lang na

63.

> Hoe heb je dat gedaan?

1 × 7 = 7, 2 × 7 = 14 en dan verder.

> Kun je dat ook anders doen, zodat je niet de hele tafel van vooraf aan moet opzeggen?

Nee, dat weet ik niet.

……
……
……
……

De leerkracht tekent een lijn van 0–10 op een papier en vraagt de leerling aan te geven waar hij nu staat (schaalvraag)

| 1 | 2 | 3 | 4 | 5 | 6 | 7 | 8 | 9 | 10 |

Ik denk dat ik op 5 zit.

> En hoe komt het dat jij vindt dat jij op 5 zit?

Omdat ik vind dat ik niet zo goed kan rekenen en ook omdat ik vaak weinig af heb.

> En weet je ook hoe het komt dat je weinig af hebt?

Ja, als ik het moeilijk vind vraag ik niet om hulp.

> En waar zou jij graag naartoe willen met rekenen?

Naar de 8.

Box 2.3   Vervolg

> Wauw, dat is mooi dat je naar de 8 wilt. En wat zou je daarvoor nodig hebben om daar te komen?

Nou, meer zin krijgen in rekenen.

> Hoe kunnen we er voor zorgen dat je meer zin krijgt in rekenen?

Nou als ik rekenen leuker vind, krijg ik er mee zin in.

> Klopt, als je iets leuker vindt, dan krijg je er inderdaad ook vaak meer zin in. En hoe kunnen we er dan voor zorgen dat je het leuker gaat vinden?

Nou, mensen vinden die mij kunnen helpen.

> En wie zijn dan mensen die jou kunnen helpen?

De juf of de stagiaire…
ik kan het vraagteken dan neerzetten als ik iets moeilijk vind, het blokje.
Want dan kunnen ze ook zien dat ik hulp nodig heb en dan kunnen ze komen helpen.

> En dan ga jij het rekenen leuker vinden?

Ja.

> En wat moeten ze dan doen: moeten ze je op weg helpen zoals ik net heb gedaan of heb je juist iemand nodig die zegt: 'Kom op, ga door…' of allebei, dat kan natuurlijk ook.

Ja, allebei.

> Maar hoe moet die hulp er dan uitzien?

Nou, ik vind rekenen bijna altijd wel moeilijk.
Maar het is wel makkelijker als ik iets krijg wat ik al eerder heb gedaan.

Hoofdstuk 2

Box 2.3   Vervolg

> Zou het fijn zijn als je bijvoorbeeld op maandag zou weten wat er op dinsdag tijdens de rekenles aan bod komt, dus dat je op maandag al uitleg krijgt over wat er op dinsdag komt.

Ja, dat zou ik fijn vinden.

> Nou dat kunnen we dan wel afspreken met je juf. Dat je steeds een dag ervoor uitleg krijgt over wat de dag erna komt. Ik ben nog wel benieuwd: Wat helpt je vooral bij uitleg?

Een voorbeeld op papier.
Of het tekenen. En tijd om na te denken.
En als ik het niet snap, dan gewoon nog een keer op dezelfde manier uitleggen.

> Ik vind dat je dat echt heel duidelijk kan vertellen wat je nodig hebt om tot die 8 te komen.

Box 2.4   Voorbeeld van een diagnostisch gesprek (gevorderde subgroep)

Leerling **Leerkracht**

> Wat voor rekenles vind je nou leuk?

Eigenlijk alle rekenlessen, maar vooral als ik echt moeilijke sommen krijg waar ik lang mee bezig kan zijn.

> Dus je houdt wel van uitdaging als het om sommen gaat?

Ja, van die verhaaltjessommen waar je een beetje moet puzzelen. Als het sommen zijn waar ik lang over na kan denken, dan wil ik er graag mee bezig zijn.

> Zijn er ook sommen die je wat moeilijker vindt?

Box 2.4   Vervolg

Nou, sommen met rest moet ik nog beter leren.

> Wat kan je helpen om die nog beter te kunnen oplossen?

Soms denk ik heel moeilijk na of ik wil het in een keer oplossen. Maar als ik gewoon rustig nadenk, dan gaat het eigenlijk gewoon wel goed.
…

> Kijk eens naar deze opgave. Wat zou je hier moeten doen, denk je?

Eerst twee keer lezen zodat ik zeker weet dat ik alle woorden goed heb gelezen. Dan kijk ik eerst naar de grote getallen van dit (wijst)… zit het dichtst bij 300… en dan deel ik deze. Ik zie dan de stukjes die ertussen zitten, dat deel ik dan. En dan is het 325.

> Harstikke goed, dat zie jij snel zeg!

> Hier heb ik nog een opgave. Lees deze maar…

De leerling neemt nauwelijks de tijd om naar de opgave te kijken

> Vertel eens wat je moet doen?

Nou, ik tel eerst de potten…

Leerkracht onderbreekt de leerling:

> Heb je het verhaaltje dan al gelezen? Weet je al wat je moet doen?

Ja, ik moet kijken hoeveel ik moet betalen voor die 8 potten. Meestal doe ik dan die 5 eraf en die 40 houd ik dan achter en dan reken ik uit 5 × 8.

> Zo, jij gaat wel heel snel: je zegt die 40 houd ik dan achter, maar waar komt die 40 vandaan?

Box 2.4 Vervolg

Uit de 5... die heb ik direct al keer 8 gedaan. Die houd ik dan achter in mijn hoofd. En dan doe je 50 en dat is 5 × 8 = 40 plus een 0 is 400. Dus 440.

> Wat super knap dat je dit zo snel kunt oplossen! Kun je nu een opgave aanwijzen in dit boek die je echt moeilijk vindt?

De leerling wijst er eentje aan, maar deze blijkt hij ook vrij vlot te kunnen oplossen
...

> Nog een laatste vraag: Je hebt gezegd dat je verhaaltjessommen uitdagend vindt. Maar als je nu een opgave moeilijk vindt, wat zou jou dan motiveren?

Echt veel verhaaltjessommen geven, dat vind ik echt heel leuk! En dan leer ik ze vanzelf.

Onderwijsbehoeften in de intensieve subgroep

In het algemeen hebben leerlingen in de intensieve subgroep meer moeite met de stap van concrete betekenisvolle informatie naar de abstracte taal van rekenen en wiskunde (Gelderblom, 2008). Er kunnen zich moeilijkheden voordoen in het leggen van verbanden (bijvoorbeeld tussen vermenigvuldigen en delen), het onthouden van rekenregels, -begrippen en -feiten, het verwoorden van oplossingen en strategieën, en het toepassen van kennis en vaardigheden. Zij hebben daardoor meer behoefte aan extra tijd, herhaling en oefening. Het is van belang dat de stappen in de uitleg niet te groot zijn en leerlingen van specifieke uitleg over de te nemen stappen in de probleemoplossing worden voorzien. Het geven van voorbeelden en het verwoorden van handelingen is daarbij ondersteunend. Ook is er bij leerlingen in deze groep meer behoefte aan betekenisvolle situaties en betekenisvolle vragen, ondersteuning door materiaal en afbeeldingen, en verbinding tussen de verschillende handelingsniveaus uit het handelingsmodel. Betekenisvolle situaties en vragen zijn voorstelbaar en te materialiseren of uit te beelden. Bijvoorbeeld bij de volgende contexttaak: 'De groenteman heeft deze week de sinaasappels in de aanbieding. De sinaasappels kosten normaal € 2,- per kilo. De aanbieding van deze week is: 3 kilo voor € 5,-. Hoeveel moet een klant betalen voor 4 kilo?'. Het is hierbij overigens wel van belang dat de taak ook echt realistisch is. Een contexttaak waarbij leerlingen bijvoorbeeld moeten rekenen met sinaasappels die € 100,- per kilo kosten, komt onvoldoende overeen met de werkelijkheid. Voor leerlingen in de intensieve subgroep kunnen één of meerdere individuele diagnostische gesprekken het beginpunt zijn om tot verdere specificatie van de onderwijsbehoeften te kunnen komen (van Groenesteijn et al., 2011; SLO, 2015a).

Leerlingen die moeite hebben met rekenen, laten vaak een gebrekkige automatisering en memorisering zien. Automatiseren en memoriseren vormen de basis voor het verdere rekenen. Er bestaat nogal wat spraakverwarring rond de termen automatisering en memorisering. Zo zien we in de normering van toetsen als TTA (Tempo Test Automatiseren; de Vos, 2010) en TTR (Tempo Test Rekenen; de Vos, 1992) aan de normering dat in feite het memoriseren wordt getoetst. Memoriseren is het 'uit het hoofd' binnen een paar seconden het antwoord weten op een eenvoudige rekentaak en dit opschrijven of benoemen. Automatiseren – het met één tussenstap uit het hoofd uitrekenen van een eenvoudige rekentaak – neemt wat meer tijd in beslag (maximaal 10 seconden) om tot een antwoord te komen, bijvoorbeeld 8 + 5 = … oplossen. Bij automatiseren duurt het even voordat het antwoord komt, maar via bijvoorbeeld 8 + 2 + 3 komt de leerling toch vrij snel tot een antwoord. Bovendien maakt hij geen gebruik van de vingers. Wanneer leerlingen basisbewerkingen geautomatiseerd hebben en beschikken over verkorte, routinematige rekenprocedures, hoeven zij hun werkgeheugen minder te belasten bij het uitrekenen van complexere opgaven. Gebrekkige automatisering en memorisering daarentegen leidt tot problemen wanneer de rekenstof met de leerjaren complexer wordt (Ruijssenaars, van Luit, & van Lieshout, 2006). Daarom is het van belang juist in de middenbouw veel aandacht te besteden aan automatiseren en memoriseren. Het automatiseren en memoriseren kost bij leerlingen in de intensieve subgroep vaak veel tijd en oefening. Voor zwakke rekenaars is het leren memoriseren van optellen en aftrekken tot 10 (en dus niet tot 20) aan te bevelen. Daarna, bij het rekenen boven het tiental, volstaat het leren toepassen van geautomatiseerde kennis, zoals bij 43 - 16 = 33 - 6 (tiental weghalen aan beide kanten) = 33 - 3 - 3 (zes splitsen) =…

Onderwijsbehoeften in de gevorderde subgroep

Leerlingen in de gevorderde groep zijn over het algemeen kinderen met een ontwikkelingsvoorsprong, zeer goede rekenaars, of (hoog)begaafde leerlingen. Gevorderde rekenaars maken over het algemeen grote denksprongen, zien snel wiskundige structuren en patronen, hebben de neiging om reken-wiskundige problemen te visualiseren, zijn goed in het leggen van verbanden, zijn goed in analyseren, hebben interesse in rekenen en wiskunde en verwerken de rekenstof op een andere en snellere manier (Janson & Noteboom, 2004;

Nijhof, 2012; Williams, 2008). Zij kunnen hun kennis en vaardigheden vergroten als zij opgaven krijgen aangeboden die een beroep doen op deze vaardigheden, maar op een niveau dat net boven het reeds beheerste ligt.

Door de grote denksprongen die deze leerlingen soms maken, zoals bij 148 × 14 via 1480 + 600 - 8, kan het lastig zijn om kleinere tussenstappen expliciet te maken. Omdat er in het voortgezet onderwijs aan leerlingen gevraagd wordt hun tussenstappen te expliciteren is het verstandig om met deze leerlingen extra te oefenen in het noteren van hun tussenstappen.

Andere mogelijke hobbels voor leerlingen in de gevorderde groep zijn automatiseren en memoriseren, het opschrijven van tussenstappen, en doorzettingsvermogen oftewel leren *leren*. Doordat gevorderde rekenaars vaak razendsnel kunnen rekenen, zien zij vaak het nut van automatiseren en memoriseren niet in (Nijhof, 2012; Sjoers, 2012). Het razendsnel uitrekenen geeft hen soms meer voldoening dan het antwoord weten, maar kost meer ruimte in het werkgeheugen dan het memoriseren. Dat kan deze leerlingen verderop in de leerjaren en het voortgezet onderwijs in de problemen brengen, wanneer de taken moeilijker worden. Het is dan ook van belang om het doel van automatiseren en memoriseren aan deze leerlingen uit te leggen.

Daarnaast zijn leerlingen in de gevorderde subgroep meestal niet gewend om geconfronteerd te worden met een probleem dat zij niet kennen of niet kunnen oplossen. Omdat de lesstof in de rekenles vaak van een relatief laag niveau is voor gevorderde rekenaars, ervaren zij zelden de uitdaging, die komt kijken bij het werken aan een lastig probleem, en leren daardoor niet zelf op zoek te gaan naar nieuwe oplossingsstrategieën, wat juist in deze groep de rekenvaardigheid zou kunnen verbeteren. Om deze leerlingen te leren *leren* en doorzettingsvermogen te oefenen, en om onderpresteren te voorkomen, is het daarom zeer belangrijk dat zij voldoende, niet-vrijblijvende uitdaging (mèt begeleiding) aangeboden krijgen.

Over het algemeen hebben gevorderde leerlingen behoefte aan opgaven die open, betekenisvol en complex zijn. Het is belangrijk hun creatief denkvermogen te stimuleren. Daarvoor hebben zij opgaven en opdrachten nodig die een onderzoekende houding uitlokken, die uitnodigen tot reflectie en die stimuleren om op een hoger abstractieniveau te denken. De taxonomie van Bloom (Anderson et al., 2001) is hierbij een bruikbaar model en geeft zes abstractieniveaus aan (zie Afbeelding 2.4). De onderste drie niveaus (herinneren, begrijpen en toepassen) komen voornamelijk voor in een gemiddelde rekenles (Nijhof, 2012; Williams, 2008)., De bovenste drie niveaus (analyseren, evalueren en creëren) behoren tot de hogere abstractieniveaus (Anderson et al., 2001). Binnen de groep gevorderde rekenaars kunnen vlotte rekenaars en (hoog)begaafde rekenaars worden onderscheiden. De vlotte rekenaar rekent vlot en bijna foutloos op de eerste drie niveaus. Een (hoog)begaafde rekenaar gebruikt daarnaast ook de hogere niveaus: het analyseren, het evalueren en het creëren. Deze hogere niveaus worden ook wel denkactiviteiten genoemd. Dit zijn de niveaus waarop de (hoog)begaafde rekenaars uitgedaagd moeten worden. Beroep doen op meerdere denkniveaus is ook uitdagend voor (hoog)begaafde leerlingen, evenals vakoverstijgende activiteiten (Pameijer et al., 2009). Door denkactiviteiten aan te bieden, wordt de intrinsieke motivatie van onderpresterende leerlingen verhoogd. Intrinsieke motivatie houdt in dat de leerling een activiteit uitvoert, omdat de leerling deze activiteit op zichzelf interessant vindt. Extrinsieke motivatie daarentegen houdt in dat een taak gedaan wordt omdat er externe beloningen tegenover staan. Streven naar intrinsieke motivatie heeft de voorkeur, omdat dit tot betere schoolprestaties leidt (Baard, Deci, & Ryan, 2014; Deci & Ryan, 2000).

Niveau	Omschrijving
Creëren	Nieuwe ideeën, producten of gezichtspunten genereren *Ontwerpen, maken, plannen, produceren, uitvinden, bouwen*
Evalueren	Motiveren of rechtvaardigen van een besluit of gebeurtenis *Controleren, hypothetiseren, bekritiseren, experimenteren, beoordelen*
Analyseren	Informatie in stukken opdelen om verbanden en relaties te onderzoeken *Vergelijken, organiseren, uit elkaar halen, ondervragen, vinden*
Toepassen	Informatie in een andere context gebruiken *Bewerkstelligen, uitvoeren, gebruiken, toepassen*
Begrijpen	Ideeën of concepten uitleggen *Interpreteren, samenvatten, hernoemen, classificeren, uitleggen*
Onthouden	Informatie herinneren *Herkennen, beschrijven, benoemen*

Afbeelding 2.4 De taxonomie van Bloom.

Verder hebben gevorderde rekenaars de behoefte om hun metacognitieve vaardigheden te gebruiken (Janson & Noteboom, 2004). Metacognitieve vaardigheden hebben te maken met het reguleren van het eigen leerproces. Voorbeelden van metacognitieve vaardigheden zijn onder andere plannen en reflecteren (Verloop & Lowyck, 2009). Daarnaast leren gevorderde leerlingen graag met het einddoel voor ogen (Nijhof, 2012; Sjoers, 2012).

Er zijn enkele valkuilen die de begeleiding van gevorderde rekenaars kunnen belemmeren. Ten eerste worden onderpresterende leerlingen niet altijd herkend als gevorderde rekenaar. Een leerling die onvoldoende uitdaging krijgt, kan door motivatiegebrek onder zijn niveau presteren en in een neerwaartse spiraal van onderpresteren en demotivatie terecht komen. Daarnaast kan het idee bestaan dat gevorderde leerlingen weinig tot geen instructie nodig hebben. Tijdsdruk speelt hierbij een rol, maar ook leeft soms de gedachte dat deze leerlingen zichzelf wel kunnen redden. Ook hebben leerkrachten soms twijfels over hoe zij passende en uitdagende opdrachten kunnen aanbieden. Als een leerling meer weet en kan op het gebied van rekenen dan de leerkracht zelf, kan dit voor gevoelens van onzekerheid zorgen bij de leerkracht. Ook deze leerlingen hebben voldoende begeleiding en uitdaging nodig om verder te komen. Alleen dan kunnen zij optimaal groeien in rekenvaardigheid en leren zij bovendien door te zetten als het moeilijker wordt.

Onderwijsbehoeften in de groepen 1 en 2

Ook in de groepen 1 en 2 is het van belang dat leerkrachten goed zicht hebben op verschillende onderwijsbehoeften. Het vaststellen van de onderwijsbehoeften bij kleuters is misschien wat lastiger, omdat jonge kinderen zich vaak verrassend en dynamisch ontwikkelen. De Cito-gegevens en gegevens vanuit observatielijsten bij methoden (zoals Alles Telt, Kleuterplein, Pluspunt, Wizwijs) kunnen worden gebruikt voor de eerste grove indeling in subgroepen. Voor de kleutergroepen zijn daarnaast verschillende (observatie-) screeningsinstrumenten beschikbaar die gebruikt kunnen worden om de rekenontwikkeling van leerlingen op het gebied van bijvoorbeeld tellen, meten en meetkunde, tijd, ruimte, en begrippen te volgen en te registreren. Deze screeningsinstrumenten verschillen in betrouwbaarheid. Het SLO heeft dergelijke instrumenten in kaart gebracht en beschreven (van der Linde-Meijerink & Kuipers, 2011).

De Utrechtse Getalbegrip Toets-Revised (van Luit & van de Rijt, 2009, zie Afbeelding 2.5 voor een voorbeeldopgave) en Rekenen voor Kleuters (Koerhuis & Keuning, 2011) (beiden methodeonafhankelijk en landelijk genormeerd) en observatiesystemen (gestandaardiseerd) kunnen elkaar door de onderlinge verschillen goed aanvullen. Genormeerde toetsen zijn meer objectief, doordat zij de mogelijkheid bieden om prestaties en vooruitgang in scores uit te drukken en te vergelijken met een landelijk norm. Bovendien toetsen ze het handelen en begrijpen op een hoger en abstracter niveau. Observatiesystemen daarentegen zijn over het algemeen meer subjectief, doordat zij niet altijd normen bieden en de leerkracht zelf de situaties moet beoordelen, maar staan dichter bij het dagelijks

Onderwijsbehoeften vaststellen [stap 1]

handelen van de leerling. Naast observatiesystemen kan in de groepen 1 en 2 ook gewerkt worden met peilingspelletjes, rekengesprekken, analyse van leerlingwerk en diagnostisch onderwijzen om een fijnmaziger beeld te krijgen van onderwijsbehoeften. Voor leerlingen die het voorbereidend rekenen lastig vinden kan het programma Op weg naar Rekenen (van Luit & Toll, 2013) ingezet worden. Dit is een evidence-based programma dat als complete remediërende kleutermethode ingezet kan worden of als programma om daar waar nodig specifieke hiaten in voorbereidende rekenvaardigheid aan te leren.

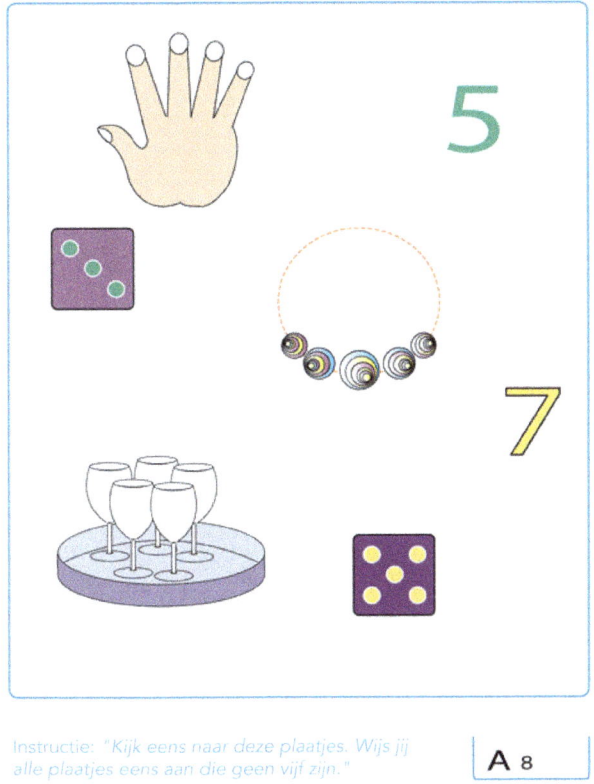

Afbeelding 2.5   Opgave uit de Utrechtse Getalbegrip Toets-Revised.

Voorwaarden voor het vaststellen van onderwijsbehoeften

Om de onderwijsbehoeften van leerlingen goed in kaart te kunnen brengen en te kunnen herkennen, is het nodig dat leerkrachten hun leerlingen *kennen* en kennis hebben van de doorlopende leerlijnen in het rekenonderwijs en rekendidactiek. Als leerlingen een onderliggend onderwerp niet beheersen zal instructie over een meer gevorderd onderwerp weinig effectief zijn. Door goede kennis van de leerlijnen kan de leerkracht beter herkennen waar de hiaten in de kennis van de leerling liggen, en welke stappen in de leerlijn extra aandacht behoeven. Een voorbeeld daarvan is een leerling van groep 8, die vastloopt bij het oplossen van breukenopgaven. Als de leerkracht een rekengesprek met de leerling voert blijkt dat hij geen betekenis kan geven aan de breukenopgaven. De leerling kan bijvoorbeeld geen tekening of verhaaltje bedenken bij een kale breukensom. De leerkracht moet op zo'n moment weten dat het bij zo'n leerling van belang is 'terug' te gaan naar het activeren van informele kennis over begrip van breuken en breukentaal, het krijgen van inzicht in wat een breuk is, om vervolgens weer over te schakelen naar het vergelijken van breuken, het gebruik van modellen bij breuken (zoals het strookmodel) en zo weer toe te werken naar bewerkingen met formele breukensommen. Kennis van cruciale leermomenten is voor alle leerkrachten van belang. Bij breuken is bijvoorbeeld een cruciaal leermoment, het verkrijgen van inzicht dat een breuk uit een eerlijke verdeling kan ontstaan. Bijvoorbeeld: 'Als je een reep met z'n vieren verdeelt, krijgt ieder een vierde deel van de reep'.

Ook kennis van oplossingsprocedures is belangrijk in deze stap van de cyclus. Elke leerling heeft zijn eigen voorkeursstrategieën om bepaalde sommen aan te leren of op te lossen. Als de leerkracht het gebruik van minder geavanceerde of inefficiënte strategieën bij leerlingen kan herkennen, geeft dit informatie over de onderwijsbehoeften van de leerling. Een leerkracht kan bijvoorbeeld optellen en aftrekken aan leerlingen leren door gebruik te maken van verwisselen, hergroeperen, rijgen en/of splitsen. Voorbeelden van verschillende strategieën bij het aftrekken zijn te vinden in Box 2.5.

Box 2.5 Voorbeelden van strategieën bij het aftrekken onder de 100

- Bij de strategie *rijgen* laat de leerling het eerste getal heel, vervolgens trekt hij eerst de tientallen van het tweede getal af en daarna de eenheden. Dus: 63 - 28 via 63 - 20 = 43 - 8 = 35.

- Bij de strategie *splitsen* gaat de leerling als volgt te werk: eerst de tientallen van elkaar aftrekken, daarna de eenheden van elkaar aftrekken, daarna het totaal. Dus: 63 - 28 (8 = 3 + 5) = 63 - 23 = 40 - 5 = 35.

- Bij *handig rekenen* of *varia rekenen* zou het in dit geval bijvoorbeeld kunnen gaan via 63 - 28 = 63 - 30 = 33 + 2 = 35. Bij opgaven waarbij sprake is van een klein verschil (bijvoorbeeld 61 - 58), is het verschil bepalen via doortellen een handige aanpak. Dus: 58 → 59, 60, 61, verschil is 3.

Duidelijk zal zijn dat het steeds van belang is dat leerkrachten voor zichzelf nagaan of de nodige rekendidactische kennis in voldoende mate aanwezig is. Indien dat niet zo is, dan is professionalisering nodig. Er zijn talloze bronnen die daarbij behulpzaam kunnen zijn, zoals didactiekboeken voor de opleiding en digitale leerlijnuitwerkingen, zoals www.digilijnrekenen.nl (SLO, 2015b). Ook de TAL boeken (Tussendoelen Annex Leerlijnen TAL boeken) bieden een goede mogelijkheid om deze kennis over leerlijnen en didactiek uit te breiden. Informatie over wanneer benodigde rekenvaardigheden in het onderwijs behaald moeten zijn, is te vinden in 'Passende perspectieven' van de SLO (Boswinkel, Buijs, & van Os, 2012).

Pedagogische vaardigheden zijn eveneens zeer belangrijk in deze stap van de cyclus. Het indelen van leerlingen in subgroepen vraagt een veilig pedagogisch klimaat in de klas. Sommige leerlingen in groep 3 zijn zich al bewust van onderlinge verschillen en subgroepsindelingen. Of dit gevolgen heeft voor het zelfbeeld van leerlingen is voor een groot deel afhankelijk van het pedagogisch klimaat in de klas. In een klas waar verschillen tussen leerlingen gerespecteerd worden, voelen leerlingen zich veilig en gewaardeerd en zijn zij meer gemotiveerd voor leren. De leerkracht heeft (samen met ouders) een grote invloed op hoe leerlingen omgaan met verschillen. Uit onderzoek van Dweck (2000) blijkt dat er twee manieren bestaan waarop mensen naar zichzelf en anderen kijken. Sommige mensen zien intelligentie en vaardigheden als een vaststaand en onveranderbaar gegeven. Dit wordt wel een 'fixed mindset' genoemd. Andere mensen zien intelligentie en vaardigheden als ontwikkelbaar. Dit wordt wel een 'growth mindset' genoemd, en ziet intelligentie als het ware als spierkracht: door je hersenen te gebruiken en je in leersituaties te begeven vergroot je jouw cognitieve capaciteiten. Leerlingen met een 'growth mindset' hebben minder moeite met tegenslag en gaan meer uitdagingen aan in leersituaties en zijn meer gemotiveerd voor leren. Welke 'mindset' kinderen ontwikkelen, wordt beïnvloed door de 'mindset' van belangrijke volwassenen in hun leven. Leerkrachten (en ouders) die een 'growth mindset' hebben, zijn meer geïnteresseerd in het leerproces, het proberen, de inzet. Door een kind feedback te geven op het proces, de inzet en de vooruitgang ten opzichte van eerdere vaardigheden, stimuleert de leerkracht een 'growth mindset'. Leerkrachten met een 'growth mindset' benadrukken dat een toets een manier is om te zien hoe ver leerlingen gevorderd zijn en wat ze nog kunnen leren, in tegenstelling tot een manier om te kijken hoe 'slim' leerlingen zijn. Een 'growth mindset' wordt ook weerspiegeld in het gebruik van een flexibele subgroepindeling.

Organisatie

Het in kaart brengen van de onderwijsbehoeften van de leerlingen in de klas vraagt planning en tijdsinvestering van de leerkracht. In veel scholen beginnen leerkrachten aan het begin van het schooljaar weer met een voor hen 'nieuwe' klas met leerlingen. De leerkracht kan dan een voorlopige grove indeling in subgroepen maken op basis van gegevens van het voorgaande leerjaar (de toetsgegevens uit de laatste Cito-toets en de laatste methodegebonden toets, in combinatie met informatie uit de overdracht van de vorige leerkracht). Ook kan de leerkracht de eerstvolgende methodegebonden toets al wat eerder afnemen (vooruit toetsen) om te zien wat haar leerlingen al kennen en kunnen van de stof uit het eerste blok. De eerste, grove, indeling kan bijvoorbeeld in de eerste zes weken van het schooljaar gemaakt worden. De fijnmaziger indeling kan later worden gemaakt, als de hectiek van het begin van het nieuwe schooljaar achter de rug is. Leerkrachten zijn soms bang om leerlingen bij de eerste indeling in de 'verkeerde' subgroep in te delen. Een geruststelling hierbij is dat deze indeling altijd flexibel is en op een later moment weer kan worden aangepast als daar aanleiding voor is. Op basis van de voorlopige indeling, kan de leerkracht ook bedenken welke andere diagnostische middelen zij wil inzetten voor een fijnmaziger beeld van de onderwijsbehoeften van leerlingen. Bij welke leerlingen wil zij bijvoorbeeld peilingspelletjes inzetten of een diagnostisch gesprek? En op welke moment kan dit het beste ingepland worden? Een stappenplan voor het in kaart brengen van de onderwijsbehoeften en het maken van groepsindelingen is te vinden in Box 2.6.

Box 2.6 Stappenplan 'Onderwijsbehoeften in kaart brengen'

Maak eerst een grove indeling (Fase 1)

- Bekijk voor elke leerling in welke van de negen categorieën van het indelingsschema hij past op basis van zijn meest recente toetsgegevens (Cito & methodengeboden toets; zie Afbeelding 2.1);

- Bekijk de leerlingen in de twijfelcategorieen individueel:
    - welke extra informatie heb je nodig om deze leerling in te kunnen delen in één van de drie subgroepen?;
    - welke aandachtspunten bestaan er voor deze leerling? (Zie ook de toelichting bij het indelingsschema subgroepen.)

Formuleer fijnmaziger onderwijsbehoeften (Fase 2)

- Bedenk wat de leerling al kent, beheerst en begrijpt;

- Bedenk welke andere factoren (naast het huidige rekenniveau) van belang zijn voor de onderwijsbehoeften van de leerling;

- Zet aanvullende diagnostiek in om dit verder in kaart te brengen, bijvoorbeeld:
    - analyse van toetsopgaven en/of leerlingwerk;
    - categorieënanalyse;
    - diagnostisch gesprek;
    - observatiesystemen;
    - peilingspelletjes.

Natuurlijk kan iedere individuele leerkracht deze stap voor zichzelf vormgeven en inplannen. Voor elke stap van de differentiatiecyclus geldt bovendien dat deze kan worden ingebed in het schoolteam, om de stappen beter te borgen. Er kan bijvoorbeeld schoolbreed worden afgesproken dat alle leerkrachten de eerste weken tijd besteden aan het maken van een grove indeling, en een plan maken voor de manier waarop zij fijnmaziger willen kijken. De voortgang of eventuele knelpunten bij het maken van de indeling en het plan kunnen dan besproken worden tijdens een teambijeenkomst. Ook kunnen leerkrachten kiezen voor samenwerking met een leerkracht uit een parallelgroep of een nabijgelegen leerjaar, waarbij zij de twijfelcategorieën bespreken en overleggen over hoe de onderwijsbehoeften fijnmaziger in kaart kunnen worden gebracht voor specifieke leerlingen.

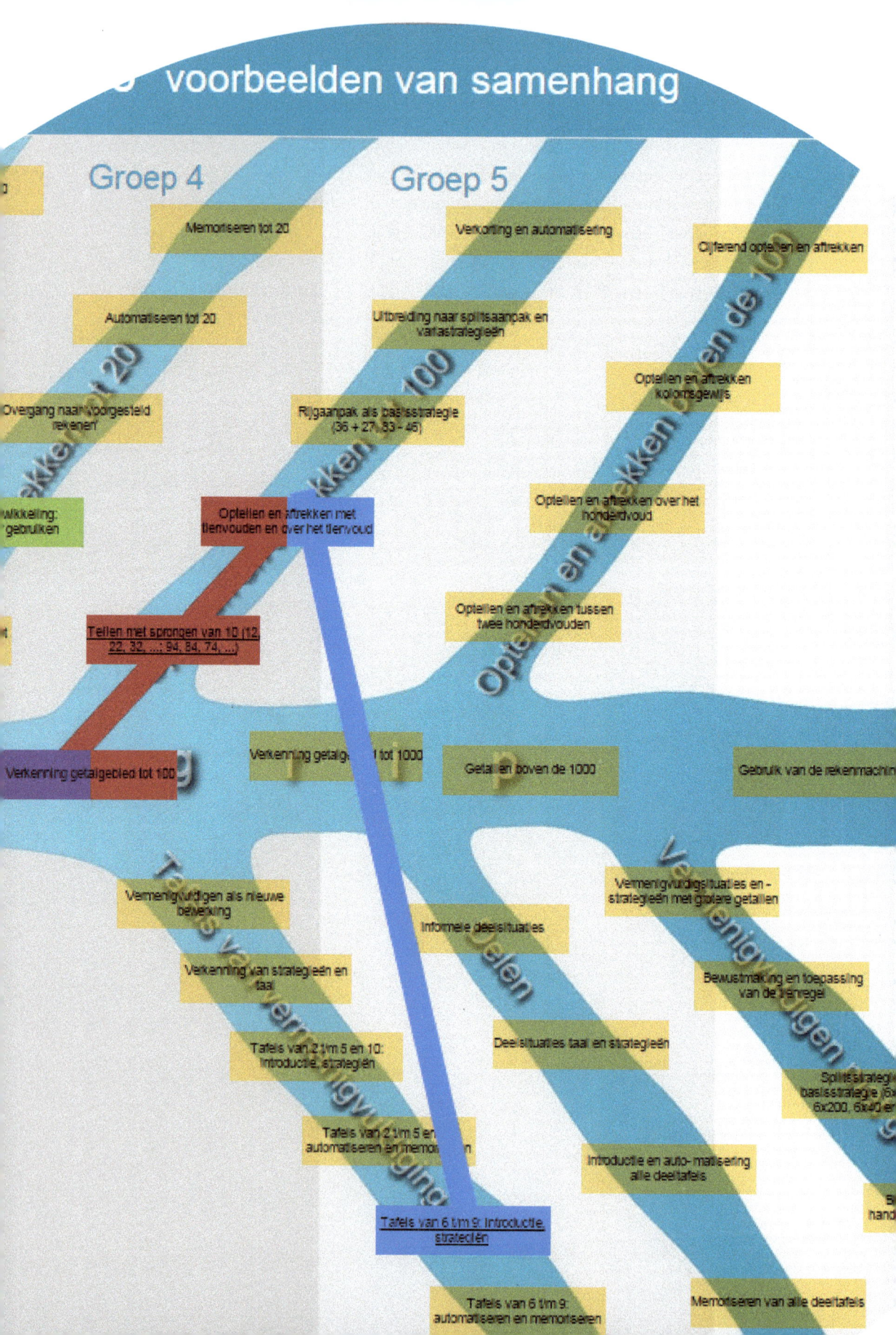

Hoofdstuk 3

Doelen stellen [stap 2]

Het stellen van heldere doelen zorgt ervoor dat zowel de leerkracht als de leerling weet waar naartoe wordt gewerkt. Ook helpt het bij het bepalen wat relevante en niet relevante informatie is. Als de onderwijsbehoeften van leerlingen binnen een klas variëren zal dit ook in de geformuleerde doelen terug te zien moeten zijn. Vaak zullen leerlingen aan de zelfde doelen werken, maar zal in het leerdoel ook worden opgenomen wat een leerling nodig heeft om het doel te bereiken. In dit hoofdstuk wordt besproken hoe de leerkracht de doelen zo kan formuleren dat deze aansluiten bij de onderwijsbehoeften van de leerlingen.

Wanneer de leerkracht de onderwijsbehoeften van haar leerlingen in kaart heeft gebracht (zie hoofdstuk 2), kunnen op basis daarvan leerdoelen worden opgesteld. Het formuleren van doelen geeft richting aan het leerproces. Als leerlingen weten wat de bedoeling is en wat het oefenen moet opleveren, dan kunnen zij hun aandacht richten op die aspecten van de oefening waarin een verandering nodig is. Dat kan bijvoorbeeld zijn: een kortere manier gebruiken, iets uit het hoofd leren of een bepaald model gebruiken. Door het doel te kennen, kan de leerling reflecteren op het proces en leren van de ervaring om zichzelf te verbeteren. Als de leerkracht weet wat het doel is waaraan gewerkt zal worden, dan helpt dat haar bij het maken van keuzes rond bijvoorbeeld instructie, werkvormen, ondersteunende materialen én het afstemmen van deze keuze op verschillende onderwijsbehoeften. Ook voor het evalueren van de gekozen aanpak is het formuleren van doelen van belang. Pas als je weet wat het doel is, kun je hier goede feedback op geven en evalueren of aan de afgesproken criteria is voldaan.

Doelen kunnen worden geformuleerd als einddoelen, doelen per lessencyclus en lesdoelen. Einddoelen zijn bijvoorbeeld de kerndoelen die door het Ministerie van Onderwijs, Cultuur & Wetenschap zijn vastgesteld en uitgewerkt in zogenaamde referentieniveaus (Ministerie van Onderwijs, Cultuur & Wetenschap, 2009). De referentieniveaus geven aan wat leerlingen aan het einde van de basisschool moeten weten en kunnen (Noteboom, 2009; Noteboom, van Os, & Spek, 2011) en betreffen vier domeinen of hoofdonderwerpen: getallen, verhoudingen, meten en meetkunde, en verbanden. De referentieniveaus hebben als doel om primair en voortgezet onderwijs beter op elkaar aan te laten sluiten (zie Afbeelding 3.1). Binnen het primair onderwijs worden twee verschillende referentieniveaus

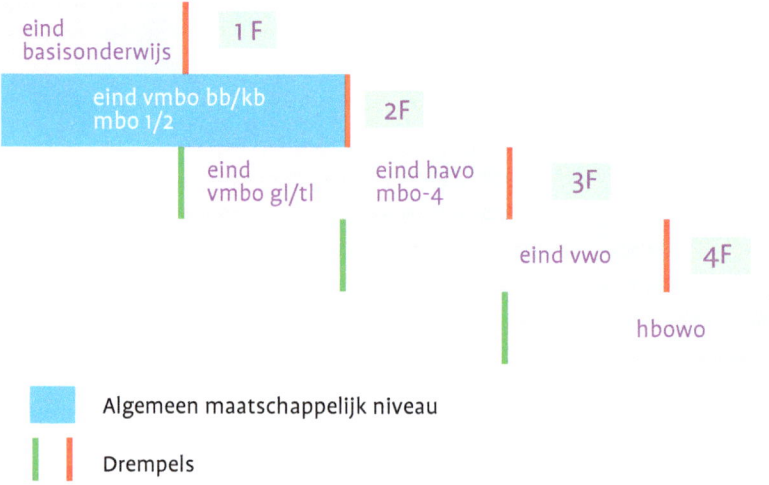

Afbeelding 3.1   Referentieniveaus voor rekenen (bron: Ministerie van Onderwijs, Cultuur en Wetenschap, 2009).

omschreven: het *fundamentele niveau* (1F) en het *streefniveau* (1S) (Noteboom, 2009; Noteboom et al., 2011). Het fundamentele niveau richt zich op basale kennis en inzichten en zijn gericht op een meer toepassingsgerichte benadering van rekenen. Het streefniveau bereidt al voor op de meer abstracte wiskunde. Alle leerlingen moeten aan het einde van de basisschool *minimaal* het fundamentele niveau beheersen (Noteboom et al., 2011). Dat betekent echter niet dat dit het niveau is waar in eerste instantie naartoe gewerkt zal worden (Notenboom et al., 2011). Het streven is dat zoveel mogelijk leerlingen 1S halen. Pas wanneer dat niet haalbaar is voor bepaalde leerlingen, dan wordt voor deze leerlingen 1F het doel. Daarnaast is er een groep leerlingen die (veel) meer aankan dan beschreven wordt in niveau 1F en 1S. Voor deze leerlingen ligt 1S *onder* hun optimale mogelijkheden. Voor deze groep leerlingen worden vanuit de overheid geen wettelijke eisen gesteld aan de doelen, maar met de toenemende aandacht voor excellentie in het onderwijs wordt het belang van extra uitdagende doelen voor deze leerlingen wel erkend.

De kerndoelen die door de overheid zijn geformuleerd, zijn verder uitgewerkt in meer concrete doorlopende leerlijnen. De leerlijnen beschrijven wat leerlingen eerst moeten kennen en kunnen voordat de volgende stap gezet kan worden. Om scholen en leerkrachten verder te ondersteunen bij het maken van keuzes in het aanbod van de leerstof heeft de Stichting Leerplanontwikkeling (SLO) de referentieniveaus verder concreet gemaakt met behulp van extra toelichting en voorbeelden (Noteboom et al., 2011, zie Afbeelding 3.2).

Domein Getallen, deel A

	1-fundament	Toelichting en voorbeelden bij 1-fundament	Toelichting en voorbeelden bij 1-streef
A Notatie, taal en betekenis	Paraat hebben	Paraat hebben	Paraat hebben
– Uitspraak, schrijfwijze en betekenis van getallen, symbolen en relaties – Wiskundetaal gebruiken	– 5 is gelijk aan (evenveel als) 2 en 3	Weten dat getallen verschillende betekenissen kunnen hebben en dat je ermee kunt rekenen in contexten en met formele wiskundetaal. De symbolen (+, -, x, :, =) kennen, de betekenis hiervan weten en relaties hiertussen kennen, bijvoorbeeld de stap van herhaald optellen naar vermenigvuldigen en gebruik van het keer-teken, of de inverserelatie tussen optellen en aftrekken. ➢ In veel situaties in het dagelijks leven worden getallen gebruikt. Daarbij wordt onderscheid gemaakt tussen de onderstaande betekenissen en functies: - aantal: geld, voorwerpen - telgetal: een nummer of de zoveelste in een telrij - meetgetal: leeftijd, lengte - naamgetal: rugnummer, buslijn - rekengetal: '2 erbij 3' is 5. Bedenk voorbeelden uit het dagelijks leven waarin getallen voorkomen. In welke voorbeelden reken je niet met het getal? ➢ In het tafelgroepje zitten 5 kinderen: 2 jongens en 3 meisjes: 5 is gelijk aan 2 en 3, betekent dat je een hoeveelheid van 5 kunt splitsen in of samenstellen met bijvoorbeeld 2 objecten en 3 objecten. Dit is in wiskundetaal op verschillende manieren te noteren: 2+3=5; 3+2=5; 5=3+2; 5=2+3. ➢ Het tegelpad heeft 100 tegels. Het is 25 tegels lang en 4 tegels breed. Hoe kun je deze situatie in wiskundetaal beschrijven? (4x25=100; 25x4=100; 100:4=25; 100:25=4; 100=4x25)	Weten dat getallen verschillende betekenissen hebben en dat je ermee kunt rekenen in contexten en in wiskundetaal. De symbolen (+, -, x, :, =) kennen, de betekenis hiervan weten en relaties hiertussen kennen, zoals de inverserelatie tussen vermenigvuldigen en delen, en tussen optellen en aftrekken of de relatie tussen delen en herhaald optellen/aftrekken. ➢ In veel situaties in het dagelijks leven worden getallen gebruikt. Daarbij wordt onderscheid gemaakt tussen de onderstaande betekenissen en functies: - aantal: geld, voorwerpen - telgetal: een nummer of de zoveelste in een telrij - meetgetal: leeftijd, lengte - naamgetal: rugnummer, buslijn - rekengetal: '2 erbij 3' is 5. Bedenk voorbeelden uit het dagelijks leven waarin getallen voorkomen. In welke voorbeelden reken je niet met het getal? ➢ Van situatie naar formele sommentaal. *(Uit: Alles telt)* 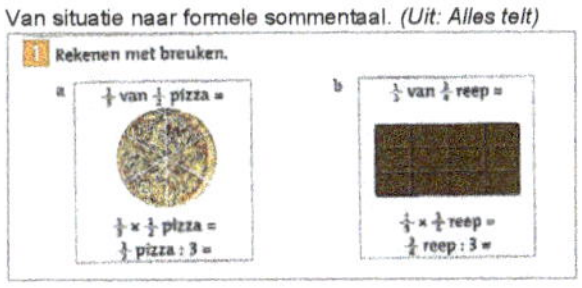

Afbeelding 3.2 Fragment uit Concretisering referentieniveaus (Noteboom et al., 2011).

Leerkrachten moeten zich bewust zijn van deze einddoelen, maar werken over het algemeen met doelen per lessencyclus en doelen per les. Bij het formuleren van gedifferentieerde doelen is het belangrijk na te gaan welke differentiatie in doelen er in de rekenmethode geboden wordt en te overwegen of de school deze differentiatie voldoende of juist te uitgebreid vindt. De school of de leerkracht kan doelen desgewenst bijstellen. Goed geformuleerde doelen voldoen aan een aantal voorwaarden. De eerste voorwaarde is dat het doel aansluit bij de zone van naaste ontwikkeling (oftewel: zij zijn uitdagend maar wel haalbaar). Door goed zicht te hebben op de tussenstappen naar een doel, kan worden voorkomen dat leerlingen werken aan doelen die zij al gehaald hebben of waar zij nog niet aan toe zijn. Uit onderzoek blijkt dat hoge verwachtingen positieve effecten hebben op de prestaties van leerlingen, zolang de verwachtingen realistisch zijn (Gelderblom, 2007; Pameijer et al., 2009). De tweede voorwaarde is dat het doel rekeninhoudelijk is. De derde voorwaarde is dat het doel SMART is geformuleerd, oftewel: Specifiek, Meetbaar, Acceptabel, Realistisch en Tijdsgebonden. Specifiek houdt in dat de doelen zo concreet mogelijk geformuleerd moeten zijn. Denk hierbij aan de vragen: wie, wat, waar en wanneer? Meetbaar houdt in dat het doel concreet te evalueren moet zijn. Het doel bevat dus alleen objectief waarneembare beschrijvingen, zoals 80% van de sommen goed. Bij het punt Acceptabel dient de leerkracht na te gaan of het doel voor iedereen acceptabel is, voor zowel de leerkracht, de leerling als eventuele andere betrokkenen. De leerkracht bepaalt op basis van de mogelijkheden van de leerling of een doel Realistisch is. Ten slotte, houdt Tijdsgebonden in dat er bekend moet zijn wanneer er aan het doel voldaan is (Blankestijn, 2011). Een voorbeeld van een doel dat aan deze voorwaarden voldoet is 'Jan kan over twee weken op iedere som uit de tafel van 4 binnen vijf seconden een antwoord geven en heeft daarbij minstens 80% goed'. Door doelen zo te formuleren dat zij concreet en op korte termijn haalbaar zijn, wordt het makkelijker om leerlingen bij de doelen te betrekken. Dit verhoogt de slagingskans en de motivatie van de leerling. Duidelijk zal zijn dat bewust nadenken over doelen cruciaal is en dat scholen die methodisch werken ervoor moeten waken dat zij niet zomaar, zonder verdere inspectie, de doelen van de methode overnemen.

Doelen voor de intensieve subgroep

Van veel basisvaardigheden, zoals optellen en aftrekken tot 100, de tafels en elementair vermenigvuldigen (rekenen met nullen, zoals 30 × 50 en opgaven als 5 × 28) wordt verondersteld dat leerlingen in de hogere leerjaren deze (uit het hoofd) onder de knie hebben. Sommige leerlingen hebben hier echter nog steeds moeite mee en dat belemmert hen in het rekenen met grotere getallen. Bij het bepalen van doelen in de intensieve subgroep is het daarom goed om de volgende vragen te stellen: Wat is de rekenontwikkeling van de leerling tot nu toe? Welke mogelijkheden tot groei zijn er? Welke mogelijkheden voor extra hulp zijn er?

Het stellen van heldere en uitdagende, maar realistische doelen draagt bij aan het voorkomen van rekenproblemen bij rekenaars uit de intensieve subgroep. Om leerlingen die meer moeite met rekenen hebben toch regelmatig succes te laten ervaren, kunnen doelen het beste zoveel mogelijk in tussenstapjes opgesplitst worden. Voor groepjes leerlingen met zoveel mogelijk gelijke onderwijsbehoeften is het nuttig om dezelfde leerdoelen te formuleren. Veel rekenmethoden richten zich op de gemiddelde leerlingen en leerlingen die daar iets boven of onder presteren.

Hoewel voor alle leerlingen het doel is om het streefniveau te behalen, zal een gedeelte van de leerlingen in de intensieve subgroep in de loop van de basisschool toewerken naar het fundamentele niveau, omdat het streefniveau (1S) niet haalbaar blijkt te zijn. Het is van belang om tot groep 6 voor deze leerlingen vast te houden aan de minimumdoelen (1F) van de methode. Wanneer het realiseren van de minimumstof steeds moeizamer verloopt, is gerichte instructie en oefening nodig op de hiaten in de rekenkennis en -vaardigheid. Vanaf groep 6 wordt het uitstroomperspectief van deze leerlingen duidelijker. Per leerling moet een didactisch onderzoek worden afgenomen dat resulteert in het opstellen van een ontwikkelperspectief (OPP). Op basis van het OPP kan besloten worden welke rekendoelen deel gaan uitmaken van een passend aanbod in de bovenbouw.

Er zijn echter leerlingen die, ondanks de inspanningen van de school, de referentieniveaus niet halen op het moment dat het van hen wordt verwacht. Dan kan het nodig zijn om keuzes te maken. Bijvoorbeeld voor die leerlingen voor wie een ontwikkelingsperspectief is vastgesteld en waar de school nu voor de vraag staat wat een passend aanbod is voor deze leerling. In opdracht van het Ministerie van Onderwijs, Cultuur & Wetenschap zijn binnen het project 'Passende perspectieven' (Boswinkel et al., 2012) door SLO leerroutes en doelen voor rekenen geformuleerd voor leerlingen voor wie 1F niet haalbaar is bij het verlaten van de (speciale) basisschool. De drie leerroutes (zie Afbeelding 3.3) zijn afgeleid van het referentiekader Rekenen. De referentieniveaus zijn en blijven ook voor deze leerlingen met specifieke onderwijsbehoeften het uitgangspunt. Een leerroute bestaat uit doelen en inhouden die relevant zijn met het oog op het vervolgonderwijs en de uitstroombestemming. Het project 'Passende perspectieven' maakt voor rekenen onderscheid in drie leerroutes. Het doel is dat leerlingen met de eerste leerroute alsnog 1F halen op 12-jarige leeftijd. Met de tweede leerroute behalen leerlingen 1F in het vervolgonderwijs en met de derde leerroute behalen leerlingen 1F op onderdelen. Door het beschrijven van doelen en leerroutes wordt aangegeven wat leerlingen moeten kennen en kunnen met het perspectief op een bepaalde uitstroombestemming. De routes zijn gekoppeld aan de meest recente versies van de rekenwiskundemethoden. Zo krijgen scholen houvast bij het formuleren van een passend onderwijsaanbod voor verschillende groepen leerlingen, zodat ook deze groepen leerlingen verder komt dan nu het geval is. 'Passende perspectieven' probeert een brug te slaan tussen het ontwikkelingsperspectief, de referentieniveaus en een passend onderwijsaanbod.

Drie routes

Leerroute 1
Voor leerlingen die uitstromen naar vmbo-t, naar havo of naar vwo

In leerroute 1 blijven alle in het referentiekade genoemde doelen in tact. Voor leerlingen die deze leerroute krijgen aangeboden, is belangrijk dat hen voldoende hulpmiddelen ter beschikking staan en dat bij toetsing rekening gehouden wordt met hun beperking.

Leerroute 2
Voor leerlingen die doorstromen naar vmbo-b/k, al dan niet met leerwegondersteuning

Deze leerlingen halen 1F niet aan het eind van het basisonderwijs maar zijn wel een eind op weg en kunnen doorgroeien in het vervolgonderwijs. Daar halen zij 1F alsnog op bijvoorbeeld 14-jarige leeftijd. Tevens is een fundament gelegd voor het halen van 2F op 16-jarige leeftijd. Voor deze leerlingen staat meer gerichte aandacht voor de basisonderdelen van taal en rekenen centraal. Bij leerroute 2 is aangegeven welke doelen van 1F prioriteit zouden moeten krijgen.

Leerroute 3
Voor leerlingen die doorstromen naar het praktijkonderwijs of vso arbeid

Deze leerlingen werken in het vervolgonderwijs alsnog aan het behalen van referentieniveau 1F. Voor hen zijn keuzes in doelen gemaakt, met name met betrekking tot de functionaliteit van de doelen, het abstractieniveau / de mate van formalisering en de eisen die worden gesteld aan automatisering / memorisering. Hoewel leerlingen die doorstromen naar vso-zml niet aan de referentieniveau hoeven te voldoen, kunnen delen van leerroute wel degelijk goed bruikbaar zijn in het zml.

Afbeelding 3.3   Drie leerroutes zoals uitgewerkt in 'Passende Perspectieven' (Boswinkel et al., 2012; www.slo.nl).

 ## Doelen voor de gevorderde subgroep

Voor gevorderde rekenaars zijn wettelijk geen aparte kerndoelen vastgelegd. De leerdoelen voor de gevorderde rekenaars zijn op te delen in drie categorieën: goede beheersing van de reguliere stof, rekeninhoudelijke verrijking en zelfregulatie. Goede beheersing van de reguliere stof is van belang omdat leerlingen in de gevorderde subgroep regelmatig het nut van automatiseren niet zien, vaak al vroeg hun eigen procedures voor bepaalde bewerkingen ontwikkelen (die niet altijd even efficiënt of betrouwbaar zijn), het lastig vinden om hun tussenstappen te verwoorden en niet altijd zelfstandig de onderliggende rekenconcepten doorzien. Doelen wat betreft het gebruik van efficiënte oplossingsstrategieën en een goede ontwikkeling van rekenconcepten moet daarom helder geformuleerd zijn, bij voorkeur ook op schoolniveau:

- Welk prestatieniveau wordt verwacht van gevorderde rekenaars?
- Welke onderliggende concepten moeten gevorderde rekenaars beheersen?
- Welke oplossingsstrategieën moeten deze leerlingen beheersen en toepassen? En zijn dit dezelfde als de strategieën die de methode aanreikt?

Hierbij dient ook aandacht te zijn voor de verschillende abstractieniveaus. Uitgaande van de taxonomie van Bloom (zie Afbeelding 2.4, hoofdstuk 2) moet juist in deze groep niet alleen aandacht zijn voor het onthouden, begrijpen en toepassen, maar juist ook voor het analyseren, evalueren en creëren van problemen én oplossingen. Naast doelen op schoolniveau, kunnen ook doelen voor subgroepen en individuele leerlingen geformuleerd worden (zie Box 3.1 voor voorbeelden).

Box 3.1 Voorbeelden van doelen

Doel op schoolniveau
'Eind groep 6 hebben de gevorderde rekenaars de tafels van 1 tot en met 10 geautomatiseerd. De gevorderde leerlingen moeten de antwoorden op de verschillende tafelsommen binnen drie seconden uit hun geheugen kunnen oproepen en voor minimaal 90% goed beantwoorden.'

Doel op individueel niveau
'Aan het eind van dit blok heeft Jort ervaren dat de in de methode aangereikte strategie voor cijferend optellen efficiënter en korter is dan de strategie die hij zelf ontwikkeld heeft, kan hij de verkorte (in de methode aangereikte) strategie toepassen en doet hij dit ook in zijn dagelijks rekenwerk.'

Rekeninhoudelijk verrijkingsdoel
'Anna beheerst aan het einde van dit blok de tafels tot en met 5. Zij kan ook zelf problemen bedenken waarvoor een vermenigvuldigsom nodig is, en kan bij vermenigvuldigingen minstens twee verschillende oplossingsmanieren bedenken en evalueren.'

Zelfregulatiedoel
'Aan het eind van dit blok is Selim in staat om het eerst minimaal 5 minuten zelf te proberen, wanneer hij een som tegenkomt waarop hij niet onmiddellijk het antwoord weet, voordat hij de leerkracht om hulp vraagt.'

Het formuleren van rekeninhoudelijke verrijkingsdoelen voorkomt dat de geboden verwerkingsstof niet voldoende uitdagend is. Ook kan daarmee worden voorkomen dat de stof te veel overlap vertoont met de reguliere doelen van een hoger leerjaar. Een gevaar van teveel overlap is namelijk dat het probleem vooruitgeschoven wordt en leerlingen in groep 8 de complete reguliere stof al behandeld hebben. Zij kunnen dan nog nauwelijks meedoen met de groep én de leerkracht van groep 8 moet een heel jaar lang alleen verrijkingsstof verzorgen. Een verrijkingsdoel moet dus vooral verbreding en verdieping bieden van de rekenstof, níet het versneld bereiken van reguliere doelen. Ook moeten verrijkingsdoelen in de zone van naaste ontwikkeling van de leerling vallen; het moet een echte uitdaging bieden, maar wel haalbaar zijn. Idealiter is het bereiken van het verrijkingsdoel later ook inhoudelijk nuttig voor de leerling (doordat de leerling bijvoorbeeld redeneervaardigheden ontwikkelt).

Doelen die gericht zijn op zelfregulatie zorgen ervoor dat leerlingen kunnen oefenen met doorzettingsvermogen en reflectievermogen. Gevorderde rekenaars kunnen bij het werken aan de reguliere stof volstaan met het leveren van een snelle, simpele prestatie. Hierdoor bestaat het gevaar dat zij niet leren dat je inspanning moet leveren om een taak succesvol af te ronden. Bij sommige leerlingen ontstaat zelfs het beeld dat zij slecht zijn in rekenen als ze niet meteen de oplossing zien of als zij fouten maken. Er kan gelijktijdig aan zelfregulatie- en verrijkingsdoelen gewerkt worden. Door het bereiken van verrijkingsdoelen niet vrijblijvend te maken, leert de leerling dat hij ook moet doorzetten als hij er niet uitkomt. De leerling kan dan in de verwerkingsfase ervaren dat hij het doel alleen kan bereiken door eventuele moeilijkheden te overwinnen en inzet te leveren. Omdat het rekeninhoudelijke doel toetsbaar is, is het bereiken van het doel bovendien aantoonbaar. Begeleiding en feedback bij het werken aan de doelen is voor de gevorderde leerling cruciaal, omdat hij misschien wel voor het eerst uitdagend werk aangeboden krijgt.

Het weten van het doel van de les is extra van belang voor leerlingen met sterke rekenvaardigheden, omdat dit er voor zorgt dat de leerling houvast heeft. Het weten van het doel is voor alle leerlingen relevant, maar juist de gevorderde leerling krijgt er houvast door, omdat hij snel verbanden ziet en snel begrijpt wat de bedoeling is (Nijhof, 2012; Sjoers, 2012).

 ## Doelen voor de groepen 1 en 2

Ook voor kleuters is het van belang om gedifferentieerde rekeninhoudelijke doelen te formuleren. Door in de groepen 1 en 2 goed te werken aan de basisdoelen kunnen rekenproblemen voor een groot deel voorkomen worden (Ruijssenaars et al., 2006). Getalbegrip is zo'n belangrijke basis. Het ontwikkelen van getalbegrip is voor jonge kinderen dus essentieel. Dit kan op allerlei manieren worden gestimuleerd. In veel methoden en onderwijspraktijken wordt echter te snel voorbijgegaan aan het gegeven dat een voldoende ontwikkeld getalbegrip rekenproblemen kan voorkomen en dat het zeker voor zwakkere rekenaars veel aandacht vereist. Ook komt het voor dat kleuters aan de einddoelen in eind groep 2 voldoen en toch problemen hebben in groep 3. Dit komt doordat er vooral wordt nagegaan of kleuters feitenkennis en specifieke losse vaardigheden beheersen in plaats van getalbegrip (Klep & Noteboom, 2006). Zo komt het in de onderwijspraktijk bijvoorbeeld regelmatig voor dat er eindeloos wordt geoefend met het inslijpen van de cijfersymbolen en dat dit vervolgens wordt afgetoetst, terwijl dat niet alles zegt over de ontwikkeling van getalbegrip. De SLO (2010) ontwikkelde leerdoelen op het gebied van getallen, meten en meetkunde voor het begin van groep 1, en zowel minimum- als basisdoelen voor het eind van groep 2. Voor het onderdeel Getallen zijn onderscheiden: Omgaan met de telrij, Omgaan met hoeveelheden, en Omgaan met getallen. Voor Meten zijn onderscheiden: Meten Algemeen; Lengte, omtrek en oppervlakte, Inhoud, Gewicht, Geld, Tijd. Voor Meetkunde: Oriënteren en lokaliseren, Construeren, Opereren met vormen en figuren. In Box 3.2. is een voorbeeld van minimumdoelen voor eind groep 2 weergegeven.

Box 3.2   Voorbeeld van de minimumdoelen eind groep 2

Doel
Omgaan met de telrij

De leerling moet
- de telrij (akoestisch) kunnen opzeggen tot en met tenminste 10;
- vanuit verschillende getallen tot 10 kunnen verder tellen en terug kunnen tellen vanaf getallen tot en met tenminste 6;
- kunnen herkennen van rangtelwoorden (eerste, tweede), tot en met tenminste zesde;
- weten wat met 'nul' bedoeld wordt;
- kunnen redeneren over de telrij in eenvoudige en betekenisvolle probleem / conflictsituaties.

Voor het totale overzicht zie: ww.slo.nl/downloads/documenten/schemas_rekenen-wiskunde

De omschreven doelen (SLO, 2010) laten goed zien hoe uitgebreid het ontwikkelen van getalbegrip is en kunnen een hulpmiddel zijn om al in groep 1 en 2 op een goede manier gedifferentieerde doelen te bepalen. Om vervolgens een betekenisvol, speels, en afgestemd aanbod te realiseren is er genoeg materiaal voorhanden om inspiratie aan te ontlenen. Veel scholen werken met een methode voor voorbereidend rekenen, waarbij de doelen vaak expliciet staan beschreven per activiteit. Daarnaast zijn er prentenboeken, achtergrond/inspiratieboeken, rekenspellen, ontwikkelingsmaterialen, hoekenboeken, et cetera die gebruikt kunnen worden om het rekenonderwijs in groep 1 en 2 in een rijke rekenleeromgeving vorm te kunnen geven. Waar het om gaat is dat een leerkracht vanuit gedifferentieerde doelen het aanbod vorm geeft. In Box 3.3 staat een stappenplan beschreven dat leerkrachten kan helpen om kritisch te kijken naar de doelen en het aanbod in de groepen 1 en 2.

Box 3.3   Stappenplan voor bepalen doelen en aanbod in de groepen 1 en 2

Stap 1
Bepaal eerst de rekendoelen voor de komende periode (circa 3 tot 6 weken) of bekijk in de methode aan welke doelen het komende blok gewerkt zal worden. Bekijk bij een thematische aanpak aan welke doelen het komende thema gewerkt zal worden. Bedenk daarbij of de doelen voor groep 1 en 2 hetzelfde zijn of verschillend.

Stap 2
Kies een rekenactiviteit die binnenkort aan bod komt of neem een week uit de methode of uit de themaplanning en bedenk welke tussenstappen op weg naar de doelen gezet (moeten) worden. Bedenk hoe aan bepaalde doelen vorm en inhoud kan worden gegeven.

Stap 3
Inventariseer (op basis van uw kennis van de leerlingen en eventueel aanvullende observatie) welke leerlingen het doel voorafgaand aan de activiteit/les of activiteitencyclus al (bijna) behaald hebben, welke leerlingen het doel van deze activiteit(en) naar uw inschatting zullen behalen en welke leerlingen het doel naar uw verwachting niet zullen behalen bij de komende rekenactiviteit.

Stap 4
Bedenk in hoeverre het nodig is om voor de komende activiteit/les differentiatie aan te brengen in het doel dat u gekozen heeft (dat wil zeggen bijstelling omlaag voor leerlingen waarbij de rekenontwikkeling niet vlot verloopt of bijstelling omhoog voor leerlingen met een ontwikkelings-voorsprong)? Waarom wel of niet? Denk na over de wijze waarop dit gerealiseerd kan worden.

Met name voor kinderen waarbij het getalbegrip niet voldoende lijkt te ontwikkelen kan het zinvol zijn om hen in de kleuterperiode extra bagage mee te geven voor een betere rekenstart in groep 3. In het programma 'Op Weg naar Rekenen' (van Luit & Toll, 2013), dat ontwikkeld werd om leerlingen met achterstanden te stimuleren, wordt een breed scala aan vaardigheden geïntegreerd om de leerlingen een complete basis aan te bieden waarop ze kunnen voortbouwen vanaf groep 3. De vaardigheden die in dit programma aan bod komen, vallen binnen onderstaande tien domeinen (zie Tabel 3.1). Op deze manier komen alle aspecten van getalbegrip aan bod. Het is de bedoeling dat zij hun kennis, vaardigheden en inzichten op al deze domeinen in verschillende alledaagse situaties snel, wendbaar en adequaat kunnen gebruiken.

Voorwaarden voor differentiatie in doelen

Voor het formuleren van gedifferentieerde doelen, is kennis nodig van de referentieniveaus en de doorlopende leerlijnen. Kennis van de referentieniveaus is van belang om doelen tijdig te kunnen bijstellen en om beargumenteerde keuzes te maken, wanneer leerlingen het streefniveau niet zullen behalen. Kennis van de leerlijnen is relevant omdat de leerkracht bij het formuleren van doelen rekening moet houden met de onderliggende leerlijnen.

Doelen stellen [stap 2]

Tabel 3.1   Domeinen en vaardigheden in het programma 'Op weg naar Rekenen'

Domein	Vaardigheden binnen domein
Specifieke rekentaal	Ordinale (rang)telwoorden, positiewoorden
Redeneervermogen	Vergelijken, classificeren, correspondentie, ordenen
Meetkunde	Lengte en inhoud, vormen en figuren, construeren, oriënteren
Telontwikkeling: verbaal	Akoestisch tellen, akoestisch terugtellen, verkort akoestisch tellen
Telontwikkeling: concreet	Synchroon tellen, resultatief tellen, verkort tellen, doortellen, vingerstructuren
Structuren: semi-concreet	Dobbelsteen (stip), dobbelsteen (picto), turf (turf), turf (picto)
Symbolen: abstract	Getalsymbolen
Getallenlijn	Positie, getalrelaties, schatten
Bewerkingen	Combinaties, optellen, aftrekken, gelijkwaardig verdelen
Geheugen	Verbaal geheugen, visueel geheugen

Hiaten of problemen die leerlingen ervaren met een onderliggend onderwerp in de leerlijn zullen de haalbaarheid van een doel op een hoger onderwerp in de leerlijn beïnvloeden. Een voorbeeld hiervan is het aftrekken over het tiental onder de honderd. Onderzoek heeft aangetoond dat leerlingen daarvoor de splitsingen tot en met 10 moet kennen (gememoriseerd). Belangrijk om op te merken is dat een opgave als 15 - 8 moeilijker is dan opgaven met een groot getal zonder tientaloverschrijding. Voordat in het rekenonderwijs aan zwakke rekenaars de tientaloverschrijding aan bod komt, moeten de splitsingen dus gekend zijn en moet de leerlingen opgaven zonder tientaloverschrijding zoals 75 - 3 (via 5 splitsen in 3 en 2) al onder de knie hebben. Daarna kunnen vergelijkbare opgaven met tientaloverschrijding worden aangeboden. Dat hoeft dan niet beperkt te blijven tot getallen tot 20, maar kan zelfs tot 100 omdat dit steeds om een vergelijkbare rekenhandeling vraagt. Voorbeelden van opgaven met tientaloverschrijding zijn:

15 - 8 → 15 - 5 - 3 (8 splitsen in 5 en 3)
42 - 7 → 42 - 2 - 5 (7 splitsen in 2 en 5)
94 - 8 → 94 - 4 - 4 (8 splitsen in 4 en 4)

Als dit lukt, kunnen daarna ook de aftrekkingen met grotere getallen aangeboden worden:

23 - 16 → 23 - 10 - 6 = 13 - 6 = 13 - 3 - 3
56 - 28 → 56 - 20 - 8 = 36 - 8 = 36 - 6 - 2
93 - 67 → 93 - 60 - 7 = 33 - 7 = 33 - 3 - 4

Het is dus van groot belang specifieke voorwaarden te kennen alvorens moeilijkere typen opgaven aan te bieden. De leerlijnen zijn overzichtelijk in kaart gebracht door het SLO (www.digilijnrekenen.nl; zie Afbeelding 3.4 voor een fragment).

Aangezien doelen ook gericht kunnen zijn op het aanleren van meer efficiënte strategieën, is kennis van oplossingsprocedures ook voor deze stap in de cyclus van belang. Om doelen concreet te maken zal de leerkracht onderscheid moeten kunnen maken tussen meer of minder geavanceerde strategieën, inefficiënte strategieën en wenselijke strategieën (Noteboom et al., 2011; van de Weijer-Bergsma et al., 2012).

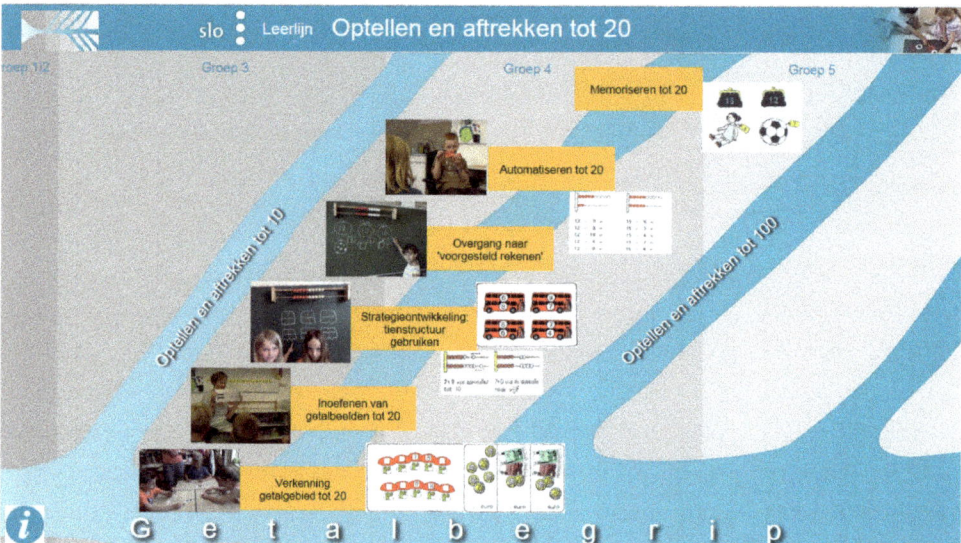

Afbeelding 3.4 Fragment van de leerlijn rekenen (bron: www.digilijnrekenen.nl).

Organisatie

Het nadenken over de doelen vraagt een goede planning. Door de doelen op verschillende termijnen (bijvoorbeeld de einddoelen, doelen per leerjaar, doelen per lessencyclus) in kaart te brengen, krijgt de leerkracht zicht op waar de leerlingen de komende periode naar toe zullen werken. Het begin van elke lessencyclus in een rekenmethode biedt over het algemeen een mooi tijdspunt voor de inhoudelijke voorbereiding en het doorlopen van de differentiatiecyclus. Nadenken over doelen en hoe deze de basis vormen voor goede differentiatie kan door eerst naar de doelen over een langere periode te kijken, daarna naar de doelen voor het komende lessencyclus en vervolgens te bepalen welke differentiatie daarbij nodig is. Vragen die de leerkracht daarbij kan stellen zijn:

Doelen over een langere periode

- Welke rekendoelen streven wij na per leerjaar voor elke leerlijn?
- Hoe verhouden deze doelen zich tot de doelen van de methode (voor scholen die methodisch werken)?
- Hoe wordt de stof globaal ingedeeld in leerstappen?
- Welke doelen en stof is er aan vooraf gegaan in het vorige leerjaar?
- Welke didactiek (modellen, oplossingsstrategieën, aanwijzingen) hanteert de methode / hanteren wij als team?

Inventarisatie van de doelen in de komende lessencyclus

- Wat beschrijft de methode in de inleiding op de lessencyclus?
- Welke leerlijnen komen in de komende lessencyclus aan de orde? Welke stappen moeten er worden genomen?
- Welke rekendoelen worden in de komende lessencyclus gesteld? Wat moeten de kinderen in deze lessencyclus bereiken, leren? Hoe zien de opgaven uit de toets eruit?
- Wat is er voorafgegaan in de vorige lessencyclus? Wat moeten de kinderen beheersen voordat ze de doelen uit deze lessencyclus kunnen halen?
- Welke didactiek (modellen, oplossingsstrategieën, aanwijzingen) komt in deze lessencyclus aan de orde? En hoe is dit verwerkt in de opeenvolgende activiteiten? Blader eens door de lessen. Is duidelijk wat de bedoeling is van de activiteiten (zie je de doelen uit de handleiding hierin terug?)?

Differentiatie in doelen

- Wat is de beginsituatie van de leerlingen? Zijn er leerlingen die waarschijnlijk de opgaven al kunnen maken (kijk eens in de toets)? Zijn er leerlingen die waarschijnlijk moeite met het niveau zullen hebben?
- Wat betekent dit voor de leerlingen die waarschijnlijk moeite hebben met het niveau: welke onderliggende stappen in de leerlijn beheersen zij al en welke nog niet? Wordt er gestreefd naar het behalen van de basisdoelen met extra inspanning of wordt naar lagere doelen toegewerkt (bijvoorbeeld 1F)?
- Wat betekent dit voor de leerlingen die die de doelen al (bijna) bereikt hebben: welke verrijkingsdoelen moeten zij aan het eind van het blok bereikt hebben?

Nadat in kaart is gebracht waar de leerlingen in de klas naartoe gaan werken, zal de leerkracht bedenken wat voor instructie en verwerkingsstof de leerlingen nodig hebben om deze doelen te bereiken en is het de kunst om de lessen zo te organiseren dat deze behoeften zo veel mogelijk vervuld kunnen worden. Meer informatie over hoe leerkrachten dit kunnen doen, is te vinden in de hoofdstukken 4 (Gedifferentieerde instructie) en 5 (Gedifferentieerde verwerking).

Doelen stellen [stap 2]

Hoofdstuk 4

Gedifferentieerde instructie [stap 3]

De instructie is een zeer belangrijke fase waarin de leerkracht kan afstemmen op de verschillende onderwijsbehoeften in de klas. Dit kan tijdens een brede klassikale instructie en tijdens extra instructie aan kleinere groepen leerlingen. In dit hoofdstuk bespreken wij hoe de leerkracht tijdens het geven van een gedifferentieerde reken-instructie kan inspelen op de verschillende onderwijsbehoeften van leerlingen. Hierbij komen aan bod: het variëren in handelingsniveaus en de verbinding tussen de niveaus, het stellen van vragen met verschillende moeilijkheidsniveaus, het geven van denktijd, en het gebruiken van verschillende inputmodaliteiten en interactievormen.

Op basis van de onderwijsbehoeften van leerlingen (zie hoofdstuk 2) en de gestelde doelen (zie hoofdstuk 3) geeft de leerkracht de instructie vorm. De instructie van de leerkracht is één van de meest bepalende factoren voor de rekenresultaten van de leerlingen (Gelderblom, 2007; 2010; Nye, Konstantopoulos, & Hedges, 2004). Hoewel rekenmethoden vaak uitgewerkte instructieformats bieden, moet de leerkracht steeds weer bedenken of de instructie aansluit bij de onderwijsbehoeften van de leerlingen uit haar klas en de voor hen geformuleerde doelen. Dit vraagt begrip van de leerkracht over de manier waarop leerlingen leren, een leerkracht die observeert en luistert naar wat tijdens het leren gebeurt om te ontdekken waar moet worden ingegrepen (of juist niet) om het leren te verbeteren (Hattie, 2014). Gedifferentieerde instructie vraagt dus voorbereiding door de leerkracht. Leerkrachten kunnen differentiatie aanbrengen in hun instructie door te variëren in tempo en hoeveelheid, maar ook door te variëren in het gebruik van de handelingsniveaus, de moeilijkheidsgraad, het soort vragen dat zij aan de leerlingen stellen, de mate van sturing en begeleiding die zij geven, en de aanwezigheid en aard van de interactie. Deze aspecten kunnen gevarieerd worden in alle vormen van instructie. Door tijdens de klassikale instructie een zo breed mogelijk bereik van onderwijsbehoeften te bedienen, profiteren zoveel mogelijk leerlingen van de instructie. Tijdens subgroepinstructie stemt de leerkracht af op de onderwijsbehoeften binnen de betreffende subgroep. Aan de gevorderde subgroep kan extra instructie geboden worden over de verdiepende en verrijkende opdrachten die zij krijgen, om hen zo meer uitdaging te bieden. Aan de intensieve subgroep kan extra instructie geboden worden in de vorm van preteaching of verlengde instructie. Bij preteaching wordt een kleine groep leerlingen of een individuele leerling voor de les apart genomen en krijgen zij alvast een vooruitzicht op de instructie die gaat volgen in de klassikale les. Doordat deze leerlingen hiermee een kleine voorsprong krijgen, kunnen ze de klassikale instructie beter volgen. Dit heeft niet alleen een positief effect op de leeropbrengsten maar draagt ook bij aan een gevoel van overzicht en veiligheid (Gelderblom, 2008). Pre-teaching hoeft niet veel tijd in beslag te nemen. Vijf minuten kan al voldoende zijn. De verlengde instructie is een instructie in hetzelfde rekenonderwerp als tijdens de basisinstructie, maar niet een herhaling daarvan. Bij de verlengde instructie wordt meer specifiek rekening gehouden met de onderwijsbehoeften van de betreffende groep leerlingen. Aangezien de indeling in subgroepen flexibel is, zal de leerkracht steeds weer bedenken welke leerlingen voor de betreffende les aan welke instructie deelnemen.

Brede klassikale instructie

Een brede klassikale instructie is gericht op het bedienen van een zo breed mogelijke range aan onderwijsbehoeften. Dit kan door te variëren in handelingsniveaus en de verbinding tussen de handelingsniveaus expliciet te benoemen, door vragen te stellen van verschillende moeilijkheidsgraad en door verschillende inputmodaliteiten (visueel / auditief / geschreven / handelend) te gebruiken. Ook door leerlingen denktijd te geven en gebruik te maken van interactie tussen leerlingen kan differentiatie aangebracht worden. Daarnaast kan de leerkracht de stappen uit het drieslag model gebruiken in de instructie.

Al bij het voorbereiden van de instructie bedenkt de leerkracht op welk(e) handelingsniveau(s) de instructie moet worden aangeboden. Dit kan afwijken van wat de rekenmethode aangeeft en bovendien kan het spontaan schakelen van het ene naar het andere handelingsniveau nodig blijken te zijn in de afstemming op leerlingen tijdens de instructie. Hoewel het verleidelijk kan zijn om alleen instructie te geven op het handelingsniveau dat in de toets gevraagd wordt, is het wenselijk om meerdere handelingsniveaus aan bod te laten komen als de leerlingen daar behoefte aan hebben. Ook moeten de verbindingen tussen de handelingsniveaus expliciet gemaakt worden. Een voorbeeld hiervan is wanneer in een rekenles gebruik gemaakt wordt van een getallenlijn, die in de klas op de grond ligt en waarop leerlingen daadwerkelijk stappen kunnen zetten (niveau van *concreet handelen*), en een getallenlijn op papier (niveau van *abstracte representatie*). Door te benoemen hoe de stappen op de grond zich verhouden tot die op papier wordt verbinding gelegd tussen de twee handelingsniveaus. Door daarnaast te benoemen hoe de stappen zich verhouden tot de rekensymbolen (+ en = in dit geval) wordt ook verbinding gelegd met het formele handelingsniveau. Meer voorbeelden van het gebruik van de handelingsniveaus zijn te vinden in Box 4.1. Bij het voorbereiden van de instructie is het goed om steeds de leerlingen uit de verschillende subgroepen in gedachten te nemen: Welke leerlingen kunnen uit de voeten met welke handelingsniveaus? Hoe kan het handelingsmodel u helpen in uw hulp aan bepaalde leerlingen?

Ook het stellen van vragen door de leerkracht kan ervoor zorgen dat aan de onderwijsbehoeften van een brede range aan leerlingen voldaan kan worden (Gelderblom, 2008; van de Weijer-Bergsma et al., 2012). Bijvoorbeeld door te variëren in de moeilijkheidsgraad en door open vragen te stellen (zie Box 4.2 voor voorbeelden). Het stellen van open vragen is een natuurlijke manier om differentiatie aan te brengen, omdat leerlingen dergelijke vragen op hun eigen niveau kunnen beantwoorden.

Tijdens de brede klassikale instructie is het belangrijk dat alle leerlingen gestimuleerd worden om actief mee te denken. Dit kan de leerkracht bevorderen door interactie tussen leerlingen in te plannen en denktijd te geven. De leerkracht kan de leerlingen vragen eerst hun antwoorden op een kladpapiertje te laten schrijven, voordat klassikaal naar het antwoord wordt gevraagd. Ook kan leerlingen gevraagd worden eerst met hun buurjongen of -meisje te overleggen. Door leerlingen onverwacht de beurt te geven bij automatiseringsoefeningen (bijvoorbeeld door het toegooien van een bal) blijven zij eveneens actie-

Hoofdstuk 4

Box 4.1 *Voorbeelden van variëren in handelingsniveaus*

Voorbeeld 1
Gebruik van schematische en abstracte representatie (niveau 3) en formele symbolen (niveau 4)

Leerlingen krijgen de som 14 × 17 = .. voorgelegd (formeel niveau). Een vermenigvuldigingstabel kan leerlingen hier bij de bewerking ondersteunen, wanneer deze al deels is ingevuld is en leerlingen in de richting van de goede oplossingsmanier stuurt (schematische en abstracte representatie).

×	10	4
10		
7		

×	10	4
10	100	40
7	70	28

Oplossing: 100 + 40 + 70 + 28 of 100 + 110 + 28 of 170 + 68 of …

Voorbeeld 2
Gebruik van concreet handelen (niveau 1), concrete representatie (niveau 2) en formele symbolen (niveau 4)

Leerlingen krijgen de breukenopgave $\frac{2}{3} \times \frac{3}{4}$ = voorgelegd (formeel niveau). De opgave kan geplaatst worden in de context van een vel papier (van Luit, 2015), met de opdracht: neem van het $\frac{3}{4}$ deel van een vel papier het $\frac{2}{3}$ deel. Deze context kan met tekeningen ondersteund worden (concrete representatie), of door daadwerkelijk een vel papier aan te bieden waarbij de leerling het papier vouwt om de opgave op te lossen (concreet handelen).

Eerst vouwt hij een vel papier in vier gelijke delen en kleurt daarvan $\frac{3}{4}$ deel:

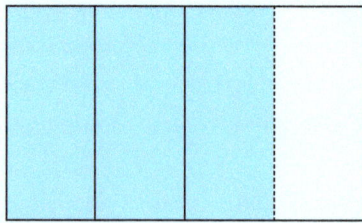

Vervolgens vouwt hij het niet-gekeurde deel naar achteren:

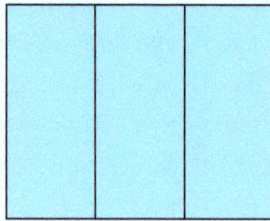

Box 4.1   Vervolg

Dan neemt hij $\frac{2}{3}$ deel van de drie verticale stroken, en geeft deze een andere kleur:

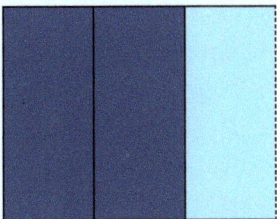

Wanneer de leerling het papier uitvouwt, kan hij zien dat hij de helft van het oorspronkelijke papier heeft overgehouden. Dit komt overeen met de oplossing van de som $\frac{2}{3} \times \frac{3}{4} = \frac{6}{12} = \frac{1}{2}$.

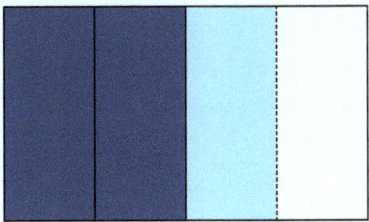

Box 4.2   Voorbeelden van vragen

Vragen die variëren in moeilijkheidsgraad
- Telrijoefeningen:
    - Vraag de ene leerling om vooruit te tellen, de andere om terug te tellen
- Vraag leerlingen in stappen te tellen, waarbij de grootte van de stappen kan verschillen per leerling: bijvoorbeeld in stappen van 2, 3, 5 of 10
- Positiewaarde:
    - Vraag leerlingen de waarde van het getal 2 te benoemen in bijvoorbeeld de getallen 23, 82, 235, 426 of 582

Open vragen
- Kies een getal van de dag (bijv. 48) en stel de vraag: 'Hoe kunnen we het maken?'. Leerlingen kunnen verschillende bewerkingen gebruiken om tot het getal te komen
- 'Wat weten jullie al over procenten?'
- 'Hoe zou je dit op een andere manier kunnen oplossen?'

ver betrokken. Sommige leerlingen hebben echter faalangst. Met faalangstige leerlingen spreekt de leerkracht af dat zij geen onverwachte beurt krijgen of alleen een beurt die is afgestemd op het rekenniveau van de leerling. De leerkracht hoeft zich niet bezwaard te voelen om ook vragen te stellen die specifiek aan de gevorderde rekenaars gericht zijn, omdat zij ook bij de les moeten blijven (Janson & Noteboom, 2004). Een groot voordeel van brede klassikale instructie is dat leerlingen tijdens de groepsinstructie niet alleen van de leerkracht, maar ook van hun medeleerlingen leren (Gelderblom, 2007).

De stappen uit het drieslagmodel (Notten et al., 2014; zie Afbeelding 2.3. in hoofdstuk 2) bieden ook aanknopingspunten voor interactie en ondersteuning tijdens de instructie. Bij contextopgaven kan de leerkracht aan leerlingen vragen wat het probleem is, en wat leerlingen gaan doen om het op te lossen (Betekenis verlenen). Vervolgens kan de leerkracht leerlingen vragen wat de leerlingen gaan uitrekenen, en in welke volgorde van stappen (Uitvoeren). Als leerlingen een oplossing hebben gevonden kan de leerkracht bespreken wat de oplossing betekent in de context van de opgave en of de bewerking correct is uitgevoerd (Reflecteren). Het bespreken en vergelijken van meerdere oplossingsstrategieën draagt bij aan het flexibel gebruiken van verschillende strategieën. Ook draagt het bij aan het leren verkorten en abstraheren van strategieën. Ook voor leerlingen in de intensieve subgroep zou het geen automatisme moeten zijn om slechts één oplossingsstrategie aan te bieden, maar is deze keuze voor één of meerdere oplossingsstrategieën afhankelijk van de beoogde leerprocessen en leerdoelen (van Zanten, 2009).

Tijdens het voorbereiden van de instructie is het belangrijk om de volgende aspecten in gedachten te houden: het doel van de rekenles, welke hoofdlijn aan de orde komt en op welke handelingsniveaus de leerkracht de leerstof wil aanbieden. De leerkracht gaat na of er leerlingen zijn die het doel al gehaald hebben en of er leerlingen zijn die ook tijdens de les het doel niet zullen gaan behalen. De verschillende onderwijsbehoeften van de leerlingen zijn daarbij het uitgangspunt. Het kan wenselijk zijn om gevorderde rekenaars niet deel te laten nemen aan de klassikale instructie. De keuze om hen wel of niet deel te laten nemen moet altijd een geïnformeerde beslissing zijn op basis van onderwijsbehoeften of bijvoorbeeld introductie van nieuwe stof.

Omdat automatiseren en memoriseren voor leerlingen in alle drie de subgroepen van belang is, is het goed om elke les te starten met een korte automatiseringsoefening. Het is effectiever om vaker kort te oefenen, dan een enkele keer een lange oefening (Gelderblom, 2008).

Instructie aan de intensieve subgroep

Omdat leerlingen in de intensieve groep meer tijd nodig hebben dan de gemiddelde leerling (Gelderblom, 2007; 2009) is het aan te raden om deze leerlingen één uur extra instructie en verwerkingsopdrachten met begeleiding per week te geven. Dat kan in één aaneengesloten uur of meerdere keren gedurende een kortere tijdspanne. De leerkracht past de instructie aan op basis van de onderwijsbehoeften van de leerlingen in deze groep. Dit betekent over het algemeen dat de leerkracht instructie geeft in kleinere stappen en/of in een lager tempo en de leerlingen voldoende denktijd geeft. Om de extra instructie aan de intensieve subgroep vorm te kunnen geven, zal de leerkracht dus een onderzoekende houding aan moeten nemen door vragen te stellen als: Hoe komt het dat deze leerling dit niet snapt of kan? Hulpvragen die de leerkracht kunnen helpen om een antwoord op deze vraag te formuleren zijn: hebben deze leerlingen baat bij instructie (a) op een lager handelingsniveau, (b) op een onderliggende hoofdlijn of (c) over een eerdere stap in de leerlijn? Zo ja, dan zal bedacht moeten worden hoe dit geïntegreerd wordt in de instructie.

Daarnaast is het van belang dat de leerkracht 'heen en weer pendelt' in het handelingsmodel. De instructie hoeft niet altijd op een lager handelingsniveau gegeven te worden, maar het is essentieel dat de schakels tussen de verschillende handelingsniveaus benadrukt worden. De leerkracht kan de instructie bijvoorbeeld ondersteunen met behulp van modellen en materialen. De leerkracht heeft vooral een belangrijke rol om de leerling van materieel naar mentaal niveau te begeleiden. Daarbij kan, bijvoorbeeld bij een 'grote' vermenigvuldiging (zoals 14 × 17) het gebruik van een schema (als materialisatie) ondersteunend zijn. Ook bij sommen met breuken, verhoudingen en procenten kunnen modellen en schema's ondersteunend zijn (zie Box 4.1)

Tevens kan de instructie gegeven worden over onderliggende stappen in de leerlijn die nog niet beheerst worden of over de onderliggende hoofdlijnen. Zo is het bijvoorbeeld nodig dat een leerling een bepaald rekenconcept begrijpt, voordat hij deze flexibel kan toepassen. Door interacties tussen leerlingen onderling en tussen de docent en de leerlingen kan er expliciete aandacht besteed worden aan verschillende strategieën. Het is belangrijk dat de leerkracht expliciet aan de leerlingen verschillende oplossingsstrategieën uitlegt en dat zij correcte oplossingsprocedures modelleert. Bij modelleren wordt de volgorde voordoen-samen doen-nadoen gehanteerd (van Luit et al., 2014). De leerkracht doet de procedure eerst voor. Daarna doen de leerkracht en de leerling(en) de procedure samen. En tot slot doet de leerling de procedure zelf na. Wat bijvoorbeeld helpend kan zijn is leerlingen te laten ervaren dat een alternatieve strategie beter werkt dan een eigen strategie. Een mooi voorbeeld daarvan is bij kinderen die nog op hun vingers tellen ondanks het feit dat ze de splitsingen tot 10 wel beheersen, maar deze niet uit zichzelf toepassen. Wat dan goed werkt is om leerlingen tien opgaven te geven die ze op hun eigen manier (op de vingers doortellend) oplossen en tien vergelijkbare opgaven op een alternatieve aangeleerde manier (bijvoorbeeld door gebruik te maken van de splitsingen). De duur van de oplossing van de tien opgaven wordt bijgehouden op een stopwatch. Het idee is dat leerlingen leren ervaren dat het tellen op de vingers van bijvoorbeeld 9 + 8 via 10, 11, 12, 13, 14, 15, 16 en 17 aanzienlijk langer duurt dan via 9 + 1 = 10 + 7 (door de splitsing van 8 in 1 en 7 te gebruiken).

In de instructie voor rekenaars uit de intensieve subgroep wordt, als meer vrijblijvende instructie niet tot het gewenste resultaat leidt, veelal structuur verlenende ofwel sturende didactiek gebruikt. Bij iedere taak kan ondersteuning geboden worden door middel van twee verschillende instructievormen, gebaseerd op het idee dat verschillende leerlingen profiteren van verschillende instructiewijzen. Dit proces verloopt in twee stappen. Het is de bedoeling dat de leerkracht de instructie aanvangt met eerst de banende instructie. Wanneer de leerlingen echter niet voldoende steun hebben aan deze vorm van instructie en de taak dus niet weten te voltooien, kan de leerkracht overgaan naar de tweede (structuur verlenende) stap. Hierin kan gevarieerd worden tussen de leerlingen binnen de groep. Het kan zo zijn dat enkele leerlingen de taak kunnen uitvoeren door het ontvangen van *banende instructie*, maar dat de leerkracht voor de overige leerlingen de stap naar *structuur verlenende instructie* dient te maken (zie Box 4.3 voor een beschrijving en voorbeelden bij de twee instructiestappen). Voor leerlingen die rekenen zeer moeilijk vinden kan het van belang zijn niet te veel verschillende procedures aan te reiken. Onderzoek (van Luit, 2010) laat zien dat de 'floating capacity' van deze leerlingen beperkt is. Dat wil zeggen dat we blij mogen zijn als ze voor een bepaalde rekentaak een adequate procedure kennen om tot een oplossing te komen.

Het geven van feedback tijdens de instructie is overigens ook een belangrijk instrument in deze groep leerlingen (zie ook de paragraaf 'Voorwaarden voor het geven van gedifferentieerde instructie' in dit hoofdstuk). Naast positieve feedback over inzet hebben leerlingen ook behoefte aan rekeninhoudelijke feedback, die zich richt op wat er al goed ging, maar ook op wat er nog niet goed ging. Bij foute antwoorden of verkeerde procedures moeten leerlingen weten waarom het antwoord fout was en hoe zij tot het goede antwoord kunnen komen, door middel van concrete aanwijzingen voor verbetering.

Instructie aan de gevorderde subgroep

Om tegemoet te komen aan de onderwijsbehoeften van gevorderde rekenaars moet er voldoende uitdaging in de opdrachten en vragen zitten. Door leerlingen over verschillende strategieën te laten discussiëren (Waarom doe jij het zo? Waarom is dat handig?), en door leerlingen aan te zetten tot kritisch denken en argumenteren (Waarom is dat eigenlijk zo?) wordt een beroep gedaan op de reflectieve en metacognitieve vaardigheden. Het is daarbij belangrijk om veel aandacht aan het proces te besteden. Het goede antwoord alleen is niet voldoende; het gaat er ook bij deze leerlingen om hoe zij tot hun antwoord komen. Hoewel leerlingen in de gevorderde subgroep meestal goed redeneren op formeel niveau, is het voor hen ook belangrijk om de schakels tussen de lagere en hogere handelingsniveaus te benadrukken. Daarnaast moet zeker ook bij deze leerlingen expliciet duidelijk gemaakt

Box 4.3 Voorbeelden van banende & structuur verlenende instructie

Stap 1. Banende instructie
De leerlingen krijgen de taak met banende instructie aangeboden. De leerkracht stelt open vragen om de denkvaardigheid van de leerlingen te stimuleren. De leerkracht heeft een inbreng in de discussie, zonder concreet aan te geven wat de leerlingen moeten doen.

Voorbeelden van banende instructie zijn:

a. *Zelf laten ontdekken.* De leerlingen worden gestimuleerd om zelf een oplossing en strategie te ontdekken waarmee ze de taak uit kunnen voeren. Hierbij maakt het niet uit of de oplossing de meest adequate of handige oplossing of strategie is of juist niet.
b. *Stimuleren.* De leerlingen worden uitgedaagd om de taak uit te gaan voeren zonder dat ze hierbij directe instructie ontvangen.
c. *Open vragen stellen.* De leerkracht stelt open vragen die de denkvaardigheid van de leerlingen te stimuleren.
d. *Elkaar laten helpen.* De leerlingen worden aangemoedigd om elkaar te helpen en met elkaar te praten over de manier waarop zij de taak uitvoeren of het probleem oplossen.
e. *Verwijzen naar voorgaande keren of taken.* De leerkracht legt verbanden met eerder uitgevoerde taken of activiteiten die de leerlingen in andere situaties hebben uitgevoerd, zodat de leerlingen in staat zijn een eerder uitgevoerde strategie te koppelen aan de activiteiten in de desbetreffende taak.

Wanneer een kind of meerdere leerlingen de taak niet kunnen voltooien, wanneer deze met banende instructie wordt aangeboden, gaat de leerkracht over op een structuur verlenende instructie.

Stap 2. Structuur verlenende instructie
De leerkracht heeft een grotere rol in het oplossingsproces dat de leerlingen doorlopen. De leerkracht helpt de leerlingen structuur aan te brengen door het materiaal te structureren (bijv. pionnen in rijen van vijf plaatsen) of de leerlingen een adequate oplossingsstrategie aan te reiken. Binnen de structuur verlenende instructie kunnen vijf verschillende hulpniveaus worden onderscheiden oplopend van een relatief beperkte mate van hulp naar steeds uitgebreidere hulp.

De vijf hulpniveaus:

a. *Structuur aanbrengen.* In de taak wordt structuur aangebracht door bijvoorbeeld de taak op te splitsen in subtaken.
b. *Complexiteit verminderen.* De moeilijkheidsgraad van de taak wordt verminderd door deze bijvoorbeeld uit te voeren met eenvoudigere getallen.
c. *Verbale hulp geven.* Door het stellen van gesloten vragen kan nagegaan worden wat een kind wel en niet begrijpt aan de opgave en kan een kind in de juiste richting naar een uiteindelijke oplossing geleid worden.
d. *Materiële hulp geven.* Binnen deze stap wordt extra materiaal aangeboden dat ondersteuning of duidelijkheid kan bieden bij de uitvoering van de taak en dat past bij het oplossingsrepertoire van de leerling.
e. *Modelleren: voordoen-samendoen-nadoen.* In deze laatste stap doet de leerkracht een strategie voor terwijl de leerlingen opletten. Daarna doen ze het samen waarbij de leerlingen steeds zelfstandiger te werk gaan en ten slotte voeren de leerlingen de taak zelfstandig uit.

worden, dat het geoorloofd is om fouten te maken. Ook voor gevorderde leerlingen is het van belang dat zij zich op alle hoofdlijnen goed ontwikkelen. De leerlingen kunnen uitgedaagd worden door ze ook mee te laten denken over hun lesactiviteiten (Nijhof, 2012). De gevorderde leerlingen hebben extra aandacht nodig om de gekozen aanpak te bespreken (Janson, 2011). Een suggestie is om in ieder geval elke week minimaal twee keer met de gevorderde rekenaars ongeveer een kwartier uit te trekken voor rekeninhoudelijke begeleiding. Hierbij moet aandacht zijn voor die aspecten die de leerlingen nog moeilijk vinden en kan samen vooruit gekeken worden naar de verrijkingsopgaven, om na te gaan of de leerlingen zelf kunnen bedenken hoe ze deze opgaven uit moeten werken. Juist in deze groep kan aandacht besteed worden aan de hogere denkniveaus, met vragen als: Wat is het verschil tussen deze opgaven of oplossingen? Met welke stap zou je beginnen? Welke oplossingsmanier vinden jullie beter/handiger? Zou deze manier ook werken bij opgaven van het type.... ? Kun je andere opgaven bedenken waarvoor dit een handige manier zou zijn? Kun je nog een andere manier bedenken om dit probleem aan te pakken?

Instructie in de groepen 1 en 2

Vanzelfsprekend kan ook in de groepen 1 en 2 in de rekeninstructie gedifferentieerd worden. Juist in deze groepen moet alles op alles gezet worden om de basisdoelen te behalen, maar ook om voldoende uitdaging te bieden aan kleuters die een ontwikkelingsvoorsprong hebben. Het denk- en beredeneerniveau van kleuters wordt nog vaak onderschat. Bij het voorbereiden van gedifferentieerde instructie is het noodzakelijk dat de leerkracht het doel van de rekenactiviteit in gedachten houdt, bedenkt welke hoofdlijn aan de orde is en op welk handelingsniveau de stof wordt aangeboden. Voor kleuters in de intensieve subgroep is het vervolgens goed om na te gaan welke onderliggende rekeninhoudelijke vaardigheden leerlingen moeten beheersen om de instructie te kunnen volgen, zodat duidelijk is welke stappen in de leerlijn hieraan vooraf gaan. Als de leerkracht dit helder heeft, kan zij bedenken van welke leerlingen zij verwacht dat deze moeite zullen hebben om de instructie te begrijpen en hoe de instructie toegankelijk gemaakt kan worden voor deze leerlingen.

Voor kleuters in de gevorderde subgroep zal de leerkracht na moeten gaan welke leerlingen het doel van de rekenactiviteit al gehaald hebben, en hoe zij de rekenactiviteit kan aanpassen zodat ook deze leerlingen ervan profiteren. Door doelen op een hoger niveau dan het basisdoel te formuleren, kan de leerkracht bedenken wat de leerlingen nodig hebben om datgene te leren en hoe zij hen dat gaat bieden. Ook kunnen enkele vragen voorbereid worden om deze leerlingen uit te dagen. Hierbij kan men denken aan moeilijker vragen of open vragen die op verschillende niveaus beantwoord kunnen worden. Ook kan er al van tevoren nagedacht worden over hoe de leerlingen de vraag zouden kunnen beantwoorden en hoe hun respons weer nuttig gemaakt kan worden voor de andere leerlingen in de klas. Zie Box 4.4. voor een voorbeeld van differentiatiemogelijkheden in de groepen 1 en 2.

Box 4.4 Voorbeeld van differentiatie in de groepen 1 en 2

Doel
- actief kennen van meetkundige figuren cirkel, vierkant, driehoek en (passief) rechthoek;
- kunnen sorteren op vorm, kleur en grootte.

Materialen
De leerkracht heeft allerlei materialen verzameld die makkelijk te sorteren zijn (kwasten, lijmstiften, papier, kleurpotloden). Daarnaast zijn er logiblokken nodig.

Activiteit
De activiteit start met sorteren. In de creahoek is rommel gemaakt, alles ligt door elkaar. Leerlingen mogen samen de spullen gaan sorteren. In gesprek met de leerlingen wordt gevraagd wat bij elkaar hoort en waarom. Dit vormt de opstap naar een activiteit met logiblokken. Ook hier ligt alles door elkaar. De vraag wordt gesteld hoe dit gesorteerd kan worden. Leerlingen worden uitgelokt tot het verwoorden van ideeën. Zo krijgt het benoemen van de figuren expliciet aandacht en komt naar voren dat je kunt sorteren naar kleur, vorm en grootte.

Enkele voorbeelden van differentiatiemogelijkheden
- Een groepje leerlingen gaat onder begeleiding van de leerkracht sorteren, een ander groepje leerlingen krijgt materialen die ze zelf kunnen gaan sorteren;
- Leerlingen vullen een tabel in door bijvoorbeeld het aantal blokken met een bepaalde vorm, kleur of grootte te turven (meer gestuurd vanuit de leerkracht- differentiatie: subgroepje dat zelf bedenkt hoe ze een tabel kunnen maken van wat ze gesorteerd hebben);
- Leerlingen ordenen de logiblokken naar grootte;
- Differentiatie in verwerking kan plaatsvinden door bijvoorbeeld tekeningen te laten maken waarin bepaalde vormen of alle vormen verwerkt worden (leerlingen vertellen vervolgens in tweetallen welke vorm(en) ze in elkaars tekening ontdekken).

Differentiatie in de groepen 1 en 2 vraagt om een goede organisatie (zie ook de paragraaf over Organisatie in dit hoofdstuk voor algemene klassenmanagementstrategieën die differentiatie bevorderen). Door te werken met een grote en een kleine kring kan de leerkracht gerichter inspelen op verschillen in onderwijsbehoeften. Een thema kan bijvoorbeeld eerst besproken worden met alle leerlingen in de grote kring. Daarna kan de leerkracht met een kleiner groepje leerlingen verlengde of verdiepende instructie geven. Voor leerlingen die meer moeite hebben met rekenen, voelt het werken in kleine kring vaak veiliger, doordat de leerkracht sneller kan inspelen op het ontwikkelingsniveau van de leerlingen (Gelderblom,

2008). Ondertussen kiezen de andere leerlingen een activiteit van het planbord of beginnen zelfstandig aan een klaargelegd werkje. Al in groep 1 en 2 is het mogelijk om heldere afspraken te maken over zelfstandig werken, als aan bepaalde voorwaarden wordt voldaan:

Voorwaarden zelfstandig werken:

- zelfstandig werken stapsgewijs invoeren;
- duidelijke rituelen en regels aanbieden en herhalen;
- gebruik van duidelijk herkenbare signalen en visualiseringen voor het begin, het verloop en beëindiging van het zelfstandig werken;
- mogelijkheden voor samenwerking bieden;
- stimuleren van onderlinge hulp en problemen onderling oplossen (week-maatje oudste-jongste kleuters);
- zorgen voor beschikbaarheid materialen en benodigdheden.

Voorwaarden aan materialen / activiteiten:

- overzichtelijk;
- uitnodigend;
- zelfstandig door leerlingen te gebruiken en flexibel te gebruiken;
- zelfstandig op te ruimen;
- geen onderlinge storing.

Tips voor de organisatie. Denk aan:

- grote groep, kleine groep en individueel werk;
- uitwisseling van hoeken;
- gebruik van gang, hal en/of speellokaal.

 ## Voorwaarden voor het geven van gedifferentieerde instructie

Om goed gedifferentieerd instructie te kunnen voorbereiden en geven, is het noodzakelijk dat de leerkracht bekend is met het hoofdlijnen- en het handelingsmodel. Met behulp van deze modellen kan de leerkracht bepalen waar een leerling in zijn leerproces zit, en wat zij kan doen om de leerling verder te helpen. Als leerkrachten problemen ervaren met het toepassen van deze modellen in de instructie is het verstandig om voor een aantal opdrachten uit de rekenmethode na te gaan waar deze te plaatsen zijn binnen de twee modellen.

Kennis van oplossingsprocedures kan ook door de leerkracht gebruikt worden om beter te differentiëren. Door de oplossingsprocedures die een leerling gebruikt te herkennen (ook als de leerling deze niet erg helder kan verwoorden), kan de leerkracht begrijpen hoe een leerling tot zijn antwoord gekomen is, en de leerling laten zien waar het fout ging. Om leerlingen te stimuleren meer efficiënte procedures te gebruiken is het ook noodzakelijk om minder geavanceerde of omslachtige procedures te herkennen.

Niet alleen vakinhoudelijke kennis is nodig voor differentiatie, maar ook de pedagogische en organisatorische kwaliteiten van de leerkracht zijn cruciaal in de klas. Wanneer leerlingen zich veilig voelen en er een 'growth mind set' heerst in de klas (zie ook Voorwaarden voor differentiatie, hoofdstuk 2), zullen leerlingen zich voldoende vrij voelen om hardop mee te denken, fouten te maken en hulp te vragen (Hattie, 2014). Betrokkenheid en respect moet niet alleen tussen de leerkracht en de leerlingen bestaan, maar ook tussen de leerlingen onderling. Daarbij is respect voor verschillen tussen leerlingen essentieel. Aandachtspunten voor het verbeteren van het pedagogisch klassenklimaat zijn de volgende (Förrer & Schouten, 2009)

- Een klimaat creëren in de klas dat tegemoetkomt aan de drie voorwaarden voor het welbevinden: competentie, relatie en autonomie (Castelijns en Stevens, 1996);
- Als leerkracht het onderwijs vanuit een responsieve houding afstemmen op leerlingen door: belangstelling te tonen voor de taakbeleving, door leerlingen ruimte te geven om te reageren, uitzicht te geven op succes en samen met de leerling op zoek te gaan naar productieve attributies (bijvoorbeeld: hoe komt het dat het zo goed is gelukt?) en uitdagende ondersteuning bieden door bijvoorbeeld hulp te geven als dat echt nodig is en het afbouwen van steun en begeleiding en leerlingen stimuleren om zelf oplossingen te vinden;
- Duidelijk te zijn door bijvoorbeeld opdrachten concreet en expliciet te formuleren, na te gaan of leerlingen het begrepen hebben, en opdrachten en aanwijzingen op het bord te noteren;
- Aandacht te spreiden en opmerkzaam te zijn en snel te signaleren als iets niet lekker gaat of als een leerling hulp of aandacht nodig heeft;
- Betrokkenheid versterken door zelf enthousiast te zijn voor het rekenen, gevarieerd vragen te stellen en beurten geven, het inzetten van coöperatieve werkvormen, en passende, uitdagende opdrachten geven;
- Geef leerlingen verantwoordelijkheid, bijvoorbeeld keuze te geven in tijdstip van uitvoeren van rekentaken, manier waarop leerlingen iets uitvoeren. Daarmee wordt de betrokkenheid en ook het zelfvertrouwen en het zelfbeeld van leerlingen vergroot. vergroot (Ik heb het zelf gedaan!);

- Duidelijke gedragsregels en routines opstellen en onderhouden, liefst samen met de leerlingen (bijvoorbeeld: uitlachen is niet acceptabel; fouten maken hoort erbij);
- Leerlingen die hun best doen complimenteren (ook als ze nog niet op het goede antwoord uitkomen). Complimenteer gericht, gemeend en niet overdadig;
- Leerlingen die op voor hen te makkelijke taken zonder veel inspanning een goed resultaat neerzetten *niet* prijzen (Dus niet: 'Je hebt alle sommen goed, wat ben je toch slim!', dit leidt namelijk ook tot de omgekeerde redenering: 'Als ik een fout maak ben ik dom / ben ik hier niet goed in / kan ik dit niet'.);
- Verbetering ten opzichte van eigen eerdere resultaten benadrukken in plaats van vergelijking met klasgenoten. Het inzichtelijk maken van persoonlijke vooruitgang kan met name bij relatief zwak presterende leerlingen motiverend werken, omdat het een beloning geeft voor inzet in plaats van voor absolute prestatie;
- Fouten benaderen als iets om van te leren: het is niet erg om fouten te maken. Wel moet rekeninhoudelijk duidelijk worden waarom het antwoord fout is en hoe de leerling dit type probleem in de toekomst beter kan aanpakken.

Organisatie

Het inzetten van verschillende instructiemomenten zoals klassikale instructie en de verschillende subgroep-instructies vraagt om een goede planning. De planning kan zowel per les, per week als per lessencyclus bekeken worden. Voorbeelden van schema's per les zijn te vinden in Afbeelding 4.1. In de praktijk is het vaak niet haalbaar om binnen één les aan alle (groepen) leerlingen voldoende aandacht te besteden, zeker wanneer er sprake is van een combinatieklas. Het is daarom van belang een lesplanning te ontwikkelen die

Voorbeeld A. Eenvoudig lesschema met 1 jaargroep, 2 subgroepen

Gezamenlijke start van de les, hele klas (5 minuten)	
Interactieve groepsinstructie en begeleide inoefening (15 minuten)	
Zelfstandige verwerking (15 minuten)	Verlengde instructie (15 minuten)
Zelfstandige verwerking + servicerondje (20 minuten)	
Gezamenlijk afsluiting (5 minuten)	

Gedifferentieerde instructie [stap 3]

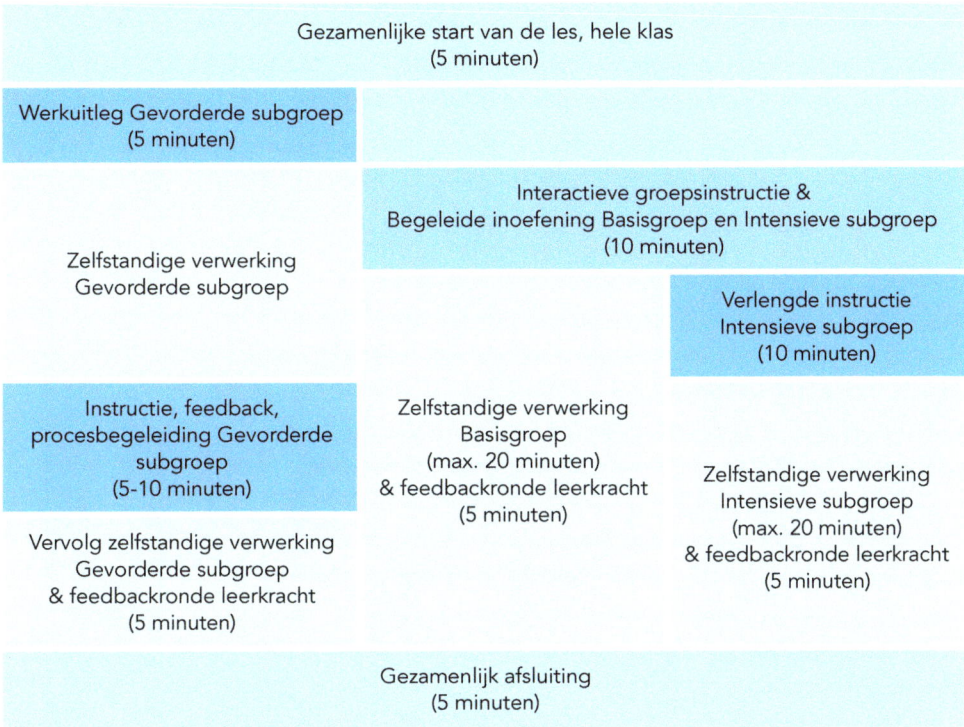

Afbeelding 4.1   Voorbeelden van lesschema's zoals gebruikt in project GROW, onder andere gebaseerd op Gelderblom (2007; 2008).

past bij de situatie van de betreffende klas, waarin verspreid over de week aan alle groepen voldoende aandacht gegeven wordt. De leerlingen die zelfstandig werken terwijl de leerkracht aan andere leerlingen verlengde instructie of feedback geeft, zullen soms ook met vragen zitten. Door 'servicerondjes' in te plannen kan de leerkracht tijd vrij maken om rond te lopen en oogcontact met leerlingen te maken. Wanneer leerkrachten in duo's werken, dan is het handig om deze planning samen te maken. Tips voor het maken van een planning staan in Box 4.5.

Box 4.5 Stappenplan voor het maken van een lesplanning

Stap 1
Inventariseer welke subgroepen binnen uw klas een plek moeten krijgen in het schema. Dit is afhankelijk van de situatie in uw klas en kan bijvoorbeeld betekenen: minder subgroepen in een combinatiegroep, of dat u één jaargroep heeft en liever met vier subgroepen werkt.

Stap 2
Inventariseer hoeveel tijd u (gemiddeld) per week heeft voor de rekenles. Trek hiervan 10 – 20% af voor servicerondjes en andere tijd die u niet aan groepsinstructie kunt besteden (u kunt dit percentage ook naar boven bijstellen wanneer u al ziet aankomen dat u meer tijd wilt of moet besteden aan servicerondjes en dergelijke).

Stap 3
Bedenk hoe u de overgebleven tijd over de groepen wilt verdelen: zijn er groepen die meer of minder instructietijd nodig hebben dan de andere groepen? Vat het begrip 'instructietijd' ruim op: het gaat hier om tijd die u aan een bepaalde groep besteedt, maar het kan ook gaan om begeleide inoefening of het bespreken van gemaakte (verrijkings)opdrachten.

Stap 4
Maak lesschema's voor één week waarin u de tijd die u voor de verschillende groepen gereserveerd heeft, verdeelt over de dagen.

- bedenk hoe u de beschikbare tijd per groep over de dagen wilt verdelen: geeft u bijvoorbeeld de intensieve groep iedere dag extra aandacht (instructie, begeleide inoefening, et cetera) of verdeelt u de beschikbare tijd over 3 dagen? Hoe vaak per week heeft de gevorderde groep u nodig?;
- plan ook servicerondjes in;
- maak de planning zo dat hij voor u werkbaar is: als u het niet ziet zitten om op 1 dag vijf verschillende (sub)groepen instructie te geven, plan dit dan niet zo in maar zoek naar een alternatief dat voor u wel werkbaar is.

Stap 5
Geef een week les volgens dit schema en stel het schema bij naar aanleiding van uw ervaringen. Dit kunt u blijven doen totdat u een ritme heeft gevonden dat voor u en uw leerlingen prettig werkt.

Bij een leerkracht die alles goed georganiseerd heeft in de klas, heeft het realiseren van gedifferentieerd rekenonderwijs een grotere kans van slagen. Algemene aspecten van klassenmanagement zijn daarbij heel belangrijk. Liggen alle benodigde materialen klaar? Weten de leerlingen wat er van hen verwacht wordt? Weten ze wanneer ze de leerkracht wel of niet kunnen aanspreken? Goed klassenmanagement kan ervoor zorgen dat alle geplande tijd ook daadwerkelijk ingezet wordt voor instructie en begeleiding.

Hoofdstuk 5

Gedifferentieerde verwerking [stap 4]

Na de instructie gaan leerlingen zelfstandig met verwerkingsstof aan het werk. Ook deze verwerkingsstof zal afgestemd moeten worden op de verschillende onderwijsbehoeften van leerlingen. De leerkracht kan de verwerkingsstof aanpassen op inhoud en vorm. In dit hoofdstuk wordt besproken hoe de verwerkingsopdrachten aan kunnen sluiten bij verschillende soorten leerdoelen, zoals minimumdoelen, verrijkingsdoelen en zelfregulatiedoelen.

Als leerlingen na de gedifferentieerde instructie zelfstandig aan het werk gaan, is het van belang dat ook de verwerkingsopdrachten zijn aangepast aan hun onderwijsbehoeften. De opdrachten kunnen aangepast worden in zowel inhoud als vorm. Het aanpassen van de inhoud heeft betrekking op de hoeveelheid verwerkingsstof; de basisdoelen voor alle leerlingen zijn hetzelfde. Verschil in inhoud betreft bijvoorbeeld het aanbieden van extra herhaling van bepaalde oefenstof of juist het indikken van de oefenstof voor leerlingen die met minder oefening toe kunnen (ook wel 'compacting' genoemd). Ook bij het aanbieden van verrijkingsstof wordt de inhoud aangepast.

Het aanpassen van de *vorm* kan betrekking hebben op de verwerkingsvorm (bijvoorbeeld het houden van discussies of het maken van een mindmap), maar ook op de manier waarop de verwerkingsstof gepresenteerd wordt (bijvoorbeeld formele symbolen versus concrete representaties in plaatjes). Steeds meer rekenmethoden bieden een aangepast aanbod in inhoud en vorm voor leerlingen in de intensieve en gevorderde subgroepen. In de meeste rekenmethoden wordt echter nog weinig expliciet aandacht besteed aan het leggen van verbinding tussen de handelingsniveaus. De leerkracht kan hier extra aandacht aan besteden tijdens de uitleg van de verwerkingsstof of het klassikaal bespreken van de stof. Het is van belang dat de leerkracht controleert of het aanbod daadwerkelijk aansluit bij de onderwijsbehoeften en gestelde doelen van de leerlingen. Daarnaast biedt de leerkracht alternatieve of aanvullende opdrachten en werkvormen aan, of maakt gebruik van (extra) materialen en modellen waar nodig. Door brede variatie in werkvormen aan te brengen (laat leerlingen bijvoorbeeld spreken, luisteren, schrijven, tekenen of handelen), zal er aan veel van deze verschillende onderwijsbehoeften voldaan worden. Daarnaast kan er voor individuele leerlingen meer specifiek bepaalde verwerkingsvormen ingezet worden, als bekend is dat zij daar baat bij hebben. Bijvoorbeeld het gebruik van spelvormen, waarbij leerlingen in duo's tegen elkaar spelen.

Een leuke en effectieve manier van differentiëren is door het stellen van vragen en geven van hints op kaartjes op verschillende niveaus (Gavin & Moylan, 2012; zie ook Box 5.1. Differentiatiekaartjes). Dit kan tijdens de klassikale instructie, maar ook tijdens servicerondjes. De leerkracht kan deze kaartjes bij leerlingen op tafel leggen in de fase van het zelfstandig werken. De leerling leest de hint of vraag en wordt hiermee uitgedaagd om een stapje verder te denken.

Behalve het afstemmen van de verwerkingsstof, is het overigens ook van belang dat de leerkracht duidelijke uitleg geeft over de te maken opdrachten. Wanneer een goed gedifferentieerde instructie gevolgd wordt door gedifferentieerde verwerkingsstof, maar met slechts beperkte uitleg over wat de leerlingen moeten doen, gaat dit ten koste van de leeropbrengsten.

Gedifferentieerde verwerking [stap 4]

Box 5.1   Voorbeeld: Differentiatiekaartjes

> *Hint*
> Welke tafel kan je gebruiken om deze deelsom op te lossen?

Hints worden gebruikt om een aanwijzing te geven waarmee een leerling die vastloopt in een som weer een stapje verder kan. Een hint kan een tip zijn (heb je daar al aan gedacht?), het wijzen op een verband dat de leerling zelf nog niet legt (wist je dat je de tafels kunt gebruiken om een deelsom op te lossen?) of een sturende vraag (wat moet je als eerste doen bij het oplossen van een verhaaltjessom?).

Verrijking wordt gebruikt om een som wat moeilijker te maken. Bijvoorbeeld door uitbreiding van het getallengebied, toepassing in deelgebieden als breuken, procenten of decimalen, of het opener maken van de opgave (in plaats van een rijtje optelsommen: hoeveel sommen kun je bedenken die uitkomen op 7?).

Verdieping wordt gebruikt om de leerling te stimuleren om na te denken over het basisidee of onderliggende concept achter een opgave. Maak hier vooral gebruik van open vragen, zoals: 'wat is symmetrie?' of 'bij optellen maakt het niet uit of je de getallen omdraait (3 + 4 is hetzelfde als 4 + 3). Is dat bij aftrekken ook zo (is 3 - 4 hetzelfde als 4 - 3)?'

Aan de slag
Pak het lesboek voor een aankomende rekenles erbij en kies één opgave waar leerlingen voor langere tijd zelfstandig aan zullen werken.

- Bedenk tenminste twee hints voor op de hintskaartjes: waar verwacht u dat leerlingen moeite mee hebben? Welke aanwijzing kunt u geven zodat de leerlingen de volgende denkstap kunnen zetten? En als leerlingen deze hint niet oppakken, welke vervolgaanwijzing kunt u dan nog geven?
- Bedenk tenminste één verrijkingskaartje. Hoe kunt u deze som wat moeilijker maken voor leerlingen voor wie deze som een beetje aan de makkelijke kant is?
- Bedenk tenminste één verdiepingskaartje. Welk inzicht ligt er aan de basis van deze opgave? Hoe kunt u leerlingen helpen om dat inzicht te verwerven?

Verwerking in de intensieve subgroep

Bij het kiezen van de verwerkingsopdrachten voor de intensieve subgroep is het belangrijk om te bedenken wat de leerlingen extra nodig hebben om het basisdoel te halen. De leerkracht zal hierbij onder andere aan de inzet van ondersteunende materialen moeten denken, opdrachten op lagere handelingsniveaus, en opdrachten waarbij de verbinding tussen de handelingsniveaus duidelijk wordt. Omdat hier in de meeste rekenmethoden weinig aandacht aan besteed wordt, ligt hier een belangrijke rol voor de leerkracht weggelegd tijdens het uitleggen en bespreken van de verwerkingsstof. Als de leerkracht verwacht dat de leerlingen niet toe zullen komen aan alle verwerkingsopdrachten binnen de beschikbare tijd, dan kan het noodzakelijk zijn om meer tijd beschikbaar te maken of om bepaalde opdrachten te schrappen. Bij het schrappen van opdrachten moet goed in de gaten gehouden worden dat het bereiken van de lesdoelen niet in het gedrang komt. Zoals bekend hebben leerlingen in deze groep vaak meer oefening nodig om de rekenvaardigheden te laten bestendigen. Het inoefenen van de stof vraagt dus juist bij deze groep meer tijd en aandacht.

Als er ook leerlingen in de intensieve subgroep zijn waarmee aan fundamentele doelen gewerkt zal worden in plaats van streefdoelen, dan kan de leerkracht eerst bekijken of de methode aangepaste verwerking voor deze leerlingen biedt en hoe dit aanbod verschilt van het reguliere aanbod. Er zal ook gecontroleerd moeten worden of de aangepaste verwerking aansluit bij de onderwijsbehoefte van de leerlingen, of dat het bijvoorbeeld nodig is om ondersteunende materialen in te zetten.

In individuele gevallen zal een leerkracht vanaf groep 6 wellicht ook met leerlingen aan leerroutes uit Passende Perspectieven werken (zie hoofdstuk 3). Van belang is dat de leerkracht zich bewust is van de verschillen met het reguliere aanbod en de aansluiting daarmee bewaakt. Wellicht heeft de leerling extra ondersteuning in materialen nodig om de aangepaste verwerking aan te laten sluiten bij zijn of haar onderwijsbehoefte.

Verwerking in de gevorderde subgroep

Het aanpassen van het verwerkingsaanbod voor de gevorderde groep leerlingen gebeurt op twee manieren, die hand in hand gaan met elkaar, namelijk compacten en verrijken. Compacten is het indikken van de leerstof voor leerlingen met een A-score of hoge B-score op de LOVS-toetsen van Cito én die de methodetoetsen doorgaans goed maken (≥ 80% goed). Door de stof in te dikken wordt deze beperkt tot de essentie en is er geen sprake van overbodige herhaling. Als de leerkracht twijfelt over compacten voor leerlingen in de twijfelcategorieën (zie het indelingsschema in Afbeelding 2.1, hoofdstuk 2), dan kan zij deze leerlingen al vóór het blok begint de methodetoets laten maken (pretesting). De leerkracht krijgt zo voorafgaand aan het blok al zicht op de aanwezige kennis van de leerling. De SLO heeft voor verschillende rekenmethoden *routeboekjes* ontworpen, die aangeven welke opdrachten voor gevorderde leerlingen wel en niet passend zijn om te maken (Janson & Noteboom, 2004). Ook hebben nieuwere edities van rekenmethoden tegenwoordig zelf al een onderscheid gemaakt van de rekenleerstof voor drie subgroepen (Janson, 2011). De leerkracht zal echter zelf ook moeten beoordelen welke stof ingedikt kan worden en welke niet. Bij het compacten zijn enkele algemene richtlijnen te geven over wat wél aangeboden moet worden, wat óók aangeboden moet worden en wat geschrapt kan worden (Janson & Noteboom, 2004). Bij compacten mogen niet alle onderdelen overgeslagen worden. Cruciale fasen in het leerproces, de overgang naar het formele handelingsniveau, reflectie, de introductie van een nieuw onderwerp en belangrijke strategieën zijn onderdelen die leerlingen in de gevorderde subgroep niet mogen overslaan. Richtlijn is dat 50 tot 75 procent van de oefenstof en 75 tot 100 procent van de herhalingsstof kan worden overgeslagen. Per leerling zal een zorgvuldige afweging plaats moeten vinden. De leerkracht moet goed in de gaten houden of de leerlingen de stof voldoende automatiseren. Wanneer gevorderde rekenaars te veel basisvaardigheden mogen overslaan, kan het zijn dat de basisvaardigheden, zoals het memoriseren van de tafels niet voldoende worden geautomatiseerd. In dat geval moet in de volgende periode meer tijd besteed worden aan automatiseringsoefeningen (zie Box 5.2 voor een overzicht van de richtlijnen voor compacten en verrijken).

Box 5.2   Richtlijnen voor compacten & verrijken (Janson & Noteboom, 2004)

Wat wél aanbieden
- belangrijke stappen in het leerproces;
- overgang naar formele notaties;
- reflectieve activiteiten;
- belangrijke strategieën / werkwijzen.

Wat óók aanbieden
- constructieve / ontdekactiviteiten;
- wezenlijk moeilijkere verrijkingsstof;
- activiteiten op tempo;
- introductie van een nieuw thema.

Wat schrappen
- 50% tot 70% van de oefenstof;
- 75% tot 100% van de herhalingsstof;
- Verrijkingsstof die meer van hetzelfde biedt.

Doordat leerlingen in de gevorderde subgroep minder rekenopdrachten maken, houden ze rekentijd over. Deze tijd kan besteed worden aan verrijking van de rekenstof. Verrijkingsopdrachten zijn gericht op het bieden van extra uitdaging aan de gevorderde leerling. Hoe deze vorm en inhoud worden gegeven kan divers zijn en leerlingen zullen daar ook zelf zeker wel ideeën over hebben. Bij verrijkingsopdrachten is het leerproces minstens zo belangrijk als het resultaat. Het gaat hierbij dus om aspecten als ontdekken, beredeneren en verklaren. Ook al zijn uitdaging bieden en het leerproces de belangrijkste doelen, toch moeten verrijkingsopdrachten ook een resultaat opleveren om zo niet vrijblijvend te zijn. Bij het aanbieden van verrijking kan de leerkracht naast het gebruiken van bestaande verrijkingsmaterialen (bijvoorbeeld Kien, Rekentijgers, of opdrachten uit Acadin, Levelwerk,

Nieuwsrekenen, Prof dr Testkees) ook kiezen voor het zelf aanpassen van opdrachten uit de rekenmethode. De stof die leerlingen in het kader van compacten overslaan, kan dus gebruikt worden om er meer verrijkte opdrachten te maken die leerlingen meer motiveren (zie Box 5.3 voor voorbeelden). Het moet hoe dan ook om een beredeneerde keuze gaan, die is gebaseerd op de onderwijsbehoeften en geformuleerde (rekeninhoudelijke en/of zelfregulatie) doelen. Ook is het aan te raden leerlingen actief te betrekken bij de keuze van verrijkingsmateriaal. Overwegingen die bij de keuze van het verrijkingsmateriaal spelen zijn: de moeilijkheidsgraad van verschillende verrijkingsmaterialen, de mate waarop deze materialen een beroep doen op de vaardigheden die de leerlingen moeten ontwikkelen en praktische zaken, zoals welk materiaal er al beschikbaar is op school en hoeveel instructietijd de materialen van de leerkracht zullen vergen. Janson en Noteboom (2004) bespreken zeven verrijkingsprincipes. Leerkrachten kunnen deze principes gebruiken om de geschiktheid van bestaande verrijkingsopdrachten te beoordelen of zelf rekenopdrachten uit de methode rijker te maken. Verwerkingsstof kan op verschillende manieren rijker gemaakt worden of zijn. De leerkracht / stof:

- stelt een ander soort vragen (die meer open zijn);
- geeft de opdracht een andere vorm (bijvoorbeeld door een spel, andere context, model of grafiek toe te voegen);
- zorgt voor een grotere complexiteit (door leerlingen bijvoorbeeld meer gegevens te laten combineren);
- verbindt rekenen met andere vakken (door in thema's of projecten te werken);
- laat eigen constructies en producties maken (zoals het bedenken van eigen opgaven of nieuwe spelregels bij een bestand spel);
- daagt uit tot reflectie en filosoferen (door verhelderende vragen te stellen, zie ook de taxonomie van Bloom, Afbeelding 2.3);
- verbreedt het aanbod met domeinen en activiteiten (door bijvoorbeeld strategische spellen als schaken of bridge in te zetten).

Zie Box 5.2. voor een overzicht van de richtlijnen voor compacten en verrijken. Box 5.3 geeft een aantal voorbeelden van verrijking van de reguliere rekenstof uit de methode.

Verrijkingsopdrachten zijn niet vrijblijvend en brengen verantwoordelijkheden voor zowel de leerling als de leerkracht. Voor de leerling is het van belang dat er afspraken worden gemaakt over wat de leerling minimaal af moet hebben aan het einde van een periode. Om echt te kunnen leren van de aangeboden stof is begeleiding door de leerkracht bovendien cruciaal. Ook bij het zelfstandig leren plannen en werken hebben leerlingen begeleiding nodig. Zelfstandig werken en plannen zijn vaardigheden die zij in het vervolgonderwijs

Box 5.3 Voorbeelden van verrijking van opdrachten uit de methode

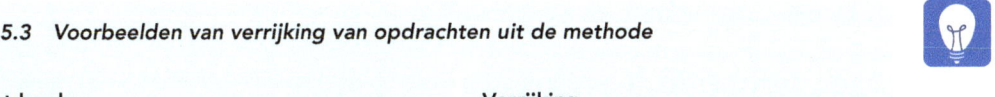

In het boek	Verrijking
3 × 2 =	Geef een som met hetzelfde antwoord, 3 × 2 = ... × ...
Maak zoveel mogelijk vermenigvuldigsommen met 64 als uitkomst	Maak zoveel mogelijk vermenigvuldigsommen met 64 als uitkomst en minimaal 2 keertekens: ... × ... × ... =

- Noem vijf getallen waarop het gele mannetje wel en vijf getallen waarop hij niet kan uitkomen. Hoe kun je dat weten?
- Noem vijf getallen waarop het oranje mannetje wel en vijf getallen waarop hij niet kan uitkomen.
- Op welke getallen komen ze altijd allebei? Hoe weet je dat?

---

zeker nodig zullen hebben (Janson & Noteboom, 2004). De verrijkingsactiviteiten moeten daarom ook in het rapport genoemd worden, aangezien deze als 'basisstof' geldt voor gevorderde rekenaars. Daarnaast is het belangrijk dat de leerkracht aan de hele klas uitlegt waarom de leerlingen uit de gevorderde groep bepaalde sommen overslaan en daarvoor in de plaats andere sommen maken.

In de verwerkingsfase is niet alleen de inhoud van de opdrachten van belang, maar ook de werkvorm. Door binnen de gevorderde subgroep in tweetallen of kleine groepjes aan verrijkingsopdrachten te werken, wordt het samenwerken gestimuleerd. De samenwerking tussen deze leerlingen kan nog andere positieve neveneffecten hebben. (Hoog) begaafde leerlingen hebben baat bij het contact met medeleerlingen, die over hetzelfde cognitieve niveau beschikken (Mönks & Mason, 2000). Samenwerken met leerlingen met een gelijkwaardig denkniveau zorgt ervoor dat de kwaliteiten van de leerlingen worden erkend en dat zij voldoende uitdaging in communicatie ervaren. Deze uitdaging missen gevorderde leerlingen regelmatig, doordat zij zich bezig houden met andere onderwerpen dan de gemiddelde klasgenoot.

Verwerking in de groepen 1 en 2

Ook in de groepen 1 en 2 is het van belang om differentiatie te bieden in de verwerkingsfase. Bij het voorbereiden van de instructie aan leerlingen in de intensieve en gevorderde subgroepen heeft de leerkracht al nagedacht over de rekendoelen waaraan gewerkt zal worden. Eén manier om te differentiëren in verwerking in de kleuterklassen is het werken met activiteiten op verschillende niveaus (SLO, 2013). Hierbij werkt de leerkracht vanuit één thema, waarbij soms sprake is van grote kringactiviteiten, maar ook van kleine groepsactiviteiten en een scala aan verwerkingsactiviteiten. Een gedifferentieerd activiteitenaanbod kan worden gerealiseerd door onder andere een aanbod van activiteiten op verschillende niveaus, de mate van begeleiding bij het uitvoeren van activiteiten, de soorten vragen die de leerkracht stelt, en de mate waarin leerlingen vrij kunnen kiezen voor activiteiten. Jonge kinderen kunnen uitstekend meedenken over activiteiten. Zo vertelt leerkracht I. hoe zij dit bewerkstelligt:

> "Bij het begin van een thema voer ik vaak een kringgesprek. Daarin ga ik altijd eerst op zoek naar wat kinderen al weten van het thema (voorkennis activeren). Vervolgens probeer ik nauw aan te sluiten bij wat de kinderen hebben gezegd en vraag ik door op onderwerpen die ik wil verhelderen en verdiepen. Natuurlijk probeer ik ook nog kennis toe te voegen die aansluit bij wat aan de orde is geweest. Samen met de kinderen maak ik plannen voor de hoeken en activiteiten, en denken we samen na wat we daarvoor nodig hebben. Natuurlijk heb ik vaak van alles 'achter de hand' bij een thema. Ik ben me ervan bewust dat ik degene ben die de leerdoelen moet bewaken en goed moet aansluiten bij de kinderen, maar jonge kinderen bedenken soms dingen waar ik zelf niet op zou zijn gekomen."

De leerkracht zal steeds faciliteren dat kinderen met grote betrokkenheid kunnen spelen en kunnen werken in hun zone van naaste ontwikkeling. Veel scholen werken vanuit een thema en van daaruit ontstaat een divers activiteitenaanbod, (zie Afbeelding 5.1), waarbij sprake is van spontane activiteiten, geleide en begeleide activiteiten. Door de kinderen uit te dagen tot het doen van verschillende en gevarieerde activiteiten die naar het doel toewerken, kan differentiatie gerealiseerd worden. Zeker ook in de fase van verwerking is een rijke stimulerende rekenleeromgeving van belang, zodat kinderen de gelegenheid krijgen om zich te verwonderen en te ontdekken. Daarmee zullen zich mogelijk meer spontane situaties voordoen waarbij de kinderen zich sterk betrokken voelen en kunnen leren van elkaar. Het benutten van de kansen die zich dan voordoen is krachtig en effectief.

Gedifferentieerde verwerking [stap 4]

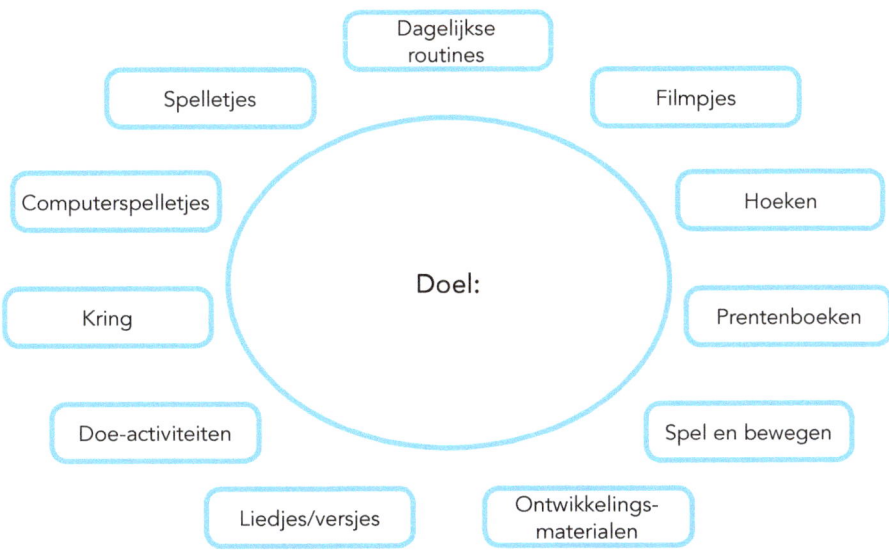

Afbeelding 5.1   Verschillende vormen van activiteiten in de groepen 1 en 2 (SLO, 2013).

Bij het uitwerken van de activiteiten is het verstandig om steeds eerst te bedenken voor welke subgroep deze zal gelden en wat hun onderwijsbehoeften zijn. Kennis van het leerdoel en de bijbehorende inhouden geven handvatten door het bedenken van de activiteiten die geschikt zijn om aan deze inhouden en naar het doel toe te werken. Door ook geschikte vragen en interventies te bedenken kan de leerkracht de leerlingen direct ondersteunen in het leren. Een concreet voorbeeld van een leerdoel en mogelijke ideeën voor activiteiten staan in Box 5.4 weergegeven. Meer algemene vragen die leerkrachten handvatten geven voor leerkrachten om activiteiten te laten aansluiten bij verschillende onderwijsbehoeften zijn te vinden in Box 5.5.

Voorwaarden voor gedifferentieerde verwerking

Net als in de instructiefase zijn in de verwerkingsfase kennis van het hoofdlijnen- en het handelingsmodel, en de doorlopende leerlijnen van belang, evenals het pedagogisch klimaat.
  Een betrokken docent geeft de leerlingen veel bevestiging en laat de leerlingen succes ervaren. Dit kan door leerlingen feedback te geven. Feedback is het krachtigst als de aard van de feedback is aangepast aan het niveau van de leerling (Hattie, 2014, p. 134). Feedback kan op vier niveaus worden gegeven: taak- en productniveau, procesniveau, het niveau van zelfregulatie en op de persoon gerichte feedback (Hattie & Timperley, 2007). Feedback op taak- en productniveau richt zich bijvoorbeeld op of het antwoord goed of fout

Hoofdstuk 5

Box 5.4 Voorbeeld van gedifferentieerde verwerkingsactiviteiten in de groepen 1 en 2

Doel
Tellen tot 6 of 12 & structuur van de dobbelsteen

Kringgesprek
Gezamenlijk tellen van het aantal gegooide ogen van een dobbelsteen, uitleg van en oefening met het herkennen van de patronen (herkennen van het aantal gegooide ogen zonder tellen)

Gedifferentieerde verwerkingsactiviteiten
- *Intensieve subgroep:* leerlingen gooien in tweetallen om de beurt met een dobbelsteen. Als ze gegooid hebben, leggen ze het patroon van de dobbelsteen na met fiches. Dan tellen ze samen hardop hoeveel fiches ze hebben. Wie het meeste fiches heeft, heeft die ronde gewonnen.
- *Basis subgroep:* leerlingen gooien in tweetallen tegelijk met een dobbelsteen. Wie als eerste ziet hoeveel hij gegooid heeft, heeft die ronde gewonnen en krijgt een fiche. Wie aan het eind van het spel de meeste fiches heeft, heeft gewonnen.
- *Gevorderde subgroep:* leerlingen gooien in tweetallen tegelijk met een dobbelsteen. Wie als eerste ziet (telt / doortelt/ optelt) hoeveel de twee dobbelstenen sámen waard zijn heeft die ronde gewonnen en krijgt een fiche. Wie aan het eind van het spel de meeste fiches heeft, heeft gewonnen.

Box 5.5 Vragen voor de leerkracht bij de uitwerking van gedifferentieerde activiteiten voor de groepen 1 en 2

- Welk doel moeten de leerlingen behalen door met het materiaal te werken?
- Wat is de opdracht? Hoe zorgt u ervoor dat deze opdracht voldoende uitdagend is? Hoe gaat u de leerlingen duidelijk maken wat ze moeten doen?
- Geeft de activiteit ruimte voor spelen, handelen in de werkelijkheid en ervaren?
- Zijn de materialen geschikt voor verschillende soorten handelingen (moeilijker, toegevoegde of geheel andere handelingen) die aansluiten bij de onderwijsbehoeften van leerlingen?
- Sluit de activiteit aan bij de interesse van de leerling(en)?
- Biedt de activiteit voldoende structuur voor leerlingen?
- Op welke manier wordt deze activiteit expliciet gekoppeld aan eerdere activiteiten, zodat de leerlingen geconfronteerd worden met vergelijkbaarheid en toepassing van verschillende situaties-activiteiten?
- Is de activiteit betekenisvol voor de leerlingen?
- Hoe gaat u evalueren of het doel bereikt wordt?

is of op het geven van informatie over een bepaalde rekentaak. Feedback op procesniveau is gericht op het proces dat nodig is om een taak te volbrengen, bijvoorbeeld om bepaalde oplossingsstrategieën te ontwikkelen, of een kortere oplossingsweg te vinden, of het leren hoe je van fouten kunt leren. Feedback op het niveau van zelfregulatie kan de vaardigheid van zelfbeoordeling van een leerling verbeteren en bijdragen aan het ontwikkelen voor meer vertrouwen om door te gaan met leren rekenen. Een voorbeeld hiervan is: 'Je hebt het antwoord gecontroleerd in het antwoordenboek en ontdekt dat het niet goed was. Dat was heel handig! Heb je enig idee waarom je het fout had? Hoe heb je het opgelost? Zou je het op een andere manier kunnen doen? Het vierde niveau is feedback die op de persoon is gericht, bijvoorbeeld 'goed gedaan'. Dergelijke complimenten geven weinig informatie voor het leren. Vanuit een 'growth mindset' kunnen complimenten zich beter richten op inzet van de leerling ('wat heb je goed je best gedaan' of 'hard gewerkt, hoor!') dan op het resultaat of op 'eigenschappen' van de leerling ('wat ben je toch slimme jongen'). Ongegronde complimenten kunnen voor verwarring kunnen zorgen bij leerlingen. Shute (2008) heeft de volgende richtlijnen beschreven voor feedback om het leren te bevorderen:

- focus feedback op de taak en niet op de leerling;
- geef specifieke feedback (beschrijf het wat, hoe en waarom)?;
- geef gedetailleerde feedback in hanteerbare hoeveelheden;
- houd de feedback eenvoudig (afgestemd op de leerling);
- beperk onzekerheid tussen daad en doel;
- geef onbevooroordeelde, objectieve feedback;
- stimuleer oriëntatie op een leerdoel door de feedback (dus accent op leren in plaats van op prestatie);
- geef feedback als leerlingen een oplossing hebben geprobeerd.

Organisatie

Differentiëren in de verwerkingsstof vraagt om voorbereiding door de leerkracht. Bij het bepalen van de gedifferentieerde doelen en instructie (zie hoofdstuk 3 en 4), denkt de leerkracht ook alvast na over welke verwerkingsstof haar leerlingen nodig hebben. Wat wordt er al in de methode aangeboden? En wat nog niet? En welke uitleg of begeleiding hebben leerlingen in de verschillende subgroepen nodig bij de verwerkingsstof? Er moet dus voorbereidingstijd worden ingepland.

Algemene aspecten van klassenmanagement zijn ook bij differentiatie in de verwerkingsfase heel belangrijk. Wanneer leerlingen weten wat er van ze verwacht wordt, en alle benodigde materialen klaarliggen, kunnen leerlingen beter zelfstandig werken. Samenwerking tussen leerlingen kan de organisatie van de verwerkingsfase ondersteunen. Als (groepjes) leerlingen samen oefenen heeft de leerkracht meer tijd om andere leerlingen te helpen. Een voorbeeld van samen oefenen is dat leerlingen in tweetallen kunnen flitsen met flitskaarten. Een voordeel ten opzichte van klassikaal flitsen is dat iedere leerling in een tweetal veel intensiever kan oefenen. Een ander voorbeeld van samen oefenen is het samen oplossen van rekenproblemen. Daarbij denken de leerlingen eerst zelf na over hoe zij tot een antwoord zouden komen en wat wellicht het antwoord zou kunnen zijn. Vervolgens kunnen de leerlingen in kleine groepjes hun antwoorden vergelijken en verder brainstormen. Ten slotte kunnen de antwoorden klassikaal besproken worden. Samen oefenen betekent echter niet automatisch dat leerlingen ook samen léren. Het is bijvoorbeeld belangrijk dat de verschillen in vaardigheid tussen leerlingen niet té groot zijn. Er zijn overigens ook meer intensieve vormen van samenwerken in de klas, die vaak een zorgvuldige aanpak en planning vragen van de leerkracht.

Ook een goede organisatie van het compacten en verrijken voor de gevorderde subgroep kan de leerkracht ontlasten. Bij het aanbod aan de gevorderde subgroep kan het namelijk lastig zijn voor de leerkracht om bij te houden welke leerlingen waaraan werken. De leerkracht is ermee geholpen wanneer leerlingen (mede) verantwoordelijk zijn voor het plannen en het bijhouden van hun werk. Ook kan er gewerkt worden met een logboek (Janson & Noteboom, 2004). Hierin kan worden bijgehouden welke opdrachten uit de rekenmethode leerlingen wel en niet zullen maken, welke verrijkingsopdrachten leerlingen zullen maken, wanneer de leerlingen de opdrachten maken, en welke opdrachten zij al hebben gemaakt. Een planning over een langere periode (bijvoorbeeld een week) waarbij leerlingen de ene les besteden aan methode-opgaven en een andere les aan verrijkingsopdrachten voorkomt versnippering van het aanbod. De routeboekjes van SLO zijn hier een voorbeeld van.

Schoolbrede organisatie is handig met betrekking tot de aanschaf van extra materialen, zoals verrijkingsmaterialen, ondersteunende materialen, et cetera. Wanneer er bijvoorbeeld schoolbreed verrijkingsdoelen vastgesteld zijn, kunnen op basis hiervan ook materialen worden aangeschaft, en hoeft niet elke leerkracht dit voor haar eigen klas te organiseren. Ook de schoolbrede aanschaf van een rekenmethode die al veel differentiatie in verwerking biedt, kan de leerkracht ontlasten. Er kan overigens gekozen worden voor het organiseren van schoolbrede verrijkingsactiviteiten in zogenoemde plusklassen of verrijkingsgroepen. Hoewel dit de leerkracht kan ontlasten, betekent dit echter niet dat de leerkracht zich in de reguliere rekenles niet meer met de gevorderde subgroep hoeft te bemoeien (Janson & Noteboom, 2004).

Gedifferentieerde verwerking [stap 4]

Hoofdstuk 6

Evaluatie [stap 5]

Evaluatie is cruciaal voor effectieve differentiatie in het rekenonderwijs. Door de gekozen aanpak in de voorgaande stappen van de differentiatiecyclus te evalueren, krijgt de leerkracht zicht op de effectiviteit van de aanpak én verder inzicht in de onderwijsbehoeften van de leerlingen in haar groep. In dit hoofdstuk worden handreikingen gedaan voor een systematische aanpak van de evaluatie.

Evaluatie is essentieel voor effectieve differentiatie in het rekenonderwijs. In deze stap wordt nagegaan of de door de leerkracht gekozen aanpakken effectief waren (van de Weijer-Bergsma et al., 2012). Het is van belang dat de leerkracht haar eigen aanpak altijd als uitgangspunt neemt. Wat heeft zij gedaan dat werkt of dat niet werkt? Vervolgens kijkt de leerkracht naar wat dit betekent voor de leerlingen op groepsniveau, subgroepniveau en daarna voor individuele leerlingen. Op elk van deze drie niveaus (groep, subgroep, individuele leerling) staan in de evaluatiefase de volgende drie vragen centraal:

- Was de door de leerkracht gekozen aanpak effectief? Met andere woorden, sloten de gekozen manieren van instructie en verwerking aan bij de onderwijsbehoeften van de leerlingen?
- Hebben de leerlingen de (voor hen) gestelde doelen behaald?
- Op welke manier lossen leerlingen opgaven op? Met andere woorden, welk rekenproces gaat er schuil achter een bepaald (goed of fout) antwoord? En geeft dit aanwijzingen voor de instructie die in de toekomst nodig is om de leerlingen vooruit te helpen?

De leerkracht heeft verschillende methoden tot haar beschikking om te evalueren. Bij evaluatie gaat het niet alleen om het gebruik van periodieke toetsen zoals de toets aan het eind van een blok in de methode of de Cito-rekentoets. Ook tussentijds wint de leerkracht steeds informatie in over de voortgang en het rekenproces van de leerlingen, bijvoorbeeld door het nakijken van rekenwerk en informele observaties tijdens de les. Als een leerkracht bijvoorbeeld ontdekt dat leerlingen systematisch dezelfde fouten maken, kan de leerkracht hier meteen aandacht aan besteden in de instructie. Door gebruik te maken van de verworven informatie uit de evaluatie, krijgt de leerkracht nieuwe informatie over de onderwijsbehoeften van de leerlingen. Daarmee is de cyclus van differentiatie weer rond en wordt een volgende cyclus in gang gezet.

Evaluatie van de eigen aanpak

Bij het terugkijken naar de hele cyclus van onderwijsbehoefte vaststellen, doelen stellen, instructie en verwerking, bekijkt de leerkracht eerst haar eigen aanpak. Hoe heeft zij de aanpak uitgevoerd? Wat ging goed en waarom, wat kan beter en wat gaat zij de volgende keer anders doen? Aanpakken die effectief waren kunnen door de leerkracht verder worden toegepast of versterkt worden. Aanpakken die minder effectief waren kunnen wellicht minder toegepast of verbeterd worden. Onderstaande vragen kunnen daar bij helpen:

- Wat doe ik of kan ik doen op groepsniveau, zodat leerlingen in subgroepen al zoveel mogelijk profiteren van de gekozen aanpak?
- Wat doe ik of kan ik doen op subgroepniveau, zodat de onderwijsbehoeften van individuele leerlingen binnen de subgroep al zoveel mogelijk ondersteund worden?
- Wat doe ik nog meer of kan ik nog meer doen, zodat individuele leerlingen die nog extra onderwijsbehoeften hebben voldoende ondersteuning krijgen?

Deze evaluatie van de eigen aanpak is tevens een eerste stap naar reflectie. Het evalueren van het leerproces en de leeropbrengsten van leerlingen kan de leerkracht namelijk ook informatie geven over haar eigen vaardigheden en functioneren. Reflectie gaat verder dan evaluatie: het vraagt leerkrachten na te denken over het eigen functioneren om dit te verbeteren (Marzano, 2012). Zoals eerder genoemd is differentiëren een complexe vaardigheid die veel van leerkrachten vraagt. Het is dan ook reëel om te verwachten dat leerkrachten zich bepaalde kennis of vaardigheden verder eigen moeten maken om hun differentiatievaardigheden te ontwikkelen. Hoewel reflectie soms confronterend kan zijn - soms komt de leerkracht erachter dat zij een bepaalde vaardigheid minder goed onder de knie heeft dan zij eerder dacht – is het een belangrijke stap in professionaliseren. Door te reflecteren kunnen leerkrachten zich van 'onbewust onbekwaam' (iets niet weten of kunnen, zonder het te beseffen) ontwikkelen naar 'bewust onbekwaam' (iets niet weten of kunnen, en dit beseffen). Dit is nodig om met oefening naar de volgende stappen van 'bewust bekwaam' (iets weten of kunnen, maar het kost nog inspanning) en 'onbewust bekwaam' (iets weten of kunnen, en het kost geen moeite) te komen (Maslow, 1987). Reflectie kan hiaten in differentiatievaardigheden onthullen (een leerkracht heeft bijvoorbeeld moeite met het leggen van verbinding tussen verschillende handelingsniveaus in de instructie), maar ook hiaten in de kennis en vaardigheden die een voorwaarde voor differentiatie zijn (een leerkracht heeft bijvoorbeeld onvoldoende kennis van de leerlijnen of oplossingsstrategieën). Reflectie kan dus de aanzet zijn voor een leerkracht om meer kennis over een bepaald onderwerp op te doen (bijvoorbeeld door literatuur te lezen, een collega te consulteren of kwaliteitskaarten te raadplegen; zie Box 6.1) of een bepaalde vaardigheid verder te ontwikkelen (bijvoorbeeld door een workshop of cursus te volgen, of met een collega mee te kijken). Anderzijds kan reflectie de leerkracht ook positieve feedback en zelfvertrouwen geven als zij ziet dat leerlingen, als gevolg van haar aanpak, effectiever leren. De leerkracht krijgt hiermee meer zicht op haar eigen sterke kanten en kan bijvoorbeeld collega's ondersteunen bij het gebruik van aanpakken die in haar eigen groep goede resultaten op hebben geleverd.

Box 6.1   Kwaliteitskaarten van School aan Zet

- Leerlingresultaten bespreken
- Planmatig opbrengstgericht werken
- Diagnostische gesprekjes rek-wi-onderwijs
- Een goede rekenstart voor kleuters
- Effectief omgaan met goede rekenaars
- Doelen stellen met je leerlingen

De kwaliteitskaarten zijn te vinden via www.schoolaanzet.nl

Tussentijdse evaluatie

Het doel van tussentijdse evaluatie is om het proces van leren in de gaten te houden en doorgaande feedback te krijgen. Tussentijdse evaluatie geeft leerkrachten (én leerlingen) zicht op de sterke en zwakke kennis en vaardigheden van leerlingen en geeft daarmee handvatten voor het bepalen welke gebieden nog extra aandacht nodig hebben. Op die manier helpt het leerkrachten om moeilijkheden in het leren direct aan te pakken.

Er zijn allerlei manieren waarop de leerkracht informatie kan inwinnen over de voortgang en het denkproces van haar leerlingen: bijvoorbeeld door de analyse van dagelijks rekenwerk, het voeren van diagnostische gesprekken met één of enkele leerlingen, peilingsspelletjes, of informele observaties (zie hoofdstuk 2). Met dit soort tussentijdse evaluatie kunnen de drie verschillende evaluatievragen beantwoord worden, die wij hieronder toelichten. Deze vragen worden wederom eerst gesteld op het niveau van de hele groep, vervolgens op het niveau van subgroepen en tot slot op het niveau van individuele leerlingen.

Sluit de door de leerkracht gekozen aanpak aan op de onderwijsbehoeften?

Bij deze vraag gaat het zowel om de gekozen aanpak voor de instructie als voor de verwerkingsopdrachten. Om deze vraag te beantwoorden kan de leerkracht de rekenresultaten onder de loep nemen: maken de leerlingen opgaven van hetzelfde type en moeilijkheidsgraad bijvoorbeeld beter nadat ze hebben geoefend op een lager handelingsniveau? Ook kan het nuttig zijn om de leerlingen zelf te vragen hoe het rekenonderwijs aansluit op hun behoeften: wat vinden zij van specifieke onderdelen van de rekenles zoals de subgroepinstructie? Wat helpt hen om de stof te begrijpen? Wat denken ze zelf dat ze nog nodig hebben?

Hebben de leerlingen de lesdoelen behaald?

Het is belangrijk om vaak te checken of leerlingen de lesdoelen behalen, zodat de leerkracht zicht houdt op de voortgang en weet waar zij in de komende lessen nog extra aandacht aan moet besteden. Uiteraard komt de leerkracht hier achter door het gemaakte rekenwerk na te kijken maar er zijn ook nog andere manieren te bedenken zoals:

- een spelvorm gebruiken waarbij leerlingen punten kunnen verdienen met goede antwoorden. Na afloop van het spel geven de kinderen aan hoeveel punten ze verdiend hebben, en weet de leerkracht meteen wie er misschien nog wat extra instructie of oefening nodig heeft;
- na afloop van de les aan de leerlingen vragen wie een bepaald type opgaven of het gebruik van een bepaalde strategie nog lastig vindt;
- luisteren en observeren hoe leerlingen redeneren, bijvoorbeeld tijdens een subgroepinstructie of tijdens overleg tussen leerlingen onderling.

Op welke manier lossen leerlingen opgaven op?

Het is belangrijk dat de leerkracht zicht krijgt op de oplossingsstrategieën die leerlingen gebruiken. Deze kennis geeft de leerkracht inzicht in de onderwijsbehoeften en kan gebruikt worden bij het vormgeven van weer een nieuwe differentiatiecyclus. De leerkracht kan hiervoor antwoorden zoeken op de volgende vragen:

- Gebruiken leerlingen een aangereikte strategie, of een eigen manier?;
- Hoe effectief is de gebruikte strategie en hoe komt dat? Is de gebruikte strategie foutgevoelig?;
- Gebruiken leerlingen na een bepaalde instructie een andere aanpak dan voor de instructie?;
- Bij leerlingen met veel fouten: is er een bepaald patroon in de fouten te ontdekken, bijvoorbeeld een tussenstap die systematisch fout wordt gedaan? Wat heeft een leerling nodig om te snappen wat hij fout doet en wat hij anders moet doen om de opgave wel goed op te lossen?

Om het antwoord op dergelijke vragen te vinden kan gebruik gemaakt worden van de analyse van dagelijks rekenwerk (tip: laat leerlingen regelmatig hun tussenstappen opschrijven), van informele observaties als de leerlingen aan het werk zijn en van diagnostische gesprekken. Ook binnen een klassikale of subgroepinstructie is het goed mogelijk om informatie in te winnen over het strategiegebruik van de leerlingen: door leerlingen hardop te laten 'denken' of te laten verwoorden hoe ze een opgave hebben opgelost.

Periodieke evaluatie

Bij periodieke evaluatie met toetsen, worden de vaardigheden van leerlingen vergeleken met een bepaalde standaard of een criterium. Na afname van toetsen zoals een methodetoets aan het eind van het blok of de Cito-toets gebruikt de leerkracht de resultaten om deze op zowel (sub)groep(s)niveau als individueel niveau te interpreteren. De resultaten worden gebruikt om het lesgeven van de afgelopen periode te evalueren en om aandachtspunten voor de volgende periode te formuleren.

Voor een goede analyse moet de leerkracht weten wat het doel van iedere toets is. Welke kennis en vaardigheden meet een toets en wat is daarvan de relevantie? Toetsen uit het Cito LOVS-toetsen in principe de toepassing van aangeleerde vaardigheden over een langere periode. Methodegebonden toetsen meten in hoeverre de leerstof die in de afgelopen periode is aangeboden wordt beheerst.

Vervolgens gaat de leerkracht na of en hoe zij de toetsresultaten uit de analyse kan verklaren. Hierbij kijkt zij terug naar het lesgeven in de afgelopen periode: welke interventies zijn er in de afgelopen periode gepleegd en wat is het effect van deze interventies geweest? Bij het verklaren van resultaten wordt gekeken naar de elementen van effectief onderwijs:

- Halen we de door ons gestelde inhoudelijke doelen?;
- Werken we met een goede methode en gebruiken we die op de goede manier?;
- Besteden we voldoende tijd voor de groep als geheel;
- Besteden we daarnaast nog voldoende extra tijd aan risicoleerlingen en leerlingen die meer uitdaging nodig hebben?;
- Differentiëren we op de goede en efficiënte manier?

De acties die de leerkracht vervolgens onderneemt, zijn gebaseerd op de analyse van de resultaten en de bijbehorende verklaringen voor deze resultaten. De leerkracht gaat na welke consequenties deze hebben voor de inhoud en de organisatie van het onderwijs in de komende periode voor de hele groep, de subgroepen en de individuele leerlingen. Wat zijn belangrijke aandachtspunten voor de komende periode? Ook kan het voorkomen dat er groepsoverstijgende aandachtspunten zijn die op schoolniveau besproken en georganiseerd moeten worden: denk ondermeer aan doorgaande leerlijnen (Kwaliteitskaart 'Leerlingresultaten bespreken'; www.schoolaanzet.nl).

Evaluatie op (sub)groep(s)niveau

Bij het analyseren van toetsresultaten op (sub)groep(s)niveau kan de leerkracht naar verschillende aspecten kijken:

- Het percentage leerlingen dat voldoende en onvoldoende scoort. Wat zijn opvallende punten in de scores van de groep als geheel, zowel in positieve als negatieve zin?
- Het verschil in scores tussen dit toetsmoment en het voorgaande toetsmoment. Wat zijn opvallende veranderingen in de scores van de groep als geheel, zowel in positieve als negatieve zin? Welke verschuivingen hebben er plaatsgevonden?
- Het verschil in scores tussen verschillende toetsen. De verschillende typen toetsen geven verschillende informatie. Regelmatig is sprake van een discrepantie tussen methodegebonden en methodeonafhankelijke toetsen. Welke verschillen ziet de leerkracht en hoe kunnen die verklaard worden?

Naast deze algemene aandachtspunten, kunnen ook meer specifieke aandachtspunten geïdentificeerd worden voor methodegebonden en methodeonafhankelijke toetsen zoals de Cito-toets. Deze worden hierna toegelicht.

Methodegebonden toetsen
Op zowel groep- en subgroepniveau kan de leerkracht bij toetsresultaten op de methodetoetsen kijken naar het percentage goede antwoorden per opgave. Hierbij kunnen vragen gesteld worden als: Hoeveel leerlingen hebben de opgave goed gemaakt? Wat zegt dit over de manier waarop het (sub)domein waar deze opgave bij hoort aan bod is geweest? Kan de leerkracht dit verklaren? Is er aanleiding om in de volgende periode nog eens extra aandacht aan een bepaald onderwerp te besteden? Op basis hiervan bepaalt de leerkracht hoe zij daar in de komende lessencyclus mee aan de slag gaat.

Cito LOVS-toetsen
Bij de Cito-toetsen kunnen de resultaten op verschillende manieren geordend worden, en kan er gekeken worden naar (a) de gemiddelde vaardigheidsscore, (b) de verdeling van niveauscores (c) vaardigheidsgroei en (d) (sub)domeinen.

De gemiddelde vaardigheidsscore
De leerkracht kan kijken naar de gemiddelde vaardigheidsscore op een toets voor de hele klas. Hoeveel is die vooruit of achteruit gegaan ten opzichte van het vorige meetmoment?

Is dit voldoende vooruitgang? Kan de leerkracht deze verandering verklaren, bijvoorbeeld door de tijd en aandacht die in de afgelopen periode aan rekenen is besteed of veranderingen in de manier van lesgeven? Geven de verklaringen aanwijzingen voor sterke punten die behouden moeten worden of juist aanleiding om iets te veranderen om het onderwijs te verbeteren?

De verdeling van niveauscores

De leerkracht kan daarnaast ook kijken naar de verdeling in niveauscores A tot en met E of I tot en met V. Hoe ziet deze verdeling eruit? Hebben daar opvallende verschuivingen in plaatsgevonden in vergelijking met de vorige afname? Kan de leerkracht die verschuivingen verklaren, bijvoorbeeld doordat zij de laatste tijd extra veel tijd en aandacht heeft besteed aan de intensieve subgroep waardoor er minder leerlingen een IV of V-score behaald hebben? Geven de verklaringen aanwijzingen voor sterke punten die behouden moeten worden of juist aanleiding om iets te veranderen om het onderwijs te verbeteren?

Vaardigheidsgroei

De vaardigheidsgroei geeft aan hoeveel een leerling vooruit is gegaan tussen twee meetmomenten. De verwachte groei in vaardigheidspunten is per meetmoment verschillend, en kan voor een leerling die in niveau I scoort ook anders zijn dan voor een leerling die in niveau V scoort. Aan de hand van de gemiddelde vaardigheidsgroei van de hele groep en de verschillen in vaardigheidsgroei tussen de leerlingen kan de leerkracht zich de volgende vragen stellen: Wat valt op? Welke leerlingen zijn veel vooruit gegaan en welke weinig? Wat zegt dit over de manier waarop ik gedifferentieerd heb in de afgelopen periode? Geven de verklaringen aanwijzingen voor sterke punten die behouden moeten worden of juist aanleiding om iets te veranderen om het onderwijs te verbeteren?

Belangrijk aandachtspunt hierbij is dat leerlingen die een heel hoge score op de toets halen (1 of 2 fouten maken) bij een volgende afname achteruit kunnen zijn gegaan in vaardigheidsscore als ze een fout meer maken. Dit heeft te maken met het plafond-effect van de toets. Deze leerlingen zouden eigenlijk een toets van een hoger niveau moeten maken.

(Sub)domeinen

Zijn er bepaalde domeinen of subonderwerpen (bijvoorbeeld optellen of meetkunde) waarop de groep opvallend hoog of laag scoort in vergelijking met andere domeinen of subonderwerpen? In het geval van Cito-rekentoetsen kan hiervoor gebruik worden gemaakt van de categorieënanalyse (zie hoofdstuk 2). Welke verklaring kan de leerkracht hiervoor vinden? Is er aanleiding om extra aandacht aan een bepaald onderwerp te besteden?

Evaluatie op individueel niveau

Op individueel niveau kan de leerkracht bekijken of leerlingen scoren op een niveau dat past bij de subgroep waar zij bij zijn ingedeeld (zie het indelingsschema in Afbeelding 2.1). Als bepaalde leerlingen beter scoren dan verwacht, mag de leerkracht allereerst tevreden zijn met haar aanpak en de leerling. Vervolgens kan de leerkracht de 'succesfactoren' achter deze verbetering proberen op te sporen, om deze voort te kunnen zetten in de volgende periode. Ook wanneer bepaalde leerlingen slechter scoren dan op grond van hun subgroep verwacht werd, moet de leerkracht proberen te verklaren hoe dit zou kunnen komen en wat de leerling in de volgende periode nodig heeft om (weer) beter te gaan presteren. Tot slot moet overwogen worden of er leerlingen zijn die op basis van hun huidige prestaties (voorlopig) beter in een andere subgroep ingedeeld kunnen worden. Houd ook hier weer voor ogen dat de subgroepen flexibel zijn: een leerling kan tijdelijk een andere subgroep 'uitproberen' om te kijken hoe dit bevalt of bij een andere subgroep aanschuiven voor bepaalde onderwerpen.

Evaluatie in de intensieve subgroep

Naast de algemene principes van evaluatie zijn er voor de intensieve subgroep aanvullende overwegingen van belang. Bij evaluatie met behulp van formele toetsen is het belangrijk om van tevoren na te gaan hoe deze samenhangen met de doelen voor deze groep, zeker als er kinderen zijn die naar fundamentele (1F) doelen toewerken. Welke opgaven van de toets moeten de kinderen in deze groep in ieder geval voldoende maken om te laten zien dat zij de gestelde doelen beheersen? De leerkracht gaat bij de evaluatie van de toetsresultaten na of de leerlingen uit de intensieve subgroep deze onderdelen inderdaad voldoende hebben gemaakt. Zo nee, dan probeert de leerkracht te achterhalen waarom de leerlingen de doelen niet hebben weten te bereiken en wat de leerlingen nodig hebben om dit doel alsnog te bereiken.

In uitzonderlijke gevallen kan het voorkomen dat een zeer laagpresterende leerling met aangepaste verwerking in een verlengd traject toewerkt naar 1F, zoals uitgewerkt in Passende Perspectieven van het SLO (zie hoofdstuk 3). Het kan zijn dat deze doelen in de reguliere toets niet meer specifiek worden getoetst. Het kan dan nuttig zijn om (door de leerkracht zelf gemaakte) opgaven aan de toets toe te voegen die specifiek de doelen toetsen waar de leerling in het afgelopen blok naar toe heeft gewerkt.

Enkele aandachtspunten bij de tussentijdse evaluatie voor leerlingen uit de intensieve subgroep zijn:

- Zijn de leerlingen goed op weg richting de doelen die voor hen gesteld zijn?
- Is er sprake van veelvoorkomende misconcepties of fouten in de toepassing van oplossingsprocedures? Zo ja, hoe kan de leerkracht deze remediëren?
- Beschikken leerlingen over de voorkennis en onderliggende vaardigheden die nodig zijn om dit type opgaven op te lossen? Hierbij kan gedacht worden aan onderliggende hoofdlijnen (begripsvorming) of beheersing van voorgaande stappen in de leerlijn.
- Helpt de subgroepinstructie de leerlingen voldoende bij het begrijpen van de leerstof?
- Krijgen de leerlingen genoeg tijd om te oefenen met het toepassen van de leerstof?
- Wat hebben de leerlingen nog (extra) nodig om de doelen te bereiken? Denk hierbij weer aan de aanpassingen in instructie en verwerking (bijvoorbeeld instructie op een lager handelingsniveau, werken met concrete ondersteunende materialen) die in hoofdstuk 3 en 4 besproken zijn.

Evaluatie in de gevorderde subgroep

Zoals beschreven in hoofdstuk 3 worden voor deze subgroep drie verschillende soorten doelen gesteld: doelen met betrekking tot beheersing van de reguliere stof, rekeninhoudelijke verrijkingsdoelen en zelfregulatiedoelen (leren *leren*). Al deze doelen verdienen aandacht in de evaluatiefase. Doelen met betrekking tot de beheersing van de reguliere stof worden over het algemeen voldoende getoetst in de methodetoets en de Cito-rekentoets. Van leerlingen uit de gevorderde groep mag verwacht worden dat zij op alle onderdelen van de reguliere toets goed scoren. Bij de evaluatie van de resultaten gaat de leerkracht na of dit het geval is en zo nee, of de leerlingen relatief lager scoren op specifieke onderdelen of onderwerpen. Vervolgens probeert de leerkracht de resultaten te verklaren: hebben de leerlingen systematische fouten gemaakt? Is er wellicht sprake van onderpresteren? Kan er sprake zijn van slordigheidsfouten of tijdgebrek tijdens de toets? Kan het zijn dat de leerlingen in de les te weinig hebben geoefend met dit type opgaven doordat er wel erg veel oefenopgaven geschrapt waren in het compacte programma? Juist bij gevorderde leerlingen kan het ook waardevol zijn om de leerlingen zelf te betrekken bij de verklaring van toetsresultaten: als de leerlingen de goede antwoorden zien, snappen ze dan zelf wat ze fout hebben gedaan? Kunnen de leerlingen zelf verklaren waarom ze dit type opgaven minder goed hebben gemaakt of uitleggen wat ze hier lastig aan vinden? Dit kan aanwijzingen opleveren om de instructie of verwerking in het volgende blok nog beter aan te laten sluiten bij de onderwijsbehoefte van de leerlingen. Bij de tussentijdse evaluatie met betrekking tot beheersing van de reguliere stof is het aan te raden om een vinger aan de pols te houden wat betreft de gecompacte oefenstof. Zeker wanneer leerlingen net begonnen zijn met compacting is het belangrijk om te checken of de leerlingen goed weten wat ze moeten doen (welke opgaven ze moeten maken en welke ze mogen overslaan). Vervolgens evalueert de leerkracht of de leerlingen de gecompacte opgaven grotendeels goed maken en zoekt naar een verklaring als dit niet zo is. Als een leerling op een specifiek type opgaven uitvalt kan het zinvol zijn om de leerling daar een tijdje wat meer mee te laten oefenen of om de leerling bijvoorbeeld mee te laten doen met de klassikale instructie hierover. Als de resultaten gedurende meerdere weken over de hele linie slecht zijn, moet overwogen worden of er sprake kan zijn van onderpresteren uit verveling. Om hier zicht op te krijgen, controleert de leerkracht bijvoorbeeld of deze leerling de verrijkingsopgaven wél goed maakt. Ook kan de leerkracht in een diagnostisch gesprek nagaan of de leerling wel in staat is om deze opgaven op te lossen en of de leerling zelf een verklaring heeft voor de slecht gemaakte opgaven.

De evaluatie van rekeninhoudelijke verrijkingsdoelen is vaak wat minder vanzelfsprekend, maar het is wel belangrijk om te evalueren of deze doelen behaald worden. Hiermee geeft de leerkracht een duidelijk signaal dat verrijking niet vrijblijvend is. Hoe deze doelen getoetst kunnen worden hangt sterk af van de specifieke doelen die gesteld zijn, maar de leerkracht kan bijvoorbeeld overwegen om een extra opgave in de toets op te nemen die vergelijkbaar is met de verrijkingsopgaven die de leerlingen in de les hebben gemaakt. Als één van de doelen betrekking heeft op bewust strategiegebruik, kan de leerkracht de leerling bijvoorbeeld stap voor stap laten opschrijven hoe hij de opgave heeft opgelost en laten beargumenteren waarom dit een handige manier was. Voor een meer informele evaluatie van het behalen van rekeninhoudelijke verrijkingsdoelen is de subgroepinstructie aan gevorderde rekenaars een geschikt moment. De leerkracht kan de leerlingen rechtstreeks vragen hoe zij een bepaalde opgave oplossen en hun antwoorden laten beargumenteren, of luisteren hoe de leerlingen als zij samen aan een opgave werken onderling redeneren en discussiëren. Daarnaast is het, zeker als leerlingen net begonnen zijn met het maken van verrijkingsopgaven, belangrijk om samen met de leerlingen te checken of het duidelijk is wat ze moeten doen en of ze zelfstandig met de opgaven aan de slag kunnen (hebben ze bijvoorbeeld nog bepaalde materialen nodig?). Ook is het aan te raden om met de leerlingen te evalueren wat zij zelf vinden van het niveau van de verrijkingsopdrachten: te makkelijk, te moeilijk of precies goed?

De evaluatie van zelfregulatiedoelen zal over het algemeen vooral op een informele manier gebeuren, bijvoorbeeld met observaties van de leerling terwijl hij aan het werk is. Hierbij geldt: hoe specifieker het doel geformuleerd is (zie hoofdstuk 3), hoe makkelijker om te evalueren of het doel behaald is. Wanneer zelfregulatiedoelen niet behaald worden is het van belang om, liefst in overleg met de leerling, na te gaan waarom dit zo moeilijk is voor de leerling en wat de leerkracht nog kan doen om de leerling daarbij te helpen.

Evaluatie in de groepen 1 en 2

Ook in de kleutergroepen is het belangrijk om regelmatig en systematisch te evalueren of de gestelde doelen behaald worden. Hoe eerder duidelijk is dat bijvoorbeeld de ontwikkeling van getalbegrip wat achterblijft bij een bepaalde leerling, hoe eerder er ook wat aan gedaan kan worden en des te groter de kans dat de leerling in groep 3 toch goed beslagen ten ijs komt. De instrumenten die in hoofdstuk 2 besproken zijn als manieren om de onderwijsbehoefte van kleuters vast te stellen, kunnen ook gebruikt worden voor evaluatie.

Voor formele, periodieke evaluatie kunnen genormeerde en methodeonafhankelijke toetsen zoals Rekenen voor Kleuters (Koerhuis & Keuning, 2011) en de Utrechtse Getalbegrip Toets-Revised (van Luit & van de Rijt, 2009) worden gebruikt. Deze instrumenten zijn vooral geschikt om te evalueren hoe de voorbereidende rekenvaardigheden van de groep als geheel en van individuele leerlingen zich ontwikkelen in vergelijking met de norm, oftewel een 'normale' ontwikkeling. Op groepsniveau kan zo gecheckt worden of het voorbereidend rekenonderwijs voldoende effectief is. Vooral bij een lage gemiddelde score of veel lage niveauscores moet de leerkracht zich afvragen hoe dit komt: zitten er bijvoorbeeld veel leerlingen in de groep die van huis uit weinig rekenbagage meekrijgen en die dus nog wat in te halen hebben? Is er de laatste tijd misschien wat minder systematische aandacht aan het voorbereidend rekenonderwijs besteed? Of sloten de rekenactiviteiten nog niet optimaal aan bij de onderwijsbehoeften van de kinderen? Op basis van de verklaringen moet de leerkracht bedenken hoe het voorbereidend rekenonderwijs in de komende periode aangepast en verbeterd kan worden om de leerlingen zo goed mogelijk voor te bereiden op groep 3. Op individueel niveau kunnen leerlingen worden gesignaleerd bij wie de rekenontwikkeling achterblijft en bij wie een gerichte interventie wellicht nodig is.

In de groepen 1 en 2 zijn informele, tussentijdse vormen van evaluatie misschien wel nóg belangrijker dan in de groepen 3 tot en met 8 – al is het maar omdat formele toetsen in de kleutergroepen meestal minder frequent af worden genomen. Voor tussentijdse evaluatie kan gebruik gemaakt worden van analyse van leerlingwerk, diagnostische gesprekken, observaties en peilingsspelletjes zoals in hoofdstuk 2 besproken. De leerkracht kan deze instrumenten inzetten om vragen te beantwoorden als:

- Zijn de leerlingen goed op weg richting het gestelde doel (voor een bepaalde les of over een langere periode)?

- Sluit het onderwijs goed aan bij de onderwijsbehoeften van de leerlingen?
- Wat hebben de leerlingen nog nodig om de doelen te bereiken?

Ook de vragen die besproken zijn in de paragraaf 'informele, tussentijdse evaluatie' in dit hoofdstuk zijn relevant voor evaluatie in de groepen 1 en 2.

Voorwaarden voor evaluatie van differentiatie

De voorwaarden voor evaluatie overlappen sterk met de voorwaarden voor het vaststellen van onderwijsbehoeften zoals besproken in hoofdstuk 2: de leerkracht moet de resultaten van toetsen en andere (informele) evaluatie-instrumenten kunnen interpreteren. Met name wanneer het gaat om het achterhalen van het rekenproces van de leerling is het daarbij van belang dat leerkracht kennis heeft van de doorlopende leerlijnen in het rekenonderwijs (kunnen problemen worden verklaard doordat een eerdere stap in de leerlijn niet beheerst wordt?), kennis van oplossingsprocedures (welke procedure gebruikt een leerling en maakt hij daarin wellicht systematische fouten?). Ook rekendidactische kennis is nodig om te achterhalen wat de leerling nodig heeft om een stapje verder te komen, waarmee de cirkel naar het vaststellen van onderwijsbehoeften weer rond is.

Daarnaast is een onderzoekende houding belangrijk: is de docent in staat en bereid om haar eigen handelen en het effect daarvan op de leerlingen kritisch te bekijken? Hierbij helpt een ondersteunende schoolcultuur, waarbij ook leraren mogen leren en fouten mogen maken. Lesson study (zie hoofdstuk 7) kan helpen om lesgeven te gaan zien als een doorgaand proces van aanpassing en verbetering.

Organisatie

Systematische evaluatie is erg belangrijk en begint met een goede planning. Bij het toepassen van differentiatie denkt de leerkracht vooraf niet alleen na over de doelen die gesteld worden maar maakt zij ook al een plan voor het evalueren van deze doelen, voor de gehele groep, voor de verschillende subgroepen en eventueel ook voor (enkele) individuele leerlingen. De leerkracht bedenkt:

- Welke doelen zijn er gesteld? Zie ook hoofdstuk 3 en de paragrafen 'evaluatie in de intensieve subgroep' en 'evaluatie in de gevorderde subgroep' in dit hoofdstuk.
- Hoe kan geëvalueerd worden of de leerlingen deze doelen behaald hebben? Bijvoorbeeld met behulp van:
  - het afnemen van een toets;

- analyse van gemaakt leerlingwerk;
- formele of informele observaties van leerlingen, terwijl ze aan het werk zijn;
- diagnostische gesprekken (eventueel in groepsverband tijdens de subgroepinstructie).
- Formuleer criteria: wanneer is leerlingwerk 'goed genoeg'?
- Plan zowel periodieke als tussentijdse evaluatiemomenten. Periodiek in ieder geval aan het einde van ieder blok, na afloop van (incidentele) interventies, en tijdens of na het uitproberen van een nieuwe aanpak. Daarnaast kan de leerkracht al vooraf nadenken over hoe zij de informatie die zij dagelijks toch al binnenkrijgt, bijvoorbeeld tijdens het geven van subgroepinstructie en bij het nakijken van rekenwerk, zo goed mogelijk kan inzetten om de instructie nog beter aan te laten sluiten bij de behoeften van de kinderen.

Leerkrachten kunnen evaluatie individueel organiseren, maar ook schoolbreed kan er aandacht zijn voor evaluatie van gekozen aanpakken. Schoolbreed evalueren kan helpen bij het identificeren van hiaten in kennis en vaardigheden in een schoolteam. Hierbij kunnen collegiale consultatie en de Lesson study methode (zie hoofdstuk 7) ingezet worden om deze hiaten op te vullen. Hiervoor is echter een belangrijke voorwaarde dat óók leerkrachten zich veilig voelen om te mogen leren en fouten te mogen maken. De uitkomsten van de evaluaties en reflecties kunnen ook gebruikt worden om onderwerpen voor studiedagen te kiezen.

Evaluatie [stap 5]

Hoofdstuk 7

Implementatie en praktijkervaringen

Een bekend oosters gezegde luidt: "Vertel het mij en ik zal het vergeten, laat het mij zien en ik zal het mij herinneren, betrek mij er in en ik zal het begrijpen". In het 'betrekken' ligt het kernidee voor de opzet, uitvoering en implementatie bij het onderzoek 'Ieder kind heeft recht op gedifferentieerd rekenonderwijs' (GROW): betrek de beroepspraktijk bij de veranderingen op de werkvloer. Bij veranderingen waarin betrokkenen zelf hebben kunnen bijdragen, zullen betrokkenen zich eerder gecommitteerd voelen en kan participatie de kwaliteit van de verandering vergroten (Nathans, 2004).

Het doel van hoofdstuk 7 is het professionaliseringstraject te beschrijven, vanuit een theoretisch kader gekoppeld aan concrete praktijkvoorbeelden. Na een korte schets van het project GROW bespreken we algemene aspecten van implementatie. Welke fasen van implementatie kunnen wij onderscheiden? En welke voorwaarden zijn er voor succesvolle implementatie? Daarna bespreken wij hoe elke fase van implementatie is uitgewerkt in het project en hoe hierbij aandacht is geweest voor de voorwaarden voor een succesvolle implementatie. Bij elke fase worden praktijkervaringen beschreven.

Inleiding

Op veel scholen wordt er al gedifferentieerd gewerkt in het rekenonderwijs. Dit gebeurt op veel verschillende manieren. Het omgaan met verschillen tussen leerlingen en het sterker aansluiten bij de ontwikkeling van individuele verschillen vraagt nadrukkelijk aandacht (Inspectie van het Onderwijs, 2014). Juist vanwege de invoering van passend onderwijs benadrukt de inspectie opnieuw dat het belangrijk is dat leerkrachten kennis en vaardigheden met betrekking tot differentiëren verbeteren en dat zij hierin voldoende gefaciliteerd moeten worden. Leerkrachten ervaren elke dag in hun rekenlessen dat leerlingen op verschillende manieren en in een verschillend tempo leren. Door verschillen in niveau en tempo ontstaan er bij de leerlingen verschillen in onderwijsbehoeften. De vraag van elke leerkracht is steeds weer: Hoe kan ik mijn rekeninstructie afstemmen op de verschillende onderwijsbehoeften van leerlingen? Het project GROW start bij deze handelingsverlegenheid van leerkrachten en wil leerkrachten sterker maken in hun differentiatievaardigheden. Om differentiatie in het rekenonderwijs op meer systematische wijze vorm te geven en de effecten hiervan te kunnen onderzoeken, is meer kennis nodig en dat is ook het doel van GROW. Binnen het project zijn wetenschappelijke inzichten samen met kennis van onderwijsexperts en 'best practice' leerkrachten gecombineerd in een nascholingstraject dat gericht is op het vergroten van het vermogen van leerkrachten in het primair onderwijs om te differentiëren. De effecten van het nascholingstraject werden onderzocht in een grootschalige studie met 31 basisscholen verdeeld over drie cohorten. De scholen kregen het traject gefaseerd (per cohort) over drie schooljaren aangeboden (meer informatie over de fasering en wetenschappelijke verantwoording van het project is te vinden in hoofdstuk 8). In het huidige hoofdstuk wordt besproken hoe het nascholingstraject geïmplementeerd werd binnen project GROW en welke praktijkervaringen dit heeft opgeleverd. Praktijkervaringen binnen GROW zijn te vinden in de blauwe boxen.

Het implementatieproces

Om de resultaten van een nascholingstraject succesvol en duurzaam te laten zijn, is tijd en aandacht voor implementatie van belang. Drie factoren zijn hierbij van belang, namelijk (1) een procesmatig en planmatige aanpak, (2) het creëren van stimulerende voorwaarden en (3) inhoudelijke en procesmatige expertise.

Procesmatige en planmatige invoering van een interventie zorgt ervoor dat de beoogde uitkomsten worden behaald en de interventie duurzaam wordt ingevoerd (Stals, 2012, p. 33). Over duurzaamheid spreken we als een traject ook op langere termijn tot gewenste resultaten blijft leiden. Daartoe is het van groot belang om de resultaten te blijven monitoren en waar nodig de aanpak te onderhouden, aan te scherpen of bij te stellen. De fasen die in een implementatieproces kunnen worden onderscheiden zijn de initiatiefase, de invoeringsfase en de institutionalisatiefase (zie Afbeelding 7.1).

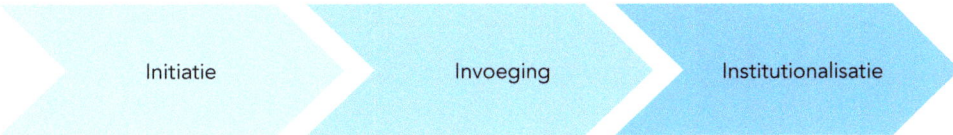

Afbeelding 7.1   Fasen van het implementatieproces (Stals, 2012).

In alle drie de fasen is het van belang dat er stimulerende voorwaarden gecreëerd worden, zodat het veranderproces soepel kan verlopen. Reezigt en Creemers (2005) stellen een alomvattend raamwerk voor dat inzicht geeft in de stimulerende, succesvolle voorwaarden die een rol spelen bij de implementatie van een vernieuwing. In het raamwerk worden drie sleutelelementen aangewezen die van belang zijn voor scholen die het eigen onderwijs willen verbeteren: (a) cultuur, (b) processen, en (c) resultaten. Deze drie elementen zijn onderling met elkaar verbonden en beïnvloeden elkaar. In elk sleutelelement spelen verschillende factoren een rol bij het verbeteren van het onderwijs op de eigen school (zie Tabel 7.1).

Tabel 7.1   Uitwerking van de drie elementen van het alomvattende raamwerk van Reezigt & Creemers (2005)

Cultuur	Proces	Resultaat
<ul><li>Urgentiebesef</li><li>Gevoel van autonomie</li><li>Gedeelde visie</li><li>Bereidheid om een lerende organisatie te worden en reflectieve professionals</li><li>Training en collegiale samenwerking</li><li>Inzicht in schoolontwikkeling tot nu toe</li><li>Eigenaarschap, commitment en motivatie</li><li>Leiderschap</li><li>Stabiel management</li><li>Tijd</li></ul>	<ul><li>Assessment van ontwikkelbehoeften</li><li>Samenvatting van ontwikkelbehoeften</li><li>Uitgewerkte, gedetailleerde ontwikkelingsdoelen</li><li>Plannen van activiteiten</li><li>Implementatie</li><li>Evaluatie</li><li>Reflectie</li></ul>	<ul><li>Veranderingen in de kwaliteit van de school</li><li>Verandering in de kwaliteit van de leraren</li><li>Verbetering van de leerlingresultaten (kennis, vaardigheden en attitude)</li></ul>

Complexe veranderprocessen kunnen bovendien niet zonder inhoudelijke en procesmatige expertise (Nelissen, 2006). Wat moeten we verbeteren en veranderen en hoe? En hoe krijgen wij dat voor elkaar? Meestal is er onvoldoende expertise binnen scholen aanwezig voor dergelijke complexe trajecten, en zal een externe trainer of adviseur worden ingeschakeld. Een externe trainer moet inhoudelijke kennis hebben over het betreffende vakgebied (in dit geval: rekenen) en als trainer/opleider kennis hebben van de leerprocessen bij de doelgroep (Nathans, 2004). De trainer moet in staat zijn:

a. aan te sluiten bij de verschillen tussen de deelnemers in kennis, ervaring, achtergrond, leerstijl, motivatie, behoeften, interesses en doelen. Hij moet dus als inhoudsdeskundige ook zelf in staat zijn om te differentiëren op basis van het niveau van de deelnemers en flexibel met de inhoud om kunnen gaan;
b. weerstanden te signaleren en hierop te anticiperen;
c. te interveniëren in groepsprocessen en een veilig groepsklimaat kunnen creëren;
d. deelnemers te ondersteunen bij de vertaling van het geleerde naar de praktijk.

Tenslotte is de externe trainer sparringpartner, hij moet in staat zijn om samen met de schoolleider optimale transfercondities te creëren, waarin hij samen met de schoolleider verkent hoe het geleerde specifiek op de eigen school kan worden ingezet.

Implementatie in project GROW

In de volgende paragrafen zullen de drie fasen van implementatie verder toegelicht worden. Bij elke fase wordt, na een algemene toelichting, beschreven hoe getracht is om optimale voorwaarden te scheppen voor succesvolle implementatie van het nascholingstraject GROW. Per fase zijn praktijkervaringen opgenomen van leerkrachten, schoolleiders en trainers in project GROW.

Omdat het nascholingstraject verbonden was aan wetenschappelijk onderzoek, was de implementatie aan bepaalde kaders gebonden waarbinnen gewerkt kon worden aan het scheppen van deze voorwaarden. De volgende aspecten van het traject werden binnen de loopduur (2012 tot en met 2015) van project GROW voor alle deelnemende scholen gelijk gehouden:

- het nascholingstraject wordt schoolbreed gevolgd, door alle groepsleerkrachten van groep 1 tot en met 8;

- binnen de school worden projectcoaches opgeleid om het traject in goede banen te leiden en borging te bevorderen;
- externe trainers zijn verantwoordelijk voor de training en scholing van de projectcoaches en enkele teambijeenkomsten. De externe trainers zijn leden van het consortium van GROW;
- het nascholingstraject bestaat uit zes teambijeenkomsten onder leiding van de externe trainer (totaal 20 uur), vier teambijeenkomsten onder leiding van de interne projectcoach(es) (totaal 12 uur), vijf projectcoachbijeenkomsten (totaal 16 uur) en twee intervisiebijeenkomsten (totaal 4 uur) (zie hoofdstuk 8 voor een gedetailleerd overzicht van de bijeenkomsten);
- de externe trainer houdt zich aan de samengestelde 'toolkit' met trainingsmaterialen, en heeft hierbinnen de vrijheid om af te stemmen op de behoeften van het door hem of haar getrainde schoolteam.

Door deze aspecten gelijk te houden worden de intensiteit en getrouwheid van de training gewaarborgd. Een hoog intensieve training is van belang om verandering in gang te kunnen zetten. Alleen dan kunnen effecten in wetenschappelijk onderzoek zichtbaar worden. Getrouwheid heeft te maken met gelijkheid tussen scholen in de intensiteit en de inhoud van de training. Alleen als deze aspecten niet verschillen tussen scholen, kan de onderzoeker er zeker van zijn dat gevonden effecten toe te schrijven zijn aan het traject.

De initiatie-fase

In deze fase wordt nagegaan of een traject gedragen en met een helder doel kan worden gestart. Het creëren van stimulerende cultuur en proces-factoren (Reezigt & Creemers, 2005) is in deze fase van groot belang. De haalbaarheid van het traject moet worden vastgesteld, waarbij het zinvol is om te analyseren wat de belemmerende en bevorderende factoren zijn. Doelen, inhoud en opzet moeten samenhangen met de opvattingen, kennis en doelen van leerkrachten zelf (van Veen, Zwart & Meirink, 2010). In deze fase worden de doelstellingen bepaald, wordt gewerkt aan draagvlak in het team, moet duidelijk worden wat een ieders taken, rollen en verantwoordelijkheden zijn binnen het traject, op welke wijze het traject gefaciliteerd wordt en wordt een planning gemaakt. Het is belangrijk dat vooraf wordt vastgesteld wat nodig is om doelen te kunnen bereiken en wie welke activiteiten gaat uitvoeren. Een schoolleider, die teamleden motiveert, energie geeft en verbindt (Fullan, 2002), kan in deze fase een bepalende rol spelen.

Toepassing in project GROW

In de initiatiefase van het nascholingstraject in project GROW werd gewerkt aan drie doelen, gericht op het creëren van stimulerende cultuur- en procesfactoren:

1. het afstemmen van verwachtingen;
2. het inventariseren van de beginsituatie;
3. het vastleggen van doelen op schoolniveau.

Dit gebeurde aan de hand van schriftelijke informatie vooraf aan de schoolleider, een intakegesprek en een start-opdracht voor de projectcoaches.

Het afstemmen van verwachtingen

Het afstemmen van verwachtingen is een belangrijke voorwaarde om te kunnen starten. Er kunnen bijvoorbeeld zeer verschillende beelden zijn van wat het traject inhoudt, wat er van de school gevraagd wordt en wat het de school kan opleveren. Ook moet helder zijn welke rol verschillende betrokkenen spelen in het traject, en wat de verwachtingen wat betreft hun activiteiten en verantwoordelijkheden zijn. Deze verwachtingen worden voorafgaand aan de start van het traject schriftelijk gecommuniceerd en besproken tijdens het intakegesprek.

De schriftelijke informatie bevat onder andere verwachtingen ten aanzien van de rol van de schoolleider. De volgende factoren van leiderschap worden daarbij onder de aandacht gebracht:

- Leiderschap en participatie: door inhoudelijk betrokken te zijn bij nascholing en de nascholing te plaatsen binnen de onderwijsvisie van de school, zorgt de schoolleider voor inbedding van het geleerde in het beleid en de vertaling naar de praktijk. De schoolleider is derhalve betrokken bij het formuleren van doelstellingen. Daarnaast heeft de schoolleiding aandacht voor mogelijke machtsverhoudingen en weerstanden.
- Heldere communicatie: evident is dat zorgvuldige en heldere communicatie het implementatieproces positief kan beïnvloeden. De teamleden hebben alle relevante informatie nodig: wat, waarom, wat staat er op stapel in onze school, welke ruimte is er voor experimenteren, wat zijn de grenzen (Homan, 2005). Gedurende het traject is het van belang om steeds helder te blijven communiceren over de voortgang van het nascholingstraject. Daarmee kan eerder zicht worden gekregen op eventueel belemmerende factoren, op haalbaarheid van doelstellingen en waar nodig aanpassingen worden gerealiseerd.
- Organisatiebreed leren: dit aspect wordt aangekaart om de voorwaarde 'collegiale samenwerking' te creëren. Het basisidee is dat teamleden ge-

loven dat het samenwerken binnen het nascholingstraject meer opbrengt dan individuele activiteiten. Brede participatie leidt ertoe dat vanuit het uitwisselen van ideeën en oplossingen-gericht op beter gedifferentieerd rekenonderwijs-gedragen kennis, inzichten en vaardigheden worden ontwikkeld en dat teamleden een grotere inzet tonen.

Daarnaast wordt de schoolleider in de schriftelijke informatie gevraagd binnen het schoolteam te inventariseren welke teamleden de rol van projectcoach op zich zouden kunnen en willen nemen. De projectcoaches vormen – naast de schoolleider – de spil binnen het implementatieproces. Een verandering van leerkrachtgedrag vraagt om samenwerking in de schoolorganisatie: door samen als team hiermee aan de slag te gaan en elkaar hierbij te ondersteunen, en enkele teamleden daarin een coachende rol te geven wordt het team ook als geheel versterkt in deze manier van werken en zal de nieuwe aanpak beter geborgd worden in de organisatie. In elke school worden twee (of meer) leerkrachten opgeleid tot projectcoaches. In de meeste scholen zijn dit de intern begeleider, rekencoördinator of bouwcoördinator. Vanuit hun specialisme zijn zij meestal bereid het voortouw te nemen in het eigen team en de opleiding tot projectcoach te volgen. Ook leerkrachten die nog geen specialisme hebben, maar wel de ambitie hebben om hun eigen team te begeleiden, worden tot projectcoach opgeleid.

Verwachtingen worden vervolgens ook besproken in het intakegesprek. Voor de externe trainer en de school start de samenwerking in het traject met dit intakegesprek. Bij de intake zijn de schoolleiding en de projectcoaches aanwezig en zo mogelijk nog andere specialisten in school (bijvoorbeeld de bouwcoördinatoren) om de voorwaarden 'eigenaarschap, commitment en motivatie' te creëren. Er wordt ingegaan op de rol van de projectcoach, management en teamleden in het project en de hoeveelheid tijd die de projectcoach nodig heeft voor het project en wat de school daarbij mogelijkerwijs in kan

Afstemmen van verwachtingen (school A)

Op één van de deelnemende scholen heeft de schoolleider haar school met veel enthousiasme aangemeld voor het onderzoeksproject. Echter, ze heeft niet vooraf de hulpvragen en het draagvlak van het eigen team geïnventariseerd. Waar liepen de leerkrachten in de klas eigenlijk tegenaan en wat was voor hen de meerwaarde van deelname aan het project? Het intakegesprek krijgt bij deze school een 'deel 2'. Bij dit tweede gesprek zijn leerkrachten uit onder-, midden- en bovenbouw uitgenodigd. Er wordt meer uitleg gegeven over wat het project GROW inhoudt en beoogt. De betrokken leerkrachten geven aan wat er goed gaat in het differentiëren in de rekenles en wat zij nog lastig vinden. Er wordt besproken wat het project kan bijdragen aan de eigen lespraktijk in relatie tot de kwaliteit van het rekenonderwijs op schoolniveau, en wat binnen deze school daarom belangrijke aandachtspunten zijn. Hiermee kan tijdens de begeleiding en nascholing rekening gehouden worden.

> *Afstemmen van verwachtingen (school B)*
>
> Een deelnemende school wordt bij de start van het nieuwe schooljaar vrij plotseling geconfronteerd met het vertrek van de schoolleider. De intake is eerder gedaan met de vertrekkende schoolleider. De interim schoolleider zal in september starten en bij de introductiebijeenkomsten aanwezig zijn. Hij laat merken geen affiniteit met dit project te hebben en er ook geen prioriteit aan te willen geven. Het gevolg is dat de schoolleider zijn team niet enthousiasmeert en geen draagvlak creëert. Een teamtraining, waarbij de schoolleider steeds in- en uitloopt om eigen taken te gaan uitvoeren, heeft een negatief effect op de betrokkenheid van het team. Dit terwijl bij de intake afspraken gemaakt zijn over aanwezigheid en participatie van de schoolleider. Deze en andere afspraken zijn tijdens het intakegesprek schriftelijk vastgelegd. Door de sterke rol van de locatieleider is de interim schoolleider aangesproken op de afspraken en verwachtingen die er al lagen. De interim schoolleider heeft de locatieleider vervolgens heldere taken en gedelegeerde verantwoordelijkheid gegeven en dit ook benoemd. Door herdefiniëring van rollen, taken, verantwoordelijkheden en bevoegdheden is het project daarna goed verlopen op deze school.

faciliteren. Daarnaast wordt het werken met klassenconsultaties en video-opnamen besproken. Er worden afspraken gemaakt over de rollen, activiteiten en verantwoordelijkheden van de verschillende betrokkenen. De gemaakte afspraken en het verslag daarvan fungeren als een samenwerkingsdocument tussen trainer en school.

Het inventariseren van de beginsituatie

Al tijdens het intakegesprek wordt een start gemaakt met het inventariseren van de beginsituatie van een school in het project GROW. Daarna volgt een startopdracht voor de projectcoaches gericht op verdere inventarisatie.

Tijdens het intakegesprek zijn de rekendata het vertrekpunt van het gesprek. Daarnaast wordt geïnventariseerd in hoeverre de school vertrouwd is met 'opbrengstgericht werken' en 'handelingsgericht werken'. Van opbrengstgericht werken is sprake als een team regelmatig de opbrengsten van het rekenonderwijs analyseert en op basis daarvan actie onderneemt om het eigen onderwijs bij te stellen. Handelingsgericht werken ligt vaak in het verlengde van opbrengstgericht werken. Uit de opbrengsten van het rekenonderwijs kan blijken dat het onderwijsaanbod voor rekenen niet voldoende past bij wat leerlingen nodig hebben om verder te komen in het rekenen. Groepsplannen en kindgesprekken zijn in het handelingsgericht werken een middel om meer optimale afstemming te realiseren tussen rekenaanbod en rekenvraag (Pameijer & van Beukering, 2009; Pameijer et al., 2009).

Bij het inventariseren van de beginsituatie tijdens de intake komen ook de volgende vragen aan bod:

- Wat is de visie van de school op instructie, begeleiding en zelfstandigheid van leerlingen? Hoe wordt deze visie vertaald naar het dagelijkse rekenonderwijs?

- Zijn er veel combinatiegroepen in de school? Werken met combinatiegroepen vraagt een strakke organisatie en een goede planning.
- Heeft de school net een nieuwe rekenmethode aangeschaft of is men goed ingewerkt in de methode? In een school die pas een nieuwe methode in gebruik heeft genomen leven veel vragen over de toepassing van de methode, zeker als de implementatie zonder externe begeleiding is gedaan. Een valkuil voor de externe trainer is dan dat hij door het team wordt gezien als 'de methode-expert met antwoord op alle praktische vragen'.

In de intake moet een evenwicht ontstaan in onderzoeks-, nascholings- en begeleidingsdoelen. Wanneer er bijvoorbeeld veel methodevragen spelen in school, wordt in overleg met de projectcoaches gezocht naar een balans in de teamtrainingen.

Inventariseren van de beginsituatie

In het intakegesprek met één van de deelnemende scholen komt naar voren dat er in de kleutergroepen gewerkt wordt met vaste oefeningen voor classificeren, seriëren en conserveren. Deze voorbereidende rekenvaardigheden worden strak getraind en staan los van betekenisvolle thema's. De kleuters zijn meer gericht op 'goed' of 'fout' dan op het proces van zelf handelen en onderzoeken. Hieruit blijk dat een ontwikkelingsgerichte manier van denken voor deze school een belangrijk doel is.

Na de intake hebben de projectcoaches de taak om met een start-opdracht de beginsituatie van de kwaliteit van het rekenonderwijs in eigen school goed in kaart te brengen. Zij doen dit door (1) een analyse van de toetsresultaten, (2) het maken van een eigen inschatting van de startsituatie van het team, en (3) leerkrachten te vragen een vragenlijst voor zelfevaluatie in te vullen. De informatie die op deze drie manieren verzameld wordt, wordt later door de projectcoaches vertaald naar schoolspecifieke doelen.

Voor de analyse van de toetsresultaten verzamelen de projectcoaches per groep de laatste resultaten op de Cito-toetsen en de methodetoetsen van het afgelopen half jaar. In de eerste projectcoachtraining krijgen zij scholing in het analyseren van de toetsresultaten en het onderzoeken van eventuele trends.

Voor de eigen inschatting van de startsituatie van het team maken de projectcoaches kennis met het protocol Ernstige RekenWiskundeproblemen en Dyscalculie (ERWD) voor primair onderwijs (van Groenestijn et al., 2011). Het protocol beschrijft hoe het rekenonderwijs te versterken is door ontwikkeling van leerkrachtvaardigheden van spoor 1, via spoor 2, naar spoor 3 (zie Afbeelding 7.2).

Hoofdstuk 7

Sporen van lesgeven	Kenmerken van lesgeven	Leerkracht en ondersteuning
Spoor 1: homogene groep 	De leerkracht volgt de methode op de voet. Zij werkt met een groepsplan. De leerkracht geeft aan alle leerlingen les op hetzelfde gemiddelde niveau in het tempo van de methode. De leerkracht kan omgaan met geringe verschillen in de groep.	De leerkracht ontvangt veel ondersteuning van een interne rekenexpert bij het begeleiden van leerlingen die een geringe óf ernstige óf ernstige en hardnekkige rekenwiskundige problemen ervaren. Structurele collegiale coaching helpt de leerkracht op weg naar spoor 2.
Spoor 2: differentiatie in subgroepen 	De leerkracht werkt met een groepsplan en met subgroepen. De leerkracht geeft les aan de leerlingen in groen op gemiddeld niveau in het tempo van de methode. De leerkracht geeft de rekenzwakke leerlingen in geel en de goede rekenaars in blauw specifieke begeleiding op deelgebieden in subgroepen.	De leerkracht ontvangt ondersteuning van een rekenexpert binnen de school bij het begeleiden van individuele leerlingen die óf ernstige óf ernstige en hardnekkige rekenwiskundige problemen ervaren. Collega's delen gevraagd en ongevraagd hun expertise en ervaringen.
Spoor 3: individuele benadering 	De leerkracht werkt met een groepsplan, met subgroepen en met handelingsplannen voor individuele leerlingen. De leerkracht geeft les aan de leerlingen in groen op gemiddeld niveau in het tempo van de methode. De leerkracht geeft de rekenzwakke leerlingen in geel en de goede rekenaars in blauw specifieke begeleiding op deelgebieden in subgroepen. De leerlingen in oranje en rood ervaren óf ernstige óf ernstige en hardnekkige rekenwiskunde problemen. De leerlingen in rood hebben een ERWD-indicatie of dyscalculieverklaring. De leerkracht geeft de leerlingen in oranje en rood specifiek op hen afgestemde begeleiding op basis van individuele handelingsplannen.	De leerkracht ontvangt ondersteuning op maat van een rekenexpert binnen de school en/of eventueel van externe deskundigen bij het begeleiden van individuele leerlingen die óf ernstige óf ernstige en hardnekkige rekenwiskundige problemen ervaren. Collega's delen gevraagd en ongevraagd hun expertise en ervaringen.

Afbeelding 7.2   Lesgeven op 3 sporen (Bron: van Groenestijn et al., 2011).

Projectcoaches maken een inschatting van de indeling van individuele leerkrachten in deze drie sporen. Deze inschatting wordt bewust niet gedeeld met de collega's in school, maar blijft vertrouwelijk en is alleen bedoeld voor gebruik door projectcoaches. De inschatting dient als startpunt voor de opleiding tot projectcoach. Door de inschatting te bespreken en te analyseren met andere projectcoaches en met de projectcoachtrainer krijgen de projectcoaches zicht op een aanpak om hun rekenonderwijs op een hoger plan te brengen in eigen school. In Afbeelding 7.3 zijn geanonimiseerde voorbeelden van twee scholen weergegeven.

Voorbeeld School A

Leerkracht	Groep / leerjaar	Spoor (1, 2, 3)	Opmerkingen
Asha	1/2	2	
Betty	1/2	2	
Carin	3	2	
Dolf	3/4	2	
Edo	4	2	Eén leerling is recent onderzocht door SBD, heeft een individueel handelingsplan
Fieke	5	2	Idem
Henk	6	2	Idem
Ietje	6	2	
Jos	7	2	Eén leerling met een rugzakje
Karim	8	2	
Leendert	8	2	

Voorbeeld School B

Leerkracht	Groep / leerjaar	Spoor (1, 2, 3)	Opmerkingen
Ank	2	1	Vanuit een schoolbrede aanpak en cursussen is er een lijn bepaald voor leerlingen in drie niveaugroepen. Verschillen in sporen komen door de mate waarin een leerkracht de afgesproken aanpak al kan toepassen in de groep.
Bas	1	1/2	
Corrie	2	2/3	
Dirk	3	3	
Evert	4/5	3	
Francien	5/6	2	
Gerrit	5/6 en 7	3	
Hans	7	2	
Ineke	8	2/3	
Joran	8	2/3	

Afbeelding 7.3   Voorbeelden van indelingen van leerkrachten (gefingeerde namen) in spoor 1, 2 en 3.

Hoofdstuk 7

Tot slot wordt met behulp van de Differentiatie Zelf-evaluatie Vragenlijst (Prast, van de Weijer-Bergsma, Kroesbergen, & van Luit, 2015) geïnventariseerd hoe leerkrachten in de groepen 1 tot en met 8 denken over differentiatie en wat ze daarvan in praktijk brengen. De vragenlijst als geheel is te vinden in bijlage I. Voor elke vraag wordt met behulp van een frequentieverdeling visueel (en anoniem) inzichtelijk gemaakt hoeveel leerkrachten in de school een bepaald antwoord hebben gekozen (zie hieronder een voorbeeld). Deze frequentieverdelingen worden in de training van de projectcoaches door de externe trainers gebruikt als eye-openers in het leerproces van de projectcoaches. Het zien en bespreken van de discrepanties tussen *weten* en *doen* versterkt bij de projectcoaches de urgentie tot schoolverandering- en verbetering.

Voorbeeld zelf-evaluatie door leerkrachten

Leerkrachten uit groep 3 tot en met 8 van basisschool De Hoeksteen (gefingeerde naam) vullen de vragenlijst in. Zij beoordelen daarbij verschillende stellingen over differentiatie op een 5-puntsschaal, lopend van 1 (helemaal niet van toepassing op mij) tot 5 (helemaal van toepassing op mij). In hun antwoorden is onder andere te zien dat leerkrachten aangeven dat ze veel *kennis* hebben van wat differentiatie inhoudt. Ze geven aan goed te weten wat onderwijsbehoeften zijn en waaraan ze af te lezen zijn. Ze geven aan de doelen en leerlijnen voor rekenen in hun leerjaar goed te kennen. Ze herkennen de gangbare oplossingsstrategieën bij de leerlingen. Zo gezien lijkt er niets aan de hand. Echter, in onderstaande frequentieverdelingen is terug te zien dat kennis en toepassing ervan niet altijd hand in hand gaan. De helft van de leerkrachten geeft aan dat ze weten hoe ze een klassikale instructie breed kunnen opzetten, zodat kinderen van uiteenlopende rekenniveaus ervan profiteren. De vraag 'Ik stel bewust vragen van verschillende moeilijkheidsgraad tijdens de klassikale instructie' wordt echter als veel minder van toepassing beoordeeld.

Ik weet hoe ik een klassikale instructie breed kan opzetten zodat leerlingen van uiteenlopende rekenniveaus ervan profiteren

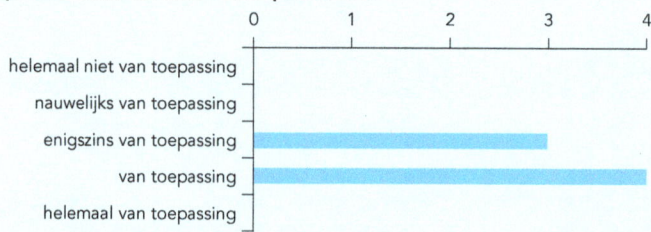

Ik stel bewust vragen van verschillende moeilijkheidsgraad tijdens de klassikale instructie

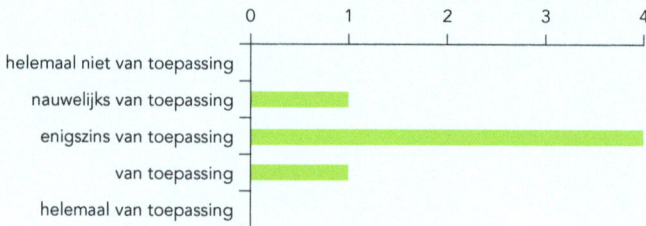

Ook geeft het merendeel van de leerkrachten aan dat ze de differentiatiemogelijkheden van hun methode kennen (zie onderstaande frequentieverdelingen). Daarentegen rapporteren minder leerkrachten dat ze die kennis daadwerkelijk toepassen in het afstemmen van hun onderwijs op leerlingen met zwakkere en sterkere rekenvaardigheden.

Ik ken de mogelijkheden die de methode biedt voor differentiatie

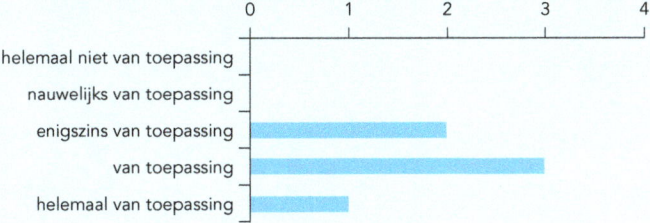

Ik benut de mogelijkheden die de methode biedt voor differentiatie voor leerlingen met sterke rekenvaardigheden

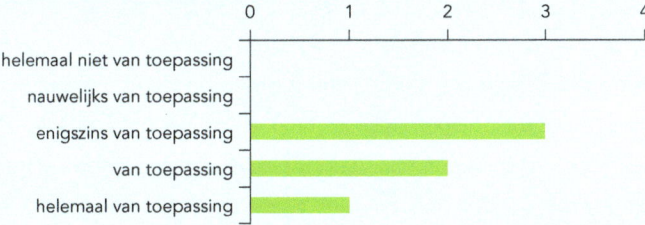

Ik benut de mogelijkheden die de methode biedt voor differentiatie voor leerlingen met zwakke rekenvaardigheden

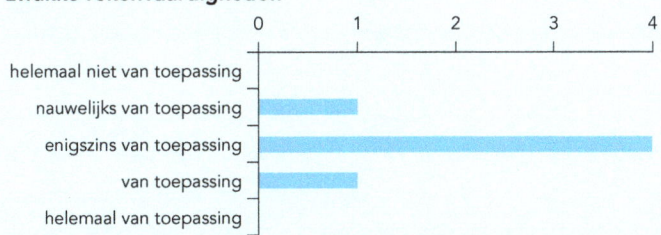

Het diagnostisch rekengesprek is een krachtig middel om het onderwijsaanbod af te stemmen op de onderwijsbehoeften van leerlingen (Pameijer & van Beukering, 2009; van Groenestijn et al., 2011). In de onderstaande frequentieverdelingen is te zien dat diagnostische gesprekken nauwelijks worden ingezet door de leerkrachten van 'De Hoeksteen' om de specifieke onderwijsbehoeften te achterhalen. Ook het evalueren van het onderwijsaanbod door het voeren van diagnostische gesprekken is niet gebruikelijk.

Ik voer indien nodig diagnostische gesprekken om de onderwijsbehoefte van specifieke leerlingen te analyseren

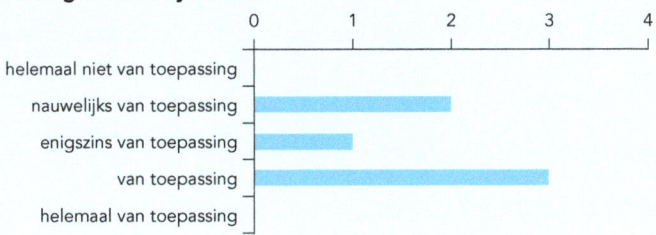

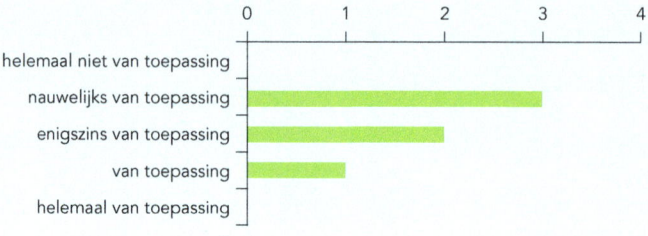

Ik voer diagnostische gesprekken om te evalueren of specifieke leerlingen de lesdoelen bereikt hebben

Het vastleggen van doelen op schoolniveau

Het vastleggen van doelen op schoolniveau en die schoolbreed en transparant communiceren is de derde doelstelling van de initiatiefase, om zo de voorwaarden te creëren voor het veranderproces (Reezigt & Creemers, 2005). Hier wordt al in de intake aandacht aan besteed, maar ook de resultaten uit de start-opdracht van de projectcoaches worden hiervoor ingezet. Om differentiatie in het rekenonderwijs binnen de deelnemende scholen te versterken, worden vanuit het project GROW concrete *leerdoelen* geformuleerd. Deze leerdoelen zijn terug te vinden in Bijlage II van dit boek. Per bouwsteen van de differentiatiecyclus is aangegeven wat alle leerkrachten aan het einde van het project zouden moeten kunnen (basisdoelen). Sommige leerkrachten zullen hard moeten werken om deze doelen te behalen, terwijl andere leerkrachten het grootste deel van deze doelen al beheersen. Voor leerkrachten die de basis van het differentiëren al aardig in de vingers hebben zijn er ook doelen op gevorderd/expertniveau geformuleerd. Deze doelen betreffen de fijne kneepjes van het differentiëren, die leerkrachten in staat stellen om zeer goed af te stemmen op de verschillen tussen kinderen. Binnen het kader van het project hebben scholen de mogelijkheid om hun eigen accenten te leggen in de formulering van de doelen. Op deze manier wordt aangesloten bij de ontwikkelbehoeften van de school. Sommige scholen starten het project met een concreet en specifiek doel, andere scholen signaleren in de loop van het traject een tekort op een specifiek gebied. Het is de taak van de projectcoaches om schoolspecifieke doelen vast te leggen in het groeidocument van hun school. Verderop in dit hoofdstuk is een voorbeeld van een groeidocument opgenomen, ingevuld door twee projectcoaches van dezelfde school (zie Afbeelding 7.5).

De invoeringsfase

Tijdens de invoeringsfase gaat het om het zich op professionele wijze eigen maken van de vernieuwing door de leerkrachten en om de invoering van hiervan in de praktijk. Effectief professionaliseren van leerkrachten vraagt om goede nascholingscursussen en trainingen. Joyce en Showers (2002) constateren dat de effectiviteit van trainingen sterk wordt bepaald door de context waarbinnen deze plaatsvinden. Contextfactoren die invloed hebben op de effectiviteit zijn onder meer het trainingsonderwerp, de geloofwaardigheid van de trainer, het tijdstip en de plaats waar de trainingen plaatsvinden en de lengte van de trainingen. Daarnaast hebben de leerkrachten vooral in de eerste maanden van het vernieuwingsproces intensieve ondersteuning nodig bij de implementatie van een nieuwe aanpak of methode op de werkvloer. De leerkracht zal de nieuw ontwikkelde vaardigheden moeten gaan toepassen in de instructie, en haar bestaande instructiepraktijk moeten wijzigen. Dit gebeurt niet automatisch. Coaching speelt een belangrijke rol bij de transfer van nieuw opgedane kennis en vaardigheden naar de klas. Joyce en Showers (2002) komen in hun onderzoek tot één krachtige conclusie, namelijk dat de implementatie van trainingsopzetten veel effectiever is als collegiale coaching op klassenniveau daar ook deel van uitmaakt. Hierbij blijkt zowel het vergroten van vaardigheden en het veranderen van attitudes de meest effectieve manier is om doelen te bereiken (Theeboom, Beersma, & van Vianen, 2013). Coaching van leerkrachten verbetert hun organisatie van instructie en de omgang met de leerlingen (Roelofs, Raemaekers, & Veenman, 1991). Coaching moet plaatsvinden na de presentatie van de theorie van de vernieuwing, de demonstratie en het uitproberen van de vernieuwing. Naast het bevorderen van transfer van het geleerde naar de onderwijspraktijk kan coaching nog een aantal neveneffecten hebben (Visser, 2003): het kan zorgen voor het doorbreken van het isolement van de leerkracht, het draagt bij aan gedeeld vakmanschap, aan een lerende organisatie en daarmee aan de kwaliteit van het onderwijs in de hele school.

Om te zorgen dat zowel procesaansturing als inhoudelijke ontwikkeling leidt tot diepgaande verandering in de klassen van de school, noemen Mourshed, Chijioke, en Barber (2010) de volgende drie factoren cruciaal:

1. *Samenwerking tussen leerkrachten onderling en met schoolleiders.* Dit krijgt gestalte door het nemen van gezamenlijke verantwoordelijkheid voor het werken aan routines en het geven van instructie, door leerkrachten elkaar te laten coachen, door te zorgen voor structurele mogelijkheden voor professionele ontwikkeling van alle leerkrachten en door leerkrachten verantwoordelijk te maken voor het delen van hun kennis en vaardigheden met collega's. Hierdoor ontstaat een cultuur en een structuur waarin scholen naast het gericht zijn op het leren van leerlingen en het werken van

leerkrachten, ook gericht zijn op het leren van leerkrachten (Curry, 1992; Hargreaves, 2008; Veen et al., 2010).
2. *Creëren van een tussenlaag op school (of op bovenschools niveau).* Deze tussenlaag stuurt en filtert, en zorgt voor facilitering van gerichte ondersteuning van leerkrachten en uitwisseling van ervaringen met vernieuwingen tussen leerkrachten.
3. *Zorgen voor continuïteit van leiderschap.* Proactief opleiden en voorbereiden van nieuwe schoolleiders zorgt ervoor dat de prioriteiten, de visie, de gerichtheid en de facilitering behouden blijven. Continuïteit kan eveneens bereikt worden door gedeeld leiderschap: taken en verantwoordelijkheden verdelen en mandateren.

Deze factoren sluiten aan bij de eerder genoemde stimulerende cultuur- en proceselementen (zie Tabel 7.1), en moeten steeds ingevuld worden vanuit duidelijk gestelde doelen en op basis van data over het onderwerp, zoals onderzoeksgegevens, uitkomsten van analyses, metingen en dergelijke (Cijvat, Knol, Mulders, Reinders, & Vernooy, 2013). Echter, ook het zien van resultaat van de vernieuwing – weerspiegeld in de verbetering van hun eigen kwaliteiten en van de leerling-resultaten – stimuleert leerkrachten tot verdere implementatie.

Toepassing in project GROW
Samenwerking binnen schoolteams en het creëren van een tussenlaag worden in project GROW bewerkstelligd door gebruik te maken van twee trainingslijnen (teambijeenkomsten voor het hele team en coachbijeenkomsten voor projectcoaches) en drie professionaliseringsvormen die de projectcoaches krijgen aangereikt (coaching, klassenconsultaties en Lesson study).

Trainingslijnen

Teambijeenkomsten
Van alle scholen die aan het onderzoek meedoen, nemen alle leerkrachten met hun schoolleiding deel aan de teambijeenkomsten. Na twee introductiebijeenkomsten van 4 uur (of één studiedag van 8 uur) door de externe trainer, volgen acht teambijeenkomsten. Een deel van die bijeenkomsten wordt onder leiding van de externe trainer verzorgd, het andere deel door de projectcoaches voor het eigen team. In hoofdstuk 8 (zie Tabel 8.1) is een overzicht van alle bijeenkomsten te vinden. De bijeenkomsten hebben het karakter van werkbijeenkomsten of practica, waarin de leerkrachten met voorbeelden uit de eigen rekenpraktijk kunnen oefenen in het versterken van hun differentiatievaardigheden. Zie hieronder een voorbeeld van een agenda van een teambijeenkomst.

Voorbeeld: Agenda van een teambijeenkomst

Beste teamleden,

Op woensdag 10 december a.s. hebben we weer een teambijeenkomst in het kader van Ieder kind heeft recht op Gedifferentieerd RekenOnderwijs van 13.00–17.00 uur

Ter voorbereiding van deze bijeenkomst is er al een mail gestuurd waarin jullie gevraagd is om de volgende artikelen te lezen (deze zijn achterin de map te vinden):

- De sleutel tot rekensucces – Gelderblom
- Waarom zijn opbrengstgerichte scholen succesvol? – Gelderblom
- Differentiatie vraagt voorbereiding – Janson
- Handvatten voor sterke rekenaars op school – Expertis
- Afstemmen op kleuters – Versteeg (dit artikel zit niet in jullie map, maar is gemaild)

Ook is gevraagd om de kijkwijzer te bekijken, daarop te reflecteren (als ik naar deze punten kijk, hoe geef ik mijn instructie dan?). En als je jezelf hebt gefilmd heb je misschien ook al naar jezelf gekeken aan de hand van de kijkwijzer, dat is helemaal mooi.

Neem verder mee:

- Meest recente gegevens van de laatste methodegebonden toets (gr 3–8) en/of observatie/registratiegegevens (gr 1–2, 3–8)
- Rekenschrift/werk van 2 leerlingen uit elke subgroep (intensief, basis, gevorderd)
- Themavoorbereiding/Handleiding/Leerlingenboek

Programma voor deze bijeenkomst

Inloop 13.00 uur, Aanvang: 13.15 uur

1. Korte terugblik en doel van vanmiddag
2. Literatuurverwerkingsopdracht
3. Differentiatiecyclus: we gaan nader in op de bouwstenen Organisatie en (nadruk op) Instructie
   - Prezi-presentatie met tussendoor toepassings- en kijkopdrachten
   - Aan de slag met voorbereiden van instructie voor de les van morgen

Koffie/theepauze

Vervolg punt 3

4. De bouwsteen Evaluatie: van analyse naar handelingsgericht (diagnostisch) rekengesprek
   - Startopdracht: Oplossingsprocedures herkennen
   - Handelingsgericht (diagnostisch) rekengesprek: hierbij zullen we de groep ook deels opsplitsen (groep 1–2 en groep 3–8)
5. Korte vooruitblik op Lesson study
6. Afspraken, reacties en afsluiting

De 'toolkit' die voor het nascholingstaject GROW beschikbaar is, bevat alle ingrediënten die gebruikt kunnen worden, zoals: materialen voor de teambijeenkomsten (prezi's en verwerkingsmaterialen, geordend volgens de onderdelen/bouwstenen van de differentiatiecyclus), artikelen, videomateriaal, kijkwijzers, format voor een structureel rekenbeleidsplan. De 'toolkit' is zo rijk gevuld dat lang niet alles gebruikt kan en hoeft te worden (zie Afbeelding 7.4 voor een fragment uit de 'toolkit'). Het is juist de bedoeling dat wordt afgestemd op de ondersteuningsbehoeften van het team: wat is nodig om doelstellingen te bereiken? Als een interventie goed is toegelicht en aansluit bij de werkwijze die al gehanteerd wordt, zal een teamlid eerder geneigd zijn deze over te nemen. Ook de ruimte voelen om een interventie uit te proberen en bijvoorbeeld bij een collega te kunnen kijken hoe hij/zij iets aanpakt, zijn in deze fase van invloed op het succes van de invoering. Naast het werken aan schoolbrede doelen is er aandacht voor het in kaart brengen van en werken aan persoonlijke leerdoelen van leerkrachten.

Ervaringen uit de teambijeenkomsten

Uitspraken van teamleden die een aantal teambijeenkomsten achter de rug te hebben:
"We zijn echt al veel meer bezig met onderwijsbehoeften."
"Je wordt vindingrijker en professioneler als leerkracht."
"Het maakt je weer scherp als leerkracht."
"Ik ben bewuster bezig met voorkomen dat er problemen ontstaan, geen gaten dichten."
"We hebben al een doorgaande lijn voor de tafels ontwikkeld en we zijn nu bezig met een doorgaande lijn voor verrijkingsmaterialen."
"Ook goed om met elkaar artikelen te bespreken, dat zouden we echt vaker moeten doen."

De teambijeenkomsten zijn steeds gericht op een of meer stappen in de differentiatiecyclus en hoe de leerkrachten deze kunnen vertalen binnen het onderwijs in de eigen groep. In de teamtrainingen wordt veel aandacht besteed aan brede, klassikale instructie en aan pre-teaching en verlengde instructie. Bij de verwerking wordt kritisch gekeken of de rekenstof een passende verwerking is gezien de onderwijsbehoeften van een (sub)groep leerlingen. Ook het formuleren van heldere doelen bij het aanbieden van verwerking komt aan de orde. De externe trainer heeft de verantwoordelijkheid om de materialen en werkvormen uit het onderzoek zo eenduidig mogelijk in te zetten en de reacties van het team daarop te inventariseren. Het oefenen met materialen en werkvormen uit het project, wordt in de teamtrainingen zo veel mogelijk gekoppeld aan wat het team als 'lastige stappen' noemt in het omgaan met verschillen in de rekenles.

Implementatie en praktijkervaringen

Differentiatie in instructie

Bestandsnaam	Opdrachtnaam	Leervragen
Instructie A	Brede klassikale instructie – les van morgen, groep 3–8	Hoe pas ik mijn instructie aan zodat zoveel mogelijk leerlingen profiteren van de klassikale instructie?
instructie A kl	Brede instructie grote of kleine kring les van morgen, groep 1–2	
Instructie B	Instructie aan intensieve subgroep – les van morgen, groep 3–8	Hoe pas ik mijn instructie aan zodat leerlingen met zwakke rekenvaardigheden zoveel mogelijk profiteren van de klassikale (of verlengde) instructie?
Instructie B kl	Instructie toegankelijk maken voor intensieve subgroep grote of kleine kring, groep 1–2	
Instructie C	Instructie aan gevorderde subgroep – les van morgen, groep 3–8	Hoe pas ik mijn instructie aan zodat leerlingen met sterke rekenvaardigen worden uitgedaagd door de klassikale (of subgroep)instructie?
Instructie C kl	Gevorderde subgroep laten profiteren van rekenactiviteit, groep 1–2	
Instructie D + video	Kijkvragen instructie aan gevorderde subgroep met rekentijger (gouden rekenfragmenten) en bijbehorende discussiepunten, groep 1–8	Hoe geef ik instructie aan een subgroep met leerlingen met sterke rekenvaardigheden (die werken met verrijkingsmateriaal)?
Instructie E + video	Video 'preteaching' bekijken met kijkwijzer, groep 1–8	Wat zijn kenmerken van goede instructie aan een subgroep leerlingen met zwakke rekenvaardigheden en hoe zien die er uit in de praktijk?
Instructie F + video	Video klassikale instructie bekijken met de kijkwijzer, groep 1–8. Kan evt. ook met alleen de kijkvragen in de prezi	Wat zijn kenmerken van goede brede klassikale instructie en hoe zien die er uit in de praktijk?
Instructie G	Voorbereiden subgroepinstructie aan gevorderde subgroep	Wat zijn kenmerken van goede subgroepinstructie aan leerlingen met sterke rekenvaardigheden en hoe kan ik die toepassen in de praktijk?
Instructie H	ERWD-kwartet handelingsniveaus (N.B. alleen een toelichting voor trainers; geen apart geprinte opdracht voor deelnemers)	Hoe herken ik het handelingsniveau van een rekenopgave en hoe kan ik een rekenopgave uitwerken op meerdere handelingsniveaus?
Instructie I + video	Instructiebehoefte vaststellen n.a.v. video	Hoe kan ik n.a.v. een diagnostisch gesprek bepalen welke instructie een leerling nodig heeft?
Instructie K + video	Vaststellen instructiebehoefte aan de hand van video	Aan welke instructie heeft deze leerling behoefte? Op welke hoofdlijn is meer instructie nodig?

Literatuur
- Mieke van Groenestijn (2010). Van informeel handelen naar formeel rekenen. Preventie van ernstige rekenwiskundeproblemen. *Volgens Bartjens*, 29, 22-26.
- Gert Gelderblom (2009). Effectieve rekeninstructie. De sleutel tot rekensucces. *Jeugd in School en Wereld (JSW)*, 3, 12-15.
- Suzanne Sjoers (2012). Excellent rekenen in beeld: rekenen voor (hoog)begaafde leerlingen. *Volgens Bartjens*, 32, 4-7.

Materialen
- ERWD-kwartetkaarten over de handelingsniveaus.

Afbeelding 7.4 Fragment uit de 'toolkit' (onderdeel Differentiatie in instructie) met verwerkingsmaterialen beschikbaar voor trainers in het nascholingstraject.

Opbrengst uit de teambijeenkomsten

In één van de deelnemende scholen blijkt het terugkoppelen en nabespreken van het werk van leerlingen met sterke rekenvaardigheden niet tot de dagelijkse praktijk van de leerkrachten te behoren. Dat ook de gevorderde subgroep aan de instructietafel begeleiding nodig heeft is een eye-opener in de trainingen. Een rekengesprek met een leerling uit de intensieve subgroep is anders van inhoud dan een rekengesprek met een leerling uit de gevorderde subgroep. Hoe kun je zo'n gesprek opbouwen, voorbereiden en voeren? Een leerling met zwakke rekenvaardigheden heeft andere vragen nodig dan een leerling met sterke rekenvaardigheden. In de teamtrainingen ontstaat al werkend vanuit de leerkrachten de behoefte om onderscheid aan te brengen in de vragen die je aan leerlingen met zwakke of sterke rekenvaardigheden stelt in een rekengesprek. De reacties van de leerkrachten in de teamtrainingen hebben een nieuwe gesprekswijzer voor de leerlingen met sterke rekenvaardigheden opgeleverd aan de hand van de taxonomie van Bloom (zie hoofdstuk 2). De leerkrachten ervaren de gesprekswijzer als ondersteunend bij het voorbereiden, uitvoeren en evalueren van rekengesprekken in hun groepen (zie onderstaande afbeelding)

Creëren	Wat kun je bij dit probleem ontwerpen, maken? Welke oplossingen zijn er mogelijk voor dit probleem?
Evalueren	Hoe kun je nagaan of oplossingen voor dit probleem werken? Welke oplossingen zijn het beste en waarom?
Analyseren	Welke factoren dragen bij aan het probleem? Hoe komt het dat het probleem nog niet is opgelost? Voor wie is het een probleem en waarom?
Toepassen	Je hebt een oplossing bedacht, klopt die oplossing in deze situatie? Klopt de oplossing ook in andere situaties?
Begrijpen	Wat is de kern van het probleem? Is het probleem vergelijkbaar met eerdere / andere problemen?
Onthouden	Wat wist je al over dit probleem? Wat moet je onthouden om het probleem op te lossen? Welke regenfeiten en regenregels heb je nodig?

Observaties:

Ervaringen uit teambijeenkomsten

Alle leerkrachten van de deelnemende scholen nemen in teamverband deel aan de aangeboden trainingen. Soms worden de trainingen aan teams van verschillende scholen tegelijkertijd aangeboden. Niet alleen tussen scholen bestaan grote verschillen. Ook tussen leerkrachten binnen een schoolteam zijn vaak grote verschillen in kennis en vaardigheden. Daarnaast ervaren leerkrachten in onder-, midden- en bovenbouw het project op eigen wijze waarbij vooral de leerkrachten van de groepen 1 en 2 aangeven dat zij graag nog meer specifieke aandacht voor het vormgeven van goed rekenonderwijs in hun groepen zouden willen zien. Een goede afstemming is van belang voor het omgaan met deze verschillen. En niet verwonderlijk komt het ook hierbij aan op een zorgvuldige communicatie en het goed bewaken van een ieders rollen, taken en verantwoordelijkheden.

Er zijn echter ook overeenkomsten tussen leerkrachten en scholen. Uit de beantwoording van de evaluatievragen blijkt dat veel leerkrachten graag praktijkgericht werken. Aandacht voor de (in het project aangereikte) literatuur vinden zij belangrijk, maar liefst direct gekoppeld aan de praktijk in hun eigen school. De externe trainers zetten de literatuur uit de projectmap in met het oog op een schoolspecifieke vertaling. Na het volgen van de training geven leerkrachten aan dat ze vooral geleerd hebben van de onderwerpen: structurele uitdaging voor en begeleiding van sterke rekenaars, afstemmen op onderwijsbehoeften, werken met het handelingsmodel en diagnostische gesprekken realiseren met zowel zwakke als sterke rekenaars. De meeste leerkrachten geven aan nog wel meer te willen leren over het onderwerp: structurele uitdaging voor en begeleiding van sterke rekenaars.

Coachbijeenkomsten

In de trainingen voor projectcoaches, onder leiding van een externe trainer, worden projectcoaches toegerust om verschillende professionaliseringsvormen in te kunnen zetten in hun eigen team. Daarnaast krijgen de projectcoaches ondersteuning bij het voorbereiden en invullen van de teamtrainingen die door hen zelf verzorgd zullen worden en vindt rekeninhoudelijke verdieping plaats. De projectcoach professionaliseert zich in het projectjaar tot coach en kan geleidelijk groeien in de (structurele) rol van projectcoach.

De projectcoaches van verschillende scholen per regio worden geclusterd tot een trainingsgroep en hebben gezamenlijke bijeenkomsten. De projectcoaches zijn voor de eigen school de schakel tussen het project GROW en de uitvoering van de trainingsactiviteiten daarvan op de eigen school. In de eerste bijeenkomsten staan de rekendata, zelfevaluatielijsten van leerkrachten en rapportages van het intakegesprek centraal als vertrekpunt voor de projectcoaches voor het analyseren en van de startrekensituatie op de eigen school. Op basis van de samenvattingen van analyse van de data en de zelfevaluatielijst vullen de projectcoaches een groeidocument (plan van aanpak) van GROW voor de eigen school in. Hierin kunnen doelen schoolbreed en/of per bouw ingevuld worden. De doelen worden geconcretiseerd in een stappenplan, waarin per doel wordt aangegeven wie er verantwoordelijk voor is en op welke termijn het doel gerealiseerd moet zijn. In het groeidocument wordt ook beschreven hoe, wanneer en met wie per doel en voor het traject als geheel de evaluatie plaatsvindt. Vervolgens worden afspraken over klassenconsultaties,

Lesson study en coaching ingevuld. Dit groeidocument levert belangrijke informatie aan voor het rekenbeleidsplan dat later in het traject door de schoolleider wordt opgesteld.

Tussentijds en aan het einde van de opleiding van de projectcoaches is er in een beleidsbespreking ruimte voor reflectie en voor evaluatie van het project op schoolniveau; hoe en wanneer wordt geëvalueerd of de gestelde doelen behaald zijn? Hiervoor zijn directeuren en projectcoaches van de betrokken scholen uitgenodigd. Projectcoaches en directeuren reflecteren in homogene groepen door middel van de Balintmethode op (Yogica, 2015) knelpunten en de voortgang van het GROW-project binnen de eigen school.

Onderstaand zijn voorbeelden van een groeidocument (Afbeelding 7.5) en een uitgewerkt stappenplan weergegeven. Het groeidocument en het stappenplan zijn gemaakt door twee projectcoaches die aan dezelfde school werkzaam zijn. Zij hebben samen toetsgegevens geanalyseerd en een zelfinschatting van het team uitgevoerd. Het groeidocument geeft de samenvatting van de beginsituatie op de school, ingevuld door de projectcoaches.

Groeidocument OBS De Regenboog

Samenvatting Cito trendanalyses

Opvallende zaken
- Gr. 3 M Cito vaak zwak (uitgezonderd 2012/2013). Er is wel groei in vaardigheidsscore tussen M3 en E3
- 2010/2011 (toen gr. 4, huidige gr. 8) constant sterk (kleine groep!)
- Huidige gr. 6 zwak in groep 3, vaardigheidsscore achteruit in gr. 4
- Groep 5: van M5 naar E5 altijd gelijk gebleven of achteruit gegaan
- 2010/2011 E5 score 1,3 en het jaar daarop (2011/2012) M6 scoort opeens 4,1
- Groep 7: E7 naar M8 achteruit, terwijl vaardigheidsscore wel verbeterd is

Algemene opmerkingen
Forse achteruitgang in groep 5. Hierop is actieplan nodig!
Bij A scores is er minder groei tussen M en E toetsen!! (meer uitdaging voor aanpak 3 !?!)

Samenvatting zelfevaluatie team
Over het algemeen zitten de leerkrachten van OBS De Regenboog op spoor 2.

Doelen schoolbreed
1. Het vormen van een professionele leergemeenschap met het team, waarbij een beroep gedaan wordt op samenwerken, kennisdeling, onderzoekende grondhouding en oplossingsgerichtheid.
2. Verkenning en het kennen van de leerlijn aan de hand van de methode en het document 'Cruciale leermomenten rekenen' (projectmap).
3. Analyse, evaluatie en daarop afgestemd handelen inbouwen in het resultaatgericht werken, waardoor alle leerlingen op hun niveau uitdaging ervaren in het rekenonderwijs (ook de 'plusleerlingen').
4. Inrichten van een rijke leeromgeving, met behulp van zelf te vullen rekenkisten en het inbouwen van alle fasen van het handelingsmodel.

Afbeelding 7.5   Een voorbeeld van een groeidocument.

Implementatie en praktijkervaringen

Voorbeeld uitwerking groeidocument tot een stappenplan

De projectcoaches op OBS De Regenboog hebben een stappenplan uitgewerkt bij punt 4 van de schoolbrede doelen (het inrichten van een rijke leeromgeving voor rekenen). De rekenkisten bevatten materialen voor de inhoudelijke invulling van het rekenen (bijvoorbeeld materialen ter ondersteuning van het onderzoekend leren in de projecttaken van de methode: verschillende weegschalen, meetlinten, kookwekkers, digitale klokken en gelddoosjes). Ter bevordering van het automatiseren zijn er ook korte rekenspelletjes in de kist gedaan. De projectcoaches hebben de suggesties over spel in de rekenles (Noteboom, 2013) zo uitgewerkt, dat ze voor elke groep rekenspellen in de kisten konden aanbieden. De rekenkisten geven suggesties over WAT er gedaan kan worden in de rekenlessen. Het handelingsmodel is richtinggevend voor de werkwijze en voor het didactische proces (HOE gaan we te werk?).

Stap	Door wie?	Verantwoordelijke coach	Wanneer bereikt?
Introductie rekenkisten en groepsoverstijgend werken	Werkgroep Rekenen	Dineke	Juni 2014
Opstellen Rekenkisten	Werkgroep Rekenen	Anne	Elk trimester aanvullen met 3 kisten, gedurende 3 schooljaren (tot 2017)
Implementatie Rekenkisten	Werkgroep Rekenen	Dineke en Anne	Oktober 2014
Evaluatie Rekenkisten	Team	Dineke en Anne	Eind van elke periode
Bijstellen/Aanvullen rekenkisten	Leerkracht die met de kist werkt Werkgroep Rekenen	Onderbouw: Dineke Bovenbouw: Anne	Gedurende elke periode Als alle kisten er zijn, per kist bijstelling en aanvulling doorvoeren.
Aanbod theorie Handelingsmodel	Trainer Rekentraject	Afstemmen met Dineke/Anne	Oktober 2014
Bepalen hoe dit ons rekenonderwijs kan versterken en meenemen in de analyse van de methode a.d.h.v. cruciale leermomenten	Team	Beide coaches	November 2014 Eind schooljaar 2014–2015
Behoeftebepaling voor aanvulling van de methode en manier van werken op gebied van het Handelingsmodel	Team o.l.v. Werkgroep Rekenen	Onderbouw: Dineke Bovenbouw: Anne	Begin schooljaar 2015–2016
Aanvullingen doorvoeren		Beide coaches in overleg met werkgroep rekenen en schoolleidster	Eind schooljaar 2015–2016

143

Na afloop van de laatste coachbijeenkomst schrijft elke projectcoach een kort verslag (3 à 4 pagina's) over de implementatie van één van de thema's die op de eigen school waren uitgewerkt. Voorbeelden zijn thema's als 'differentiatie in het algemeen', 'werken vanuit onderwijsbehoefte', 'omgaan met meer en minder gevorderde rekenaars', 'doelen voor gevorderde rekenaars', 'handelingsmodel', en 'Lesson study'. In dit verslag wordt een koppeling gemaakt van een korte theoretische onderbouwing met de realisering daarvan in de eigen school.

Naarmate het jaar verstrijkt krijgt de projectcoach dus een steeds grotere rol tijdens de teambijeenkomsten, naast en/of ondersteund door de externe trainer. Breed onderkend wordt de kracht van het al direct opleiden van projectcoaches, zodat zij ook na het invoeringsjaar een rol kunnen blijven spelen in de verdere verbetering van de kwaliteit van gedifferentieerd rekenonderwijs.

Ervaringen uit de coachbijeenkomsten

Ervaringen van projectcoaches

"Tijdens de opleiding tot projectcoach werd duidelijk dat er grote onderlinge verschillen waren. De een had veel ervaring, de ander nog heel weinig, maar ook bleken er grote verschillen in de tijd die een ieder kreeg binnen de eigen school. In de uitwisseling tijdens de bijeenkomsten kon je merken dat dit duidelijk invloed had op de manier waarop het nascholingstraject verliep binnen de verschillende scholen. Mijn indruk is dat de projectcoaches meer impact hadden wanneer zij goed gefaciliteerd werden. En volgens mij heb ik het niet zo slecht getroffen."

Twee projectcoaches van een school vertellen: *"We hebben vooral veel geleerd van het geven van feedback aan collega's in school met de kijkwijzer 'Differentiëren in de rekenles' die in de toolkit zit. We hebben de kijkwijzer toegepast in klassenconsultaties, bij Lesson study en bij het werken met handelingsniveaus en groepsplannen. Ook de aandacht voor sterke rekenaars en hoe dit goed vorm te geven vonden wij een belangrijk onderwerp."*

Een andere projectcoach noemt de volgende aspecten: *"Vooral de intervisie en uitwisseling tijdens de bijeenkomsten heb ik als positief ervaren. Heel veel coaches gaven aan het zelf aansturen van bijeenkomsten voor het eigen team lastig te vinden. Dat vond ik wel fijn om te horen, want ik voelde me daar best onzeker over. Hierbij had ik nog wel graag meer schoolspecifieke ondersteuning willen hebben."*

Ervaringen van trainers van projectcoaches

"De projectcoaches die feedback kregen van hun schoolleider en nauw samenwerkten met de schoolleiding kwamen tot het opstellen van een gedegen rekenbeleidsplan."

Een andere trainer vertelt: *"Een goede afstemming binnen het nascholingstraject met alle betrokkenen zowel binnen de school als met externen is van groot belang. Hierin zijn grote verschillen te constateren tussen de scholen."*

Professionaliseringsvormen

Coaching

Coaching is een doelgericht, resultaatgericht en een vanuit een teamlid gestuurd systematisch proces, waarin de coach een gelijkwaardige relatie aangaat met een leerkracht (Theeboom et al., 2013). De doelen worden meestal door de leerkracht zelf vastgesteld. De belangrijkste taak van de coach is om de al aanwezige kennis, vaardigheden en het zelfsturend vermogen van de leerkracht optimaal te benutten om die doelen te bereiken (Abbott, Stening, Atkins, & Grant, 2006). Coaching is dus geen adviseren, mentoring of onderwijzen, maar proberen de leerkracht actief tot nadenken, zelfreflectie en leren aan te zetten en zo het functioneren van de leerkracht te optimaliseren. Door coaching wordt zelfsturing gestimuleerd en verder ontwikkeld. Binnen GROW worden projectcoaches opgeleid met als doel het aanleren van coachingsvaardigheden, zoals gespreksvaardigheden en feedback geven. Het stellen van goede vragen – open, oplossingsgerichte en verhelderende vragen – is daarbij van belang is om feedback constructief te laten zijn. Deze algemene coachingsvaardigheden worden door projectcoaches ingezet bij de klassenconsultaties en Lesson study.

Ervaringen met coaching

De ervaringen tijdens GROW laten zien dat de verschillen tussen projectcoaches groot zijn: sommigen hebben nog nooit een klassenbezoek bij een collega uitgevoerd en andere zijn ervaren intern begeleiders. Daardoor kunnen sommige projectcoaches vrij snel in hun rol van projectcoach functioneren, terwijl anderen daar meer tijd voor nodig hebben om hierin door te groeien. Ook de rekeninhoudelijke kennis die van belang is bij klassenconsultaties verschilt enorm. Dat heeft eveneens invloed op het gemak waarmee klassenconsultaties kunnen worden uitgevoerd. Na een jaar nascholing wordt duidelijk dat de meeste projectcoaches zich nog niet zeker voelen in hun rol en graag in het volgende schooljaar nog verdere begeleiding en verdieping willen krijgen.

Klassenconsultaties

Bij klassenconsultatie gaat het om een activiteit, waarbij het handelen van leerkracht als aangrijpingspunt wordt genomen bij de vernieuwing van het onderwijs. Daarbij is het de bedoeling dat er een individueel klassenbezoek bij een leerkracht plaatsvindt maar dat informatie vanuit de klassenconsultaties op teamniveau worden teruggekoppeld. Doorgaans wordt de klassenconsultatie door een interne begeleider of nascholer uitgevoerd, maar collega's kunnen ook elkaar consulteren (collegiale klassenconsultatie). Het is belangrijk om in teamverband duidelijke informatie te geven over klassenconsultatie. Denk daarbij aan een toelichting op de procedure (voorgesprek-observatie-nagesprek), de kijkpunten-kijkwijzer, en het gezamenlijk oefenen daarmee, bijvoorbeeld aan de hand van videomateriaal. Ook het feedbackgesprek dat na het klassenbezoek plaats moet vinden, kan op teamniveau worden toegelicht of worden gedemonstreerd. Als werkwijze en verwachtingen ten aanzien van klassenconsultatie helder zijn, worden volgens afspraak de bezoeken afgelegd aan de hand van vooraf afgesproken kijkpunten. Deze kijkpunten worden met de individuele leerkracht in een voorgesprek vastgesteld. Het individuele feedbackgesprek vindt liefst direct na het klassenbezoek plaats. Helder moet zijn wat er vanuit het individuele klassenbezoek op teamniveau besproken zal worden. Ook bij collegiale consultatie is het van belang dat duidelijk is waar de observatie zich op richt en dat een nagesprek plaatsvindt.

Ervaringen met klassenconsultatie

Over het algemeen zijn scholen al wel vertrouwd met (collegiale) klassenconsultatie en wordt de waarde ervan ingezien. De ene projectcoach blijkt al meer ervaring te hebben met het uitvoeren van klassenbezoeken dan de ander. De zorgvuldigheid in de communicatie vooraf en de professionele houding van het team zijn factoren die van invloed waren op het succes. Het teambreed terugkoppelen van kennis, ideeën en ervaringen vanuit de klassenbezoeken, is bij GROW een aandachtspunt gebleken. Door daar meer aandacht voor te hebben, is het rendement voor de gehele school groter.

Ervaringen van leerkrachten

"Ik ben me meer bewust geworden van hoe je iets uitlegt, ik ben kritischer naar de methode gaan kijken. De coach zette me aan tot zelf nadenken."

"Wat ik prettig vond is dat de coach ook goed had gekeken naar de reacties van leerlingen."

"Ik merkte dat de projectcoach het ook nog best wel spannend vond om feedback te geven."

"Als je zelf professioneel groeit, hebben de kinderen daar ook weer baat bij. Een klassenbezoek helpt daarbij."

"De feedback werd in een plezierige sfeer gegeven. Echt opbouwend en echt op de les gericht."

In het GROW-project hebben de projectcoaches een prominente rol bij het uitvoeren van klassenconsultaties. Afhankelijk van de situatie en visie op een school, kan ook gekozen worden voor collegiale klassenconsultaties. De 'toolkit' van GROW bevat de kijkwijzer 'Differentiëren in de rekenles', die uit de volgende onderdelen bestaat:

- A1. Klassikale Instructie
- A2. Verlengde instructie, preteaching en begeleide inoefening
- A3. Subgroepinstructie voor leerlingen met sterke rekenvaardigheden
- B. Algemene aspecten van effectieve instructie (los van differentiatie)
- C. Handreiking voor differentiëren in verwerking

D. Appendix: Voorwaarden voor differentiatie (pedagogisch klimaat & klassenmanagement, werkhouding, zelfstandig werken & hulp, samen oefenen & problemen oplossen)

De kijkwijzer (inclusief stappenplan) is in zijn geheel opgenomen in bijlage III. Afbeelding 7.6 toont een gedeelte van het onderdeel voor het observeren van de verlengde instructie, preteaching en begeleide inoefening (onderdeel A2).

A2. Verlengde instructie, preteaching en begeleide inoefening

Leerkracht: _____ Observator: _____

Groep: _____ Les: _____ Datum: _____

	Tijdens de instructie komen de volgende handelingsniveaus aan bod						
1a	Informeel handelen (doen)	1	2	3	4	5	nvt
1b	Concrete representatie (realistische denkmodellen)	1	2	3	4	5	nvt
1c	Abstracte representatie (wiskundige denkmodellen)	1	2	3	4	5	nvt
1d	Het formele niveau (symbolen)	1	2	3	4	5	nvt
2	De leerkracht legt verbinding tussen de verschillende handelingsniveaus	1	2	3	4	5	nvt
3	De leerkracht introduceert alvast onderwerpen die later in de klassikale instructie aan de orde komen (preteaching)	1	2	3	4	5	nvt
4	De leerkracht behandelt onderwerpen uit de vorige klassikale instructie (verlengde instructie)	1	2	3	4	5	nvt
5	De leerkracht behandelt onderliggende onderwerpen/vaardigheden die nog niet voldoende beheerst worden	1	2	3	4	5	nvt
6	De leerkracht onderzoekt met welke aspecten leerlingen problemen hebben	1	2	3	4	5	nvt
7	De leerkracht past het instructietempo aan op het tempo van de leerlingen (lager tempo)	1	2	3	4	5	nvt

Afbeelding 7.6 Fragment van het onderdeel 'Verlengde instructie, preteaching en begeleide inoefening (A2) uit de Kijkwijzer 'Differentiëren in de rekenles'.

Lesson study

Lesson study is een waardevolle methodiek voor teamleren in een school, want het biedt een goede basis om een verandering in de instructie op schoolniveau in gang te zetten en te borgen (Logtenberg, de Lange, Kamphof, Loman, Tuyl et al., 2014; de Weerd & Logtenberg, 2011). Lesson study is een in Japan ontwikkelde gestructureerde, integrale methode die leerkrachten helpt effectieve manieren van onderwijzen te onderzoeken en zich eigen te maken (Murata, Bofferding, Pothen, Taylor, & Wischnia, 2012). De cyclus van Lesson study is een herhalend proces (Murata, 2011) en bestaat uit een vijftal stappen (zie Afbeelding 7.7), te weten:

1. Doelen stellen en de les gezamenlijk ontwerpen
2. De les uitvoeren en observeren
3. De les nabespreken en reviseren
4. De les nogmaals uitvoeren, observeren en nabespreken
5. De werkwijze evalueren, implementeren en borgen

Bij Lesson study staat de (reken)instructie centraal. Een Lesson study voorbereidingsgroep bereidt aan de hand van beschikbare data (Cito-toetsen, methodegebonden toetsen, observaties) en bronnen (handleiding, achtergrondartikelen) een rekenles voor. De rekenles wordt vervolgens door één van de leden van de voorbereidingsgroep uitgevoerd. Tijdens de uitvoering observeren een aantal teamleden (al of niet met behulp van video- of tabletopnamen) op systematische wijze de les. De observaties en reflecties worden in de nabespreking gelinkt aan de keuzes die in het voorbereidingsdocument verwoord zijn. Op basis van de reflectie wordt de les gereviseerd en nogmaals gegeven. Tijdens en na

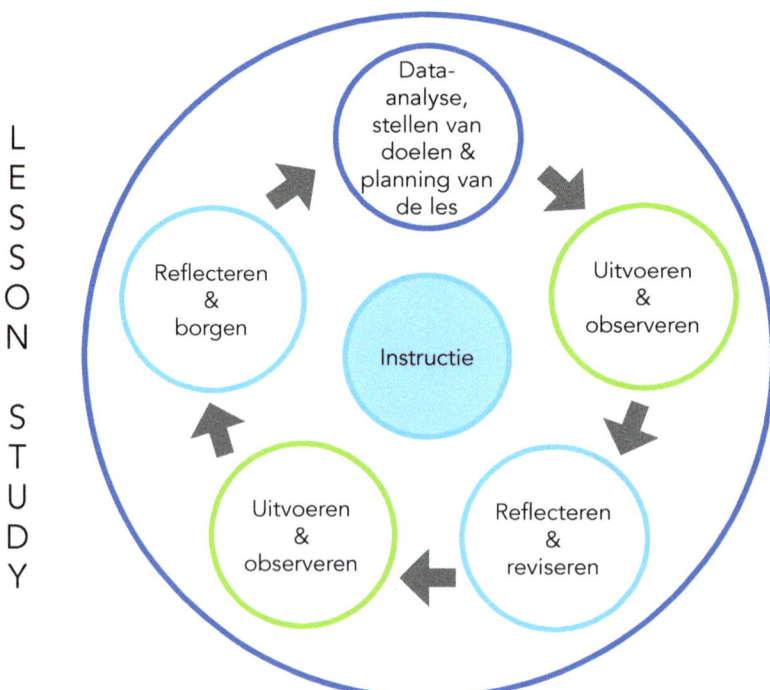

Afbeelding 7.7 Lesson study cyclus (model van Fernandez en Yoshida (2004), bewerkt door Henk Logtenberg).

Ervaringen met Lesson study

De ervaringen van directies, projectcoaches en teamleden met Lesson study tijdens het GROW-project zijn divers. Directies en projectcoaches erkennen de katalyserende werking van Lesson study om binnen een team draagkracht te ontwikkelen voor de implementatie van differentiatie binnen het rekenonderwijs. Vaak willen teamleden wel differentiëren, maar kennen zij niet de rekeninhoudelijke mogelijkheden om tot vakinhoudelijke differentiatie te komen. Met name het gebruik en de toepassing van rijke rekenproblemen, het handelingsmodel, gebruik van vragen, inzet van leermiddelen en materialen tijdens de Lesson study cyclus bieden teamleden aanknopingspunten voor rekeninhoudelijke verdieping bij het afstemmen van het rekenonderwijs op de onderwijsbehoeften van de leerlingen tijdens de rekenles. Teamleden zijn soms huiverig voor de camera die "in de klas" komt en voelen zich dan "bekeken". Een enkele keer resulteert dit zelfs in een audio-opname in plaats van een video-opname.

De trainers hebben verschillende ervaringen met Lesson study in het GROW-project: teams die Lesson study als een stimulerende factor ervaren, maar ook teams die de organisatie van Lesson study als een grote belasting ervaren voor zowel de projectcoach als het team (Kaskens & Goei, 2016). In de groeidocumenten van de projectcoaches en de beleidsplannen van de directies wordt Lesson study frequent ingepland als middel om de voortgang van GROW verder te implementeren en te borgen. Lesson study kost veel tijd, maar je vangt er veel vliegen mee in één klap: (a) stimuleren van teamleren in een lerende organisatie; (b) werken aan de onderzoekende houding van de leerkrachten; (b) focussen op de inhoud van de leerstof (Logtenberg et al., 2014).

Enkele uitspraken die op een school zijn gedaan over Lesson study

"Je bent minder slaafs volger van de methode omdat je praat vanuit onderwijsbehoeften van kinderen."

"Wat ik er goed aan vind is dat het bij de nabespreking niet gaat om de persoon van de leerkracht maar om: welk probleem pakken we bij de kop, waar gaat het om, wat voor soort vragen zou een leerling kunnen stellen, hoe kunnen we de les maken et cetera."

"Door Lesson study neem je meer tijd om samen voor te bereiden en samen te werken. Daar word je als team beter van."

"Een procesbegeleider is noodzakelijk bij Lesson study."

de tweede nabespreking worden de essenties van de voorbereidingen, uitvoeringen en nabesprekingen vastgelegd voor de vervolglessen.

In het GROW-project maken de projectcoaches eerst kennis met Lesson study tijdens de coachbijeenkomsten. Hierbij doorlopen de projectcoaches eenmaal zelf de cyclus, om zo ervaring op te doen met de stappen. Later in het traject wordt Lesson study geïntroduceerd in de teambijeenkomsten onder leiding van de externe trainer. De projectcoach ondersteunt de externe trainer hierbij. Gedurende het traject krijgt de projectcoach tijdens Lesson study steeds meer de rol van procesbegeleider en onafhankelijke inhoudsdeskundige. In de procesmatige rol is de projectcoach verantwoordelijk voor de organisatie van de voorbereidingen, uitvoeringen (eventuele video-opname en videocompilatie, ongeveer 15 minuten) en nabesprekingen met de daarbij behorende documenten. Als onafhankelijk deskundige is de projectcoach verantwoordelijk voor de leerstofinhoudelijke feedback en reflectie bij de voorbereiding en nabespreking van de uitgevoerde lessen.

De institutionalisatie fase (ofwel: borging)

In deze fase gaat het om het behoud van de ingevoerde aanpak. De aanpak die in de voorgaande fase ingevoerd is, moet permanent en blijvend worden gebruikt om effectief te zijn en te blijven. Daarvoor is structurele ondersteuning van belang. Daarnaast kan in deze fase gewerkt worden aan vervolginterventies, het verdiepen van samenwerking en actief leren (Yoon, Duncan, Lee, Scarloss, & Shapley, 2007).

Toepassing in het project GROW

Bij GROW zijn we vanaf het begin af aan bewust geweest van het belang van institutionalisatie en borging. Het werken met projectcoaches in elke school is één van de manieren waarop borging bevorderd wordt. Een andere manier om borging te stimuleren was door aan de schoolleiding de opdracht te geven om – in samenspraak met de projectcoaches – een rekenbeleidsplan op te stellen. In het rekenbeleidsplan wordt vanuit de beginsituatie gekeken naar de gewenste situatie op langere termijn en worden tussenstappen vastgelegd. Vervolgens is het voor borging van belang dat monitoring plaatsvindt en dat teamleden voortdurend begeleid en gestimuleerd worden. De schoolleiding speelt een belangrijke aansturende en ondersteunende rol in een veranderingstraject als GROW. Het is van belang dat de directeur de projectcoaches ondersteunt bij het in het praktijk brengen van het geleerde door hen te faciliteren bij het coachen van de teamleden, het uitvoeren van de klassenconsultaties en het organiseren van Lesson study teams. In het rekenbeleidsplan dat de directeur ontwerpt kan hij de transfer van de professionaliseringsactiviteiten borgen in de praktijk van alledag. Daarom schetsen we in de box hiernaast het project GROW vanuit het perspectief van een schoolleider. Natuurlijk speelt de schoolleiding in alle fasen een rol, maar juist omdat de scholen na het invoeringsjaar van GROW zelfstandig verder gaan met het implementatietraject, gaven we de rol expliciet aandacht in de fase van borging.

Om de borging na het afronden van het nascholingstraject verder te stimuleren zijn vanuit project GROW een follow-up pakket en een train-de-trainer pakket voor scholen samengesteld. Projectcoaches ontvangen beide pakketten na het afronden van de laatste teambijeenkomst. Het follow-up pakket is samengesteld zodat scholen differentiatie zelfstandig onder leiding van de projectcoach verder kunnen verdiepen en bevat twintig opdrachten en activiteiten uit de 'toolkit'. Aangezien de 'toolkit' te uitgebreid is om alle opdrachten in te zetten binnen het traject onder begeleiding van de externe trainer,

De rol van de schoolleiding bij borging

Verschillende schoolleiders geven aan dat zij bewust hebben gekozen voor dit traject om zowel een inhoudelijke ontwikkeling (goed gedifferentieerd rekenonderwijs) als een teamontwikkeling (meer samenwerking en uitwisseling als lerende organisatie) op gang krijgen in de eigen school. Daarbij zijn zij zich bewust van de rol die van hen en andere teamleden gevraagd wordt, en van de veranderingen die in gang gezet worden. Door samen met het team draagvlak te creëren, steeds te vieren wat behaald is en helder te maken wat de volgende stap is, kan een nascholingstraject als GROW bijdragen aan zowel de inhoudelijke ontwikkeling als de teamontwikkeling.

Een projectcoach zegt

"De directeur speelt echt een rol in het bezig zijn met scholing en professioneler worden met elkaar. Alles in het kader van passend rekenonderwijs. We zijn meer lerend geworden en hebben de omslag naar onderwijsbehoeften gemaakt."

Iedere school heeft in het verbetertraject eigen accenten gelegd. Met passages uit het rekenbeleidsplan van schoolleider Ans (gefingeerde naam) illustreren we het veranderingsproces dat door het project GROW in gang is gezet op basisschool De Regenboog (gefingeerde naam). De cursieve teksten zijn citaten uit het rekenbeleidsplan, zoals verwoord door de schoolleider.

Beginsituatie

"Er wordt in alle groepen onderwijs op maat geboden, volgens het gedifferentieerde directe instructiemodel. De verwerking is ook zo veel mogelijk op maat. Er wordt methodegestuurd gewerkt. De leerkrachten kennen de leerlijn van hun eigen groep globaal, maar hebben niet voldoende kennis van de leerlijnen van de groepen ervoor en daarna. De resultaten van het rekenonderwijs zijn op het niveau dat van de schoolpopulatie verwacht mag worden, met hier en daar een uitschieter naar beneden. De hoog-scorende leerlingen behalen binnen het leerlingvolgsysteem minder groei dan de laag-scorende leerlingen (gemeten in vaardigheidsscores). Er is een eerste ronde in gang gezet om de rekenkisten groepsdoorbrekend in te zetten."

Gewenste situatie

"Met dit verbetertraject wil de school een rijke leeromgeving vormen voor het rekenonderwijs, zodanig dat het rekenonderwijs op De Regenboog voor alle kinderen optimale leerresultaten en brede rekenontwikkeling oplevert."

De schoolleider wil de gewenste situatie realiseren door met het team een professionele leergemeenschap te vormen, waarbij een beroep gedaan wordt op samenwerken, kennisdeling, een onderzoekende grondhouding en oplossingsgerichtheid.

Van beginsituatie naar gewenste situatie met een verbeterplan

"We zijn al een hele tijd bezig met het opstellen van instructie en verwerking op drie niveaus. Hiervoor hebben we samen de leerlijn van spelling verkend en langs de methode gelegd. Dit heeft in eerste instantie veel werk opgeleverd, maar daarmee vooral ook veel inzicht. We keken kritisch naar ons onderwijs. Wat ging goed en wat ging niet goed in het verleden? Dit analyseren heeft opgeleverd dat alle betrokkenen een zeer groot urgentiebesef ontwikkelen voor de verbeteringen. Dat maakt de sterke motivatie om te analyseren en de nodige stappen te zetten. Dit verbeterplan is voor het hele team een logisch vervolg op de stappen die in het spellingsonderwijs al gezet zijn."

Het verbeterplan dat Ans opstelt voor De Regenboog omvat de volgende acties:

- verkenning en het kennen van de leerlijn aan de hand van de methode en het document 'Cruciale leermomenten rekenen' (aangereikt in de projectmap);
- analyse, evaluatie en daarop handelen inbouwen in het resultaatgericht werken, waardoor alle leerlingen op hun niveau uitdaging ervaren in het rekenonderwijs (ook de 'plusleerlingen');
- inrichten van een rijke leeromgeving, met behulp van de rekenkisten en het inbouwen van alle fasen van het handelingsmodel.

Het draagvlak in school voor verbetering en ontwikkeling was bij de start van het project niet optimaal:

"Er is in het aangaan van het traject en het opstellen van de rekenkisten een slag gemist. De betrokkenheid van de teamleden is steeds vanaf de zijkant geweest. De rekenwerkgroep en de directeur hebben hierin de kar getrokken. Er is wel steeds terugkoppeling geweest naar het team, maar te weinig om input van hun gevraagd. Dat vertaalt zich nu in een afwachtende en volgende houding van de teamleden."

Ans wil met de verbeteracties die zij voorstelt aansluiten op sterke kanten van het team en op kansen die zij ziet in de teamontwikkeling tot nu toe.

"De school kenmerkt zich als een professionele familiecultuur. De leerkrachten blijven op gebied van feedback veelal aan de veilige kant zitten en zijn soms te weinig kritisch richting elkaar. Zodra de ontwikkeling van de school wordt besproken is men oprecht kritisch, zonder dat de mensen elkaar met een beschuldigende vinger aanwijzen."

De Regenboog startte niet 'blanco' met het project GROW. Er is al ervaring met handelingsgericht werken (groepsplannen). Ook is de school al gestart met rekenkisten, ter verrijking van de leeromgeving. Ans kiest ervoor om met de verbeteracties aan te sluiten op de inhoudelijke ontwikkeling die voor het rekenonderwijs al in gang is gezet.

"De lessen zijn in aanvang vooral gericht op de methode en worden weinig ondersteund vanuit een rijke leeromgeving. Het inrichten en inzetten van de rekenkisten heeft hier al een eerste impuls aan gegeven. Gaandeweg dit verbetertraject zal het handelingsmodel voor rekenen hier meer handen en voeten aan kunnen gaan geven."

"Er zal op deze school en in deze verbeterplannen vooral gelet moeten worden op het ontstaan van onrust en frustratie. Een groot aantal leerkrachten is nog maar sinds een aantal jaren aan het veranderen richting onderwijs-op-maat. Het team heeft lang volgens de traditionele klassikale manier lesgegeven. De mensen zijn zeer gemotiveerd, maar weten niet allemaal precies hoe het moet en ook hoe goed ze het al doen. De motivatie moet wel blijvend worden ondersteund (...). De school is goed georganiseerd, er is een duidelijke visie en het beleid is helder. Het team zal zeker niet stuurloos en verward raken als we de manier van werken zoals we gewend zijn aanhouden."

De evaluatie en monitoring van de veranderingen vindt plaats met behulp van een aantal documenten. Het groeidocument van de projectcoaches uit het project GROW is een belangrijk document. Hierin staat het plan van aanpak, gericht op het aanbieden van gedifferentieerd rekenonderwijs dat volgens de cyclus van opbrengstgericht werken is opgesteld. Een ander document dat de evaluatie en monitoring kan versterken is een reflectieverslag van de schoolleider over de eigen rol en taken.

> Ans beschrijft haar rol als schoolleider in het veranderproces en staat ervoor open om op die rol aangesproken te worden:
>
> *"Om dit plan te laten slagen zet ik me in om de betrokkenheid van het team en van mezelf naar buiten toe te richten. Dit doe ik door steeds de link te leggen met het strategisch beleidsplan en wat we kunnen leren van andere scholen en/of onderzoek. Dit vraagt van zowel mij als van mijn team enige inspanning en zal een ontwikkelpunt zijn dat de nodige aandacht vraagt.*
>
> *"Ik stel me ondersteunend op in het verbetertraject en laat de projectcoaches op de voorgrond staan. Ik houd op de achtergrond de ontwikkeling in de gaten, met individuele teamleden hun eigen ontwikkeling naar lid van een professionele leergemeenschap en met het team de ontwikkeling van het verbeterplan."*
>
> *"Ik zorg dat er aandacht is voor reflectie en borging."*

blijven er voldoende opdrachten over voor scholen om mee verder te werken. Het train-de-trainer pakket is samengesteld om de overdracht van de kennis en vaardigheden uit het nascholingstraject te vergemakkelijken. Omdat scholen volop in beweging zijn, kan het voorkomen dat zich nieuwe leerkrachten, intern begeleiders of rekencoördinatoren toevoegen aan een schoolteam. De projectcoach kan het train-de-trainer pakket gebruiken om nieuwe leerkrachten in te werken of om een nieuwe projectcoach op te leiden binnen het team. Het pakket bevat een handleiding en literatuur bij verschillende onderdelen. Sommige onderdelen zijn voor zowel nieuwe leerkrachten en nieuwe projectcoaches te gebruiken is, zoals informatie over (a) gedifferentieerd werken en de differentiatie cyclus, (b) het gebruik van de kijkwijzer aan de hand van videomateriaal opgenomen in de eigen les, en (c) het voorbereiden van een rekenles of -activiteit met Lesson study. Daarnaast zijn er extra onderdelen in het pakket opgenomen die specifiek voor het opleiden van nieuwe projectcoaches bedoeld zijn, gericht op (c) het geven van feedback, (d) het bespreken van het plan van aanpak binnen de school, en (e) het begeleiden van de Lesson study cyclus.

Samenvatting en discussie

Het project GROW heeft mooie materialen opgeleverd voor het versterken van differentiatie in het rekenonderwijs, evenals waardevolle ervaringen met betrekking tot de implementatie daarvan. Bij tussentijdse evaluaties van project GROW is nagegaan wat door scholen veelgenoemde aandachtspunten zijn. Scholen geven aan dat bewustwording van wat goed gedifferentieerd rekenonderwijs inhoudt en de manier waarop samenwerking en afstemming in het team georganiseerd wordt echt punten zijn die veel zorgvuldigheid en aandacht vragen. Dit vraagt een attitudeverandering in het omgaan met verschillende onderwijsbehoeften van leerlingen. Kennis en toepassing ervan moeten hand in hand gaan. De praktische vertaling van het werken met de differentiatiecyclus in coaching, klassenconsultatie en Lesson study worden over het algemeen door veel scholen positief gewaardeerd. Ook het praktisch met elkaar aan de slag gaan tijdens de bijeenkomsten en het uitwerken van en oefenen met handelingsniveaus, onderwijsbehoeften en groepsplannen helpt volgens velen om het geleerde in de praktijk toe te kunnen passen.

Borging van de ingezette veranderingen in de scholen is uiteraard cruciaal. Een verandering wordt blijvend in de organisatie verankerd door een nieuwe en sterke organisatiecultuur te creëren. Alhoewel het soms moeilijk is om de organisatiecultuur te veranderen omdat de bestaande normen en waarden sterk ingebed zijn, is het goed zich te realiseren dat een organisatiecultuur continu aan verandering onderhevig is. Wanneer mensen die de nieuwe organisatiecultuur sterk uitdragen de organisatie verlaten en nieuwe teamleden ervoor in de plaats komen, moet de schoolleider er voor zorgen dat deze nieuwe teamleden snel meegenomen worden in de cultuur. Een nieuwe organisatiecultuur kan sterker ingebed worden door ervaren teamleden die zich de nieuwe organisatiecultuur goed eigen gemaakt hebben op belangrijke plaatsen binnen de organisatie neer te zetten, zodat zij meer mogelijkheden krijgen om de nieuwe cultuur binnen de organisatie te verspreiden. Belangrijk is om zich te realiseren dat in een veranderingstraject de organisatiecultuur als laatste en niet als eerste komt. Vaak willen organisaties als eerste de organisatiecultuur veranderen. Een organisatiecultuur verandert pas echt goed wanneer een nieuwe manier van werken zijn succes heeft bewezen (Kotter & Cohen, 2002).

Wat is er nodig voor andere scholen om met de opbrengsten uit dit project aan de slag te gaan? Vanuit de praktijkervaringen en het onderzoek kunnen we de conclusie trekken dat een nascholingstraject als GROW van een school vraagt dat zowel de directie als de andere teamleden hiermee minstens één schooljaar intensief aan de slag gaan, maar duidelijk zal zijn dat er dan nog geen sprake is van institutionalisatie. Eén schooljaar is over het algemeen niet genoeg om deze werkwijze echt te verankeren in de werkwijze binnen de school. Dat is ook iets wat de deelnemende scholen duidelijk aangeven. Om resultaat te bereiken is verandering in de kwaliteit van de school, in de kwaliteit van de leraren en in de verbetering van de leerlingresultaten noodzakelijk en dat gaat niet ineens. Afhankelijk van de beginsituatie van de school is het van groot belang de projectcoaches goed te blijven faciliteren en hen te stimuleren zich verder in hun rol te ontwikkelen. Het kan – afhankelijk van de schoolspecifieke situatie – nuttig zijn om een bepaalde mate van externe begeleiding in te schakelen afgestemd op de behoeften en doelstellingen van de school. Binnen het project is de ervaring opgedaan dat zowel directie, projectcoaches als leerkrachten begeleiding en ondersteuning nodig hebben. Het ontwerpen en realiseren van duurzaam beleid waarbij aandacht is voor alle sleutelelementen (zie Tabel 7.1.) kan bijdragen aan een zorgvuldig en effectief GROW-project.

Scholen die ook aan de slag willen met de differentiatiecyclus adviseren we contact op te nemen met de nascholers en begeleiders die de teamtrainingen en de projectcoachtrainingen in het project GROW hebben verzorgd. Zij zijn verbonden aan verschillende onderwijsinstellingen en kunnen vanuit hun expertise nieuwe scholen op gang helpen bij de implementatie van differentiatiecyclus uit het project GROW. In Bijlage IV is een lijst opgenomen met instellingen die GROW nascholing aanbieden. De Universiteit Utrecht heeft de trainingsmaterialen uit het project daarvoor beschikbaar gesteld. De partners in dit project hebben onderwijsadviseurs in dienst die de werkwijze met de differentiatiecyclus in scholen kunnen implementeren. Het project GROW laat zien dat onderwijsverandering meer is dan het in gebruik nemen van een verzameling nieuwe materialen: afstemmen op rekenbehoeften is een werkwoord voor alle betrokkenen!

Aandachtspunten bij implementatie

De acht stappen voor implementatie van veranderingen van Kotter en Cohen (2002) kunnen een goede leidraad zijn voor schoolleiders, intern begeleiders en rekencoördinatoren:

1. *Urgentiebesef vestigen:* zorg ervoor dat binnen de organisatie een gevoel van urgentie heerst om te veranderen. Tegelijkertijd moeten zowel de angst als de onzekerheid van medewerkers ten opzichte van de veranderingen zoveel mogelijk gereduceerd worden.
2. *De leidende coalitie vormen:* de juiste groep mensen moeten bij elkaar gezet worden om de veranderingen als eerste te trekken.
3. *Een visie en strategie ontwikkelen:* maak de nieuwe visie concreet en realistisch.
4. *De veranderingsvisie communiceren:* om onzekerheid en wantrouwen zoveel mogelijk te reduceren is het van belang dat medewerkers weten waar ze aan toe zijn. Medewerkers moeten op een duidelijke en geloofwaardige manier geïnformeerd worden over de veranderingen.
5. *Een breed draagvlak voor de verandering creëren:* het weghalen van de barrières die het veranderingsproces bij medewerkers bemoeilijken.
6. *Korte-termijnsuccessen genereren:* boek op korte-termijnsuccessen en maak deze successen zichtbaar voor iedereen. Hierdoor worden pessimistische of kritische geluiden over de veranderingen tegengegaan.
7. *Verbeteringen consolideren en meer veranderingen tot stand brengen:* na de eerste successen is het belangrijk dat de organisatie niet te overmoedig wordt en het gevoel krijgt dat het veranderingsproces voltooid is. In deze fase moet de nadruk liggen op het goed doorzetten van de veranderingen. Hiervoor is het belangrijk dat de 'sense of urgency' hoog blijft.
8. *Nieuwe benaderingen verankeren in de cultuur:* zorg ervoor dat de veranderingen blijvend in de organisatie verankerd worden.

Resultaten Delphi vragenlijst –
Totaal aantal reacties: 9

ORGANISATIE VAN DIFFERENTIATIE

Samenvatting: Het uitgangspunt is convergente differentiatie. De [...] van CITO scores (Hoge B/A score, lage B/C score, D/E score) e[n...] methodegebonden toets gebruikt wordt om te bepalen wat leerli[ngen...] blok gedaan worden, maar een alternatief is om aan het begin [van een] groepsindeling kan voor een bepaald blok of een bepaalde les [...] toetsresultaten. Tijdens de rekenles worden momenten van kl[assikale instructie] (zwakke of sterke rekenaars) en tijd om zelfstandig te werken [...] deel aan de klassikale instructie, en krijgen individuele feedb[ack...]

In hoeverre bent u het eens/oneens met dit con[cept van] organisatie?

In hoeverre bent u het eens met de[ze] organisatie?
Indeling in subgroepen in eerste instan[tie op] prestatieniveau

Hoofdstuk 8

Wetenschappelijke verantwoording

Het model voor differentiatie dat in eerdere hoofdstukken van dit boek is gepresenteerd, is ontwikkeld op basis van verschillende informatiebronnen en omgezet in een nascholingstraject voor het basisonderwijs. Dit traject is onderzocht op effectiviteit in een grootschalige studie met 31 basisscholen. In alle fasen van het project is samengewerkt met een consortium reken-experts, om zo een continue uitwisseling tussen onderzoek en onderwijspraktijk te bewerkstelligen. In dit hoofdstuk wordt de wetenschappelijke verantwoording van het project GROW beschreven. Eerst bespreken wij de verschillende procedures en informatiebronnen die geleid hebben tot de ontwikkeling van het nascholingstraject. Daarna worden de opzet en de eerste resultaten van de effectstudie gepresenteerd.

Het doel van het project GROW was om antwoord te krijgen op de vragen: (1) hoe ziet goede differentiatie in het rekenonderwijs eruit en (2) welke kennis en vaardigheden moeten leerkrachten hebben om goed gedifferentieerd rekenonderwijs aan te bieden? Om antwoord op deze vragen te krijgen is in de eerste fase (augustus 2011 – januari 2012) van project GROW informatie op drie verschillende manieren verzameld, namelijk door middel van:

- een *literatuuronderzoek* naar relevante theorieën en eerdere onderzoeksresultaten;
- een *Delphi-onderzoek* met een consortium reken- en onderwijsexperts;
- *interviews met leerkrachten* die al goed differentiëren ('best practice' voorbeelden).

Vervolgens is de informatie uit deze drie bronnen gebruikt om het nascholingstraject voor leerkrachten te ontwikkelen. Om uitspraken te kunnen doen over het belang van differentiatie is het echter noodzakelijk om te onderzoeken of het nascholingstraject leidt tot de verwachte verbeteringen in het didactisch handelen van de leerkracht en het rekenkundig handelen van de leerling. De effecten van het traject zijn daarom onderzocht in een grootschalige effectstudie. Het nascholingstraject is ontwikkeld in samenwerking tussen het consortium rekenexperts en het projectteam (de eerste vier auteurs van dit boek). De uitvoering van het nascholingstraject lag bij de rekenexperts, onder aansturing van het projectteam. De uitvoering van de effectstudie lag bij het projectteam.

    In dit hoofdstuk worden de verschillende onderzoeksstrategieën toegelicht, zodat de lezer weet waar de informatie in dit boek op is gebaseerd. Eerst zullen wij ingaan op de drie verschillende informatiebronnen, die gebruikt zijn om het nascholingstraject vorm te geven. Vervolgens zullen zowel de opzet en de resultaten van de effectstudie besproken worden. Afbeelding 8.1 geeft de bouwstenen van het project en daarmee de opbouw van dit hoofdstuk visueel weer.

Literatuuronderzoek

De term 'differentiatie' of 'gedifferentieerde instructie' wordt door Tomlinson en collega's (2003, p.120) gedefinieerd als "een benadering van onderwijs waarin de leerkracht proactief curricula, onderwijsmethoden, hulpmiddelen, leeractiviteiten en de manier waarop leerlingen hun kennis in producten tonen, aanpast om tegemoet te komen aan de uiteenlopende behoeften van individuele leerlingen en kleine groepen leerlingen om de gelegenheid tot leren voor elke leerling in een klas te maximaliseren". Differentiatie is een verzamelnaam die gebruikt wordt voor allerlei aanpassingen. Het kan gaan over aanpassingen van de inhoud (wat leerlingen leren), het proces (hoe leerlingen het leren) of het

Wetenschappelijke verantwoording

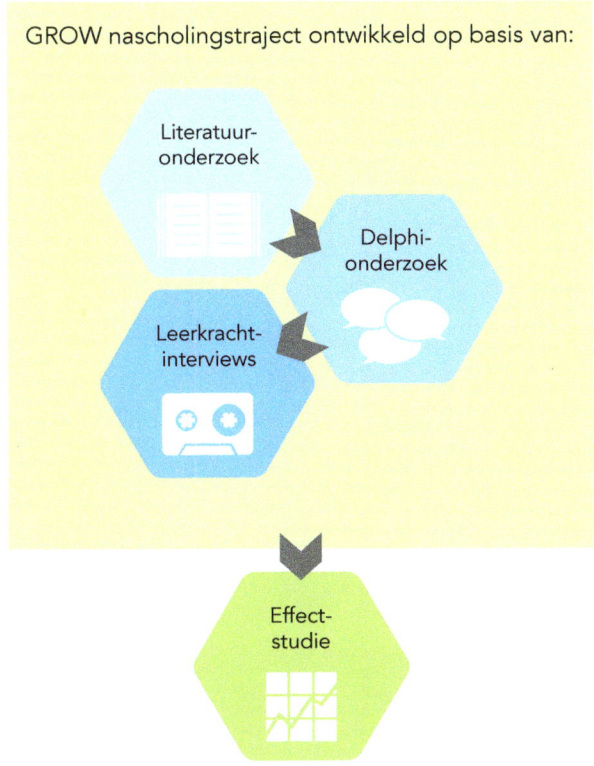

Afbeelding 8.1   De bouwstenen van het project en opbouw van het hoofdstuk.

product van leren (hoe leerlingen het geleerde laten zien) (Tomlinson, 2005). Daarnaast kunnen verschillende eigenschappen van leerlingen aanleiding geven tot differentiatie. Er wordt bijvoorbeeld onderscheid gemaakt in differentiatie op basis van het huidige niveau van kennis en vaardigheden van de leerling (niveau), de voorkeuren van de leerling bij het leren zoals bijvoorbeeld een voorkeur voor visuele input (voorkeur), en de onderwerpen waarover de leerling meer wil leren (interesse) (Tomlinson et al., 2003).

In dit boek ligt de nadruk op differentiatie op basis van het kennis- en vaardigheidsniveau van de leerling (vanaf hier aangeduid als 'niveau'). Het huidige niveau van een leerling wordt beïnvloed door zowel de natuurlijke aanleg van een kind als door de leerervaringen die het kind heeft opgedaan. Verschillende theorieën uit de ontwikkelings- en onderwijspsychologie ondersteunen het belang van differentiatie op basis van niveau. Volgens Vygotsky (1978) leren kinderen meer, wanneer zij activiteiten doen die net iets moeilijker zijn dan wat een kind al zelfstandig onder de knie heeft. Dit wordt ook wel de 'zone van naaste ontwikkeling' genoemd. Wanneer kinderen binnen een klas erg verschillen in hun leerniveau, zullen hun zones van naaste ontwikkeling ook (sterk) verschillen. Een taak die precies binnen het bereik van gemiddeld presterende leerlingen ligt (oftewel in hun zone van naaste ontwikkeling) kan te moeilijk zijn voor leerlingen met een lager niveau, als de kloof tussen bestaande kennis en vaardigheden en de taak te groot is. Kinderen met een hoger niveau beheersen de taak daarentegen mogelijk al, waardoor zij onvoldoende uitgedaagd worden om voorbij hun huidige vermogens te reiken. Csikszentmihalyi (1990) benadrukt eveneens de balans tussen uitdaging en vaardigheden. Taken die in balans zijn leiden tot effectief leren en betrokkenheid, terwijl taken die te moeilijk of te makkelijk zijn kunnen leiden tot frustratie, verveling en terugtrekken uit leren. Volgens andere onderzoekers is het daarnaast afhankelijk van het talent of de aanleg van leerlingen of bepaalde eigenschappen van de leeromgeving nuttig zijn voor een leerling (aptitude-treatment interaction; Corno, 2008; Cronbach & Snow, 1997). Deze theorieën hebben met elkaar gemeen dat zij er vanuit gaan dat de onderwijsbehoeften van leerlingen met verschillende niveaus ook van elkaar verschillen en dat de instructie moet passen bij deze behoeften.

Om de instructie goed af te kunnen stemmen op de vaardigheden en kennis van leerlingen is het noodzakelijk dat er een goed beeld bestaat van wat leerlingen al kunnen en begrijpen (Roy, Guay, & Valois, 2013). Door de ontwikkeling van leerlingprestaties of begrip nauwlettend te volgen, bijvoorbeeld met behulp van formele en informele toetsen, kunnen de juiste aanpassingen gekozen worde. voor individuele leerlingen of voor kleine groepen leerlingen.

Groepsindeling van leerlingen

Er is al veel onderzoek gedaan naar het indelen van leerlingen in groepen als vorm van differentiatie. Op klasniveau kunnen homogene of heterogene klassen samengesteld worden. In homogene klassen worden leerlingen niet op basis van leeftijd maar op basis van vergelijkbare schoolse vaardigheden bij elkaar geplaatst, terwijl leerlingen in heterogene klassen over het algemeen op basis van een leeftijdscriterium bij elkaar geplaatst worden. In heterogene klassen is er dus ondanks vergelijkbare leeftijd van leerlingen veel variatie in schoolse vaardigheden. Daarenboven kunnen ook nog twee leerjaren samen in een klas worden gecombineerd. Deze combinatiegroepen kunnen vanuit onderwijsvisie of pragmatische redenen worden samengesteld. Heterogene klassen komen het meest voor in het primair onderwijs, terwijl in het secundair onderwijs vaker met homogene(re) klassen gewerkt wordt (zoals in Nederland leerlingen in het voortgezet onderwijs instromen in vmbo, havo of vwo) (Bosker, 2005).

Omdat er in het primair onderwijs veelal heterogene klassen bestaan werken leerkrachten regelmatig met subgroepsindelingen binnen de klas om te kunnen differentiëren. Ook hier kunnen wij onderscheid maken tussen homogene en heterogene subgroepindeling.

Bij homogene subgroepen worden leerlingen van vergelijkbare vaardigheidsniveaus bij elkaar in de subgroep ingedeeld. Bij heterogene subgroepen worden vaak bewust leerlingen van verschillende vaardigheidsniveaus bij elkaar ingedeeld, met als achterliggend idee dat leerlingen van verschillende niveaus van elkaar kunnen leren. Dit kan echter ook in een brede klassikale instructie aan de gehele heterogene klas bewerkstelligd worden.

De effecten van verschillende vormen van groeperen op basis van vaardigheid zijn in verschillende studies onderzocht (Kulik, 1992; Lou et al., 1996; Tieso, 2002; 2003; 2005). Deze studies laten zien dat groeperen het meest effectief is, wanneer leerlingen kunnen wisselen tussen groepen op basis van verandering in hun onderwijsbehoeften en wanneer de instructie is aangepast aan de behoeften van de leerlingen binnen de groep. Hoewel verschillende studies enigszins tegenstrijdige resultaten hebben gevonden wat betreft de effecten, lijkt met name een homogene groepsindeling op basis van vaardigheidsniveau binnen de klas positieve effecten te hebben, als de instructie vervolgens ook wordt afgestemd op de onderwijsbehoeften van deze groepen (Deunk et al., 2015; Lou et al., 1996; Slavin, 1987).

Afstemmen op onderwijsbehoeften

Aangezien groepsindeling met name positieve effecten heeft wanneer de instructie (en verwerking) is afgestemd op de onderwijsbehoeften, is het van belang om te weten waar leerlingen met verschillende onderwijsbehoeften baat bij hebben. Uit onderzoek naar verschillende instructievormen en remediërende programma's blijkt dat structuur verlenende instructie belangrijk is voor leerlingen met een zwakkere rekenvaardigheid (Kroesbergen & van Luit, 2003; Ruijssenaars et al., 2006). Leerlingen die moeite hebben met het verwerven van de voorbereidende rekenvaardigheden en de vroege basale rekenvaardigheden (optellen, aftrekken, vermenigvuldigen en verdelen) lijken het meeste baat te hebben bij meer sturende instructie (Kroesbergen & van Luit, 2003; van Luit, 1994; Slavin & Lake, 2008). Maar wanneer deze basiskennis en basisvaardigheden van het rekenen eenmaal goed ontwikkeld zijn, kan op een meer banend instructiemodel worden overgestapt. Bij banende instructie ontwikkelen kinderen strategieën en oplossingsprocedures door begeleid of relatief zelfstandig ontdekken en 'discussie' met anderen (zowel de leerkracht als medeleerlingen; van Luit, 2010; Roth McDuffie & Mather, 2006). In zowel de instructie als de verwerkingsfase is het voor leerlingen met zwakkere rekenvaardigheden belangrijk dat zij de mogelijkheid hebben om te werken met ondersteunende materialen (van Groenestijn et al., 2011).

Bij onderzoek naar leerlingen met sterke rekenvaardigheden ligt de nadruk meer op differentiatie in verwerking dan op differentiatie in instructie. Doordat deze leerlingen zich de stof vaak sneller eigen maken, vaker in grotere gehelen denken en de samenhang tussen rekendomeinen sneller doorzien (Ysseldyke, Tardrew, Betts, Thill, & Hannigan, 2004), ervaren zij vaak een gebrek aan uitdaging en zijn leerervaringen voor hen vaak weinig waardevol en ligt verveling op de loer (Diezmann & Watters, 2000). Veel herhaling van de stof is daarom onnodig. Leerlingen met sterke rekenvaardigheden zijn meer gebaat bij een compact programma, waarbij zij veel voor hen overbodige oefeningen overslaan (Ysseldyke et al., 2004). Ook hebben leerlingen met sterke rekenvaardigheden behoefte aan verdiepende en uitdagende opdrachten. Door de opdrachten die deze leerlingen wel maken te verrijken, kan een beroep gedaan worden op hun kwaliteiten en meer uitdaging geboden worden (Janson & Noteboom, 2004). Een risico is dat rekensterke leerlingen bijna geen instructie meer krijgen, omdat zij over de basisstof veel minder instructie nodig hebben. Een gangbare praktijk is dan ook dat deze leerlingen alvast aan het werk gaan tijdens de klassikale instructie. Echter, als leerlingen werken aan voor hen uitdagende verrijkingsopdrachten, hebben ook zij behoefte aan instructie en begeleiding (Janson & Noteboom, 2004). Een goede instructie aan leerlingen met sterke rekenvaardigheid heeft een hoger niveau van complexiteit en daagt leerlingen uit om te redeneren over achterliggende concepten. De instructie en opdrachten voor deze leerlingen zullen een beroep moeten doen op probleem-oplossingsvaardigheden, kritisch denken, creativiteit en een onderzoekende houding (VanTassel-Baska, Quek, & Feng, 2007).

Delphi-onderzoek: consensus tussen experts

Omdat er nog weinig wetenschappelijke literatuur beschikbaar is over de effecten van verschillende manieren van differentiëren, en de manier waarop differentiatie specifiek in het *reken*onderwijs zou kunnen worden toegepast, is er in het project GROW voor gekozen om de beschikbare kennis aan te vullen met (systematisch verzamelde) praktijkkennis van rekenexperts. In het najaar van 2011 is een consortium van rekenexperts van onderwijsadviesdiensten en lerarenopleidingen gevormd, om antwoord te krijgen op de volgende vragen:

- Hoe ziet goede differentiatie in het rekenonderwijs eruit?
- Welke kennis en vaardigheden moeten leerkrachten hebben om goed gedifferentieerd rekenonderwijs aan te bieden?
- Welke verschillen in kennis en vaardigheden tussen leerkrachten kunnen er verwacht worden?

Omdat de consensusprocedure en de resultaten hieruit in een eerder artikel al uitgebreid zijn besproken, wordt in dit hoofdstuk slechts een korte weergave gegeven. Voor meer details verwijzen wij de lezer naar dit artikel (van de Weijer-Bergsma & Prast, 2013).

De werkwijze

Deelnemers expertpanel

Rekenexperts van negen instellingen (drie instellingen voor pabo-opleidingen en zes onderwijsadviesdiensten), die zich onder andere richten op leerkrachttraining nemen deel aan het expertpanel. Per instelling heeft tenminste één senior adviseur of opleider met expertise op het gebied van primair rekenonderwijs meegedaan aan de Delphi-procedure. In totaal zijn dit elf consortiumleden (zeven mannen, vier vrouwen). Vier overige consortiumleden zijn binnen hun instelling niet primair verantwoordelijk voor dit project of zijn pas later betrokken. Zij hebben de Delphi-vragenlijsten niet ingevuld, maar hebben wel meegedacht over de ontwikkeling van het nascholingstraject. In Box 8.1 is terug te vinden welke consortiumleden betrokken zijn geweest bij de ontwikkeling en uitvoering van het nascholingstraject.

Box 8.1 Consortiumleden per consortiumpartner en hun rol in project GROW

- Hogeschool Windesheim: Jarise Kaskens[o,t] & Anton Boonen[o]
- Hogeschool Utrecht: Mieke van Groenestijn[o] & Marianne Konings[o]
- Marnix Onderwijscentrum: Carla Compagnie-Rietberg[o,t], Lourens van der Leij[o,t] & Martine van Schaik[t]
- Expertis: Ina Cijvat[o], Tessa Egbertsen[t], Gert Gelderblom[o] & Marcel Schmeier[o]
- Rekenkracht (eerder via Giralis-groep): Bronja Versteeg[o,t]
- CED-Groep: Marcel Absil[o,t], Ruud Janssen[t] & Lenie van den Bulk[o]
- CPS Onderwijsontwikkeling & advies: Henk Logtenberg[o,t] & Suzanne de Lange[t]
- Academische Lerarenopleiding Primair Onderwijs Hogeschool Utrecht/Universiteit Utrecht: Karel Stokkink[o]
- Universiteit Utrecht, afdeling Onderwijskunde: Gijsbert Erkens[o]

[o] betrokken bij de ontwikkeling van het nascholingstraject, [t] trainer in het nascholingstraject

---

De deelnemers hebben gemiddeld 24 jaar ervaring op het gebied van rekenen (methode- & toetsontwikkeling en scholing van (aankomende) leerkrachten). Op andere vakgebieden, zoals onder andere scholing van (aankomende) leerkrachten op het gebied van taalonderwijs, leerkrachtprofessionalisering en schoolontwikkeling, hebben zij gemiddeld 12 jaar ervaring. Enkele experts hebben daarnaast zelf ervaring als leerkracht of met evaluatie- en praktijkonderzoek in het onderwijs.

De consensusprocedure

In de consensusprocedure heeft het projectteam twee kwalitatieve onderzoeksmethoden gecombineerd in verschillende stappen (zie Box 8.2 voor de stappen): de Delphi-methode (Hasson, Keeney, & McKenna, 2000; Yousuf, 2007) en focusgroepdiscussies (Liamputtong, 2011).

- De Delphi-methode is een systematisch proces, waarin meningen van experts over een bepaald onderwerp worden verzameld (Hasson et al., 2000). De methode is gericht op het bereiken van overeenstemming en gebruikt vragenlijsten om experts te bevragen. Eerst wordt met behulp van open vragen bepaald wat belangrijke thema's en onderwerpen zijn. Daarna wordt op basis daarvan een vragenlijst gemaakt, die door elke deelnemer anoniem wordt ingevuld. De (anonieme) reacties op de items uit de vragenlijst worden aan de deelnemers gepresenteerd, waarna de deelnemers de vragenlijst nogmaals anoniem invullen.
- Focusgroepdiscussies zijn gestructureerde discussies met een groep deelnemers die betrokken zijn bij het onderwerp (de 'focusgroep') (Liamputtong, 2011).

Door de repetitieve aard van de procedure kunnen de experts op alle opbrengsten reageren, ook als zij een eerdere activiteit hebben gemist.

Resultaten

Uit de resultaten blijkt dat er een grote gedeelde kennisbasis bestaat over differentiatie tussen experts in het veld van primair rekenonderwijs. Met behulp van de consensusprocedure zijn belangrijke thema's en aspecten van differentiatie in het rekenonderwijs geïdentificeerd. Uit de consensusprocedure is naar voren gekomen dat het van belang is dat leerkrachten eerst zicht krijgen op de *onderwijsbehoeften* van hun leerlingen. Pas als hier zicht op is, kunnen leerkrachten de *doelen* voor het rekenen differentiëren en hun *instructie* hier op afstemmen. Naast de instructie moet ook de *verwerkings*stof afgestemd worden op verschillende onderwijsbehoeften. Bovendien is door experts benadrukt dat leerkrachten hun aanpak moeten *evalueren*, om te zien wat wel en niet werkt. De experts benadrukken dat succesvolle implementatie van differentiatie afhankelijk is van een faciliterende *organisatie* en goed klassenmanagement. In de focusgroepdiscussies is door de experts aangegeven dat het bij gedifferentieerd werken belangrijk is om aan te sluiten bij de veelgebruikte praktijkmodellen Opbrengstgericht werken (OGW) en Handelingsgericht werken (HGW; Pameijer et al., 2009). Op basis van de kennis vanuit het expertpanel is dan ook een cyclus van vijf

Box 8.2 Stappen in de consensusprocedure

Stap 1: Focusgroepdiscussie
In de herfst van 2011 hebben experts hun kennis gedeeld op basis van acht open vragen, die opgesteld zijn om zoveel mogelijk informatie te ontlokken (bijv. 'Wat doet een leerkracht die goed differentieert?').

Stap 2: Delphi-ronde 1
Op basis van de verworven informatie heeft het projectteam een vragenlijst ontwikkeld met 100 stellingen die door de experts is ingevuld. De stellingen beslaan zeven thema's rond differentiatie:

a. *Organisatie*
b. *Doelen*
c. *Instructie*
d. *Verwerking*
e. *Onderwijsbehoeften*
f. *Differentiatie in de groepen 1 en 2*
g. *Voorwaarden voor differentiatie*

Experts hebben voor elke stelling aangegeven in hoeverre zij het eens zijn met de stelling (5 punts-schaal: 1 = helemaal niet mee eens, 5 = helemaal mee eens). Ook is per thema een aantal open vragen gesteld en om toelichting gevraagd.

Stap 3: Delphi-ronde 2
Het projectteam legt de experts een nieuwe vragenlijst voor. Hierin zijn alleen stellingen uit de eerste ronde opgenomen, waarover nog geen duidelijke overeenstemming is bereikt. Voor elke stelling hebben experts gezien hoe de reacties in de eerste ronde verdeeld zijn onder de experts. Daarnaast zijn opmerkingen en suggesties uit de eerste ronde toegevoegd als nieuwe stellingen.

Stap 4: Focusgroepdiscussie
In de winter van 2011 heeft het projectteam de resultaten uit de Delphi- vragenlijsten (ronde 1 en 2) aan de experts gepresenteerd. Op basis van de resultaten is een focusgroepdiscussie gehouden over de stellingen, waarover nog geen overeenstemming is bereikt.

Stap 5: Samenvatten
De notulen van de focusgroepdiscussies en de reacties op de Delphi-vragenlijst zijn bestudeerd en samengevat, wat heeft geresulteerd in een voorstel voor een model voor het implementeren van differentiatie (de differentiatiecyclus).

Stap 6: Focusgroepdiscussie
De differentiatiecyclus is voorgelegd aan alle experts en is in de groep besproken.

stappen in differentiatie geformuleerd, die aansluit bij OGW en HGW (zie Afbeelding 8.2 voor een visuele weergave van de differentiatiecyclus). Een uitgebreide toelichting bij de invulling van de stappen in de differentiatiecyclus is te vinden in hoofdstuk 1 tot en met 6.

Uit de resultaten van het Delphi-onderzoek komt tevens naar voren dat leerkrachten een sterke basis aan kennis en vaardigheden nodig hebben om goed te kunnen differentiëren.

Afbeelding 8.2   De differentiatiecyclus.

Het is relevant om te benoemen dat de resultaten uit het Delphi-onderzoek worden beperkt tot de experts die hebben deelgenomen aan de procedure. De kans bestaat dat de inclusie van andere experts tot een ander resultaat kan leiden. Deze kans is echter verkleind door de inclusie van een brede groep van experts van verschillende instanties.

 ## Interviews met leerkrachten

Omdat de praktijkervaring van leerkrachten met differentiatie belangrijke informatie kan opleveren over de aanpak in de dagelijkse onderwijspraktijk zijn in het voorjaar van 2012 interviews met leerkrachten gehouden, die al ver gevorderd zijn in het aanbrengen van differentiatie. In de interviews met deze 'best practice' leerkrachten is antwoord gezocht op de volgende vragen:

- Hoe passen leerkrachten differentiatie toe in het rekenonderwijs aan hun klas?
- Welke uitdagingen en knelpunten brengt differentiatie met zich mee?

De werkwijze

Deelnemers

Aan de interviews hebben zes leerkrachten deelgenomen[1], die door consortiumleden zijn voorgedragen op basis van 'best practice' differentiatie. De leerkrachten geven les in verschillende leerjaren en bestrijken daarmee gezamenlijk de gehele basisschoolperiode (zowel onder- en midden- als bovenbouw).

Interviews

Er is gebruik gemaakt van een semi-gestandaardiseerd interview. Naast enkele vragen over de samenstelling van de klas (combinatiegroep, leerjaar, duo-leerkrachten) en de rekenles (frequentie per week, duur en tijdstip op de dag) zijn zeven onderwerpen met betrekking tot differentiatie uitgevraagd: differentiëren tijdens de les, signaleren van verschillen tussen leerlingen, vormen van instructie, evaluatie, uitdagingen, organisatie in de les en schoolorganisatie. Bij elk onderwerp is gestart met een meer algemene open vraag (bijvoorbeeld: 'Kunt u iets vertellen over hoe u in de rekenles afstemt op verschillen tussen kinderen?'), waarna op meer specifieke onderdelen is doorgevraagd (bijvoorbeeld: 'Hoe past u uw aanbod aan voor kinderen die meer moeite hebben met rekenen?'). De interviewvragen staan in Box 8.3.

Resultaten

Uit de interviews met 'best practice' leerkrachten komen enkele algemene trends naar voren. Er wordt veelal gewerkt met drie subgroepen. De indeling in subgroepen ligt niet vast, en wisselt gedurende het schooljaar. Ook binnen de subgroepen wordt gezocht naar afstemming op verschillen in onderwijsbehoeften. Leerkrachten benoemen dat zij methodetoetsen en leerlingwerk analyseren om te monitoren wat leerlingen wel en niet kennen en kunnen, en in welke subgroep zij op dat moment het beste bediend worden. Bovenbouw leerkrachten benoemen dat een enkele leerling soms meer individueel aanbod krijgt.

Leerkrachten geven dagelijks rekenles, vaak in de ochtend. Over het algemeen duren rekenlessen (instructie en verwerking) een uur. Bij het voorbereiden van de rekeninstructie kijken leerkrachten naar de doelen van de lessencyclus en van de specifieke les. Hierbij gebruiken zij de methode als uitgangspunt, maar maken zij aanpassingen op basis van onderwijsbehoeften van leerlingen. Leerlingen met zwakkere rekenvaardigheden krijgen

---

1 De leerkrachten die hebben deelgenomen aan de interviews zijn: Mirjam Folkers (groep 6), Aag van Keulen (groep 8), Bernadette Lammers (groep 8), Mia O'Niel (groep 8), Suzanne van Schaik (groep 4), en Helianthe Vreden (groep 1 en 2).

Box 8.3   Interviewvragen

Differentiëren tijdens de les
- Kunt u iets vertellen over hoe u in de rekenles afstemt op verschillen tussen kinderen?
- Maakt u gebruik van extra materialen? (DV*: programma's, zelf-ontwikkeld, software)
- Houdt u binnen uw klassikale instructie rekening met verschillen tussen kinderen? Hoe doet u dat?
- Hoe past u uw aanbod aan voor kinderen die meer moeite hebben met rekenen?
- Wat doet u binnen verlengde instructie? (DV: herhaling, instructie aanpassen en zo ja, in welke vorm, pre-teaching)
- Wat biedt u leerlingen aan die juist sterk zijn op het gebied van rekenen?
- Vormt u weleens aparte instructiegroepjes voor sterke rekenaars?
- Geeft u feedback op de opdrachten die zij gemaakt hebben? (DV: Hoe geeft u feedback? Waar richt u zich op?)
- Maakt u gebruik van aanwijzingen die in de rekenmethode worden aangeboden voor differentiatie?

Signaleren van verschillen tussen kinderen
- Op welke verschillen bij kinderen let u bij het afstemmen? (DV: niveau, leerstijl, motivatie/werkhouding, verwerking, instructie, handelingsniveaus)
- Tussen welke groepjes maakt u onderscheid?
- Hoe bepaalt u of een leerling iets anders nodig heeft (DV: op basis van toetsprestatie, foutenanalyse, observatie van leerstijl, waar zie je dat aan?)
- Kunnen leerlingen ook wel eens aangeven dat ze extra uitleg willen?

Vormen van instructie
- Welke vormen van instructie gebruikt u, en wanneer pas je dat toe? (DV: directe, banende, zelfontdekkende, onderdompelende, samenwerkende en klassikale instructie, socratische dialoog, gebruik handelingsniveaus)
- Aan welke vormen van instructie hebben sterkere rekenaars vooral behoefte?
- Aan welke vormen van instructie hebben zwakkere rekenaars vooral behoefte?

Evaluatie
- Hoe houdt u in de gaten of een leerling vooruitgaat, baat heeft bij extra instructie? (bijv. toetsen, rekengesprek) Hoe vaak doet u dat?

Uitdagingen
- Wat vindt u lastig in het afstemmen op verschillen tussen kinderen?
- Waar loopt u tegen aan in de organisatie van differentiatie?
- Waar loopt u tegen aan in de voorbereiding van de les?
- In het geval van een *combinatiegroep*: Wat zijn de uitdagingen in een combinatiegroepen wat betreft het differentiëren? Hoe lost u dat op?
- In het geval van een duobaan: Wat zij de uitdagingen bij een *duobaan* in het differentiëren (bijvoorbeeld m.b.t. overdracht)? Hoe lost u dat op?

Organisatie in de klas
- Hoe organiseert u differentiatie binnen de les? (DV: kleinere groepjes, zelfstandig werken)
- Hoe bereidt u de les voor? (DV: doelen formuleren, leerlijnen, in kaart brengen leerbehoeften)
- Hoe bouwt u de les op?
- Zijn het altijd dezelfde kinderen die extra instructie krijgen of verandert dit wel eens?
- Hoe groot zijn de groepjes?
- Hoe vaak en hoe lang geeft u verlengde instructie aan zwakke rekenaars?
- Hoe vaak en hoe lang geeft u extra instructie aan sterke rekenaars?
- Heeft u uw lokaal ingericht zodat het differentiëren makkelijker wordt? Wat zou u nog willen verbeteren?

Box 8.3   Vervolg

Schoolorganisatie
- Bent u als leerkracht in deze school vrij om differentiatie naar eigen inzicht in te vullen? (DV: rol van directie/schoolteam)
- Hoe wordt er op schoolniveau met differentiatie omgegaan?
- Hoe verloopt de overdracht als leerlingen naar een hogere groep gaan?

*DV = doorvragen

regelmatig verlengde instructie. Tijdens de verlengde instructie bieden leerkrachten visuele ondersteuning met modellen en/of materialen. Ook besteden leerkrachten bij deze groep leerlingen extra tijd aan inoefenen van basisvaardigheden. Tijdens de klassikale instructie wordt regelmatig aandacht besteed aan automatiseringsoefeningen. Ook is er aandacht voor het gebruik van verschillende oplossingsstrategieën. Leerlingen met sterkere rekenvaardigheden doen op basis van onderwijsbehoeften mee met de klassikale instructie, bijvoorbeeld als er nieuwe stof behandeld wordt of herhalingsstof waar de leerling moeite mee heeft. Tijdens en na de instructie controleren leerkrachten geregeld of leerlingen de instructie (hebben) kunnen volgen, of dat er extra uitleg nodig is.

Leerkrachten geven aan dat zij ook in de verwerking afstemmen op verschillende onderwijsbehoeften. Sommige leerlingen krijgen extra herhaling van stof, andere leerlingen krijgen ingedikt aanbod van opdrachten en verrijkende opdrachten. Hierbij wordt ook gebruik gemaakt van computerprogramma's en aanvullende materialen voor specifieke doelgroepen (zoals 'Maatwerk' en 'Kien rekenen'). Meerdere leerkrachten noemen het gevoel leerlingen met sterke rekenvaardigheden te kort te doen, als gevolg van gebrek aan materialen en tijd. Het aanbod is volgens hen regelmatig niet uitdagend genoeg, niet beredeneerd gekozen of sluit onvoldoende aan bij de interesse van leerlingen. Ook geven leerkrachten minder begeleiding aan deze leerlingen dan zij zouden willen.

Alle leerkrachten benadrukken het belang van goed klassenmanagement om differentiatie te kunnen realiseren. Ook de aanwezigheid van een tutor, intern begeleider of remedial teacher in de school wordt genoemd als belangrijke ondersteuning van de leerkracht. Enkele leerkrachten vertellen dat zij in het team overleggen over de doorgaande leerlijn en de aanpak van differentiatie. Dit om tot een schoolbreed gedragen aanpak te komen.

Samenvatting

De bevindingen uit het literatuuronderzoek, het Delphi-onderzoek en de interviews met leerkrachten komen sterk met elkaar overeen. Een organisatie-model waarbij gewerkt wordt met een flexibele indeling in drie niveaugroepen binnen de klas wordt als haalbaar gezien. De daadwerkelijke differentiatie vindt plaats door af te stemmen op onderwijsbehoeften in de verschillende instructiemomenten (bijvoorbeeld klassikale en verlengde instructie) en in de verwerkingsstof. Het analyseren van toetsen en leerlingwerk en het voeren van rekengesprekken geeft de leerkracht doorlopende informatie over de onderwijsbehoeften van leerlingen, zodat hier gedurende het schooljaar flexibel op ingespeeld kan worden. Ook komt naar voren dat afstemmen op leerlingen met sterkere rekenvaardigheden extra aandacht vraagt.

Samengevat kan worden geconcludeerd dat differentiatie veel kennis en vaardigheden vraagt van leerkrachten. Uit recent onderzoek van de Inspectie van het Onderwijs (2015) blijkt dat leerkrachten in hun opleiding nog onvoldoende worden toegerust om goed te kunnen differentiëren. (Na)scholing van leerkrachten op het gebied van differentiatie in het rekenonderwijs is daarom van groot belang. Op basis van de resultaten uit het literatuuronderzoek, het Delphi-onderzoek en de interviews met leerkrachten is het nascholingstraject GROW voor basisscholen ontwikkeld, waarvan de effecten in een grootschalige studie worden onderzocht.

Effectstudie

In deze studie wordt onderzocht of het volgen van het GROW nascholingstraject leidt tot (a) een toename en kwalitatieve verbetering in differentiatievaardigheden van leerkrachten, (b) een grotere groei in rekenvaardigheid bij leerlingen en (c) een sterkere motivatie voor rekenen bij leerlingen.

De werkwijze

Deelnemers en design

Aan het hoofdonderzoek hebben 31 scholen uit Nederland deelgenomen. Werving van scholen heeft plaatsgevonden via advertenties en het verspreiden van folders. De deelnemende scholen hebben zich naar aanleiding daarvan vrijwillig aangemeld.

Er is in het onderzoek gebruik gemaakt van een gefaseerd quasi-experimenteel design met herhaalde onderzoeksmetingen. Het gefaseerde design is schematisch weergegeven in Afbeelding 8.3. Alle scholen nemen deel aan zes metingen tijdens de schooljaren 2012–2013 (jaar 1) en 2013–2014 (jaar 2). Scholen zijn via loting toegewezen aan drie verschillende cohorten. Een overzicht van de deelnemende scholen en de indeling per cohort is opgenomen in Box 8.4. Scholen in cohort 1 hebben het nascholingstraject direct na de eerste meting in schooljaar 2012–2013 (jaar 1) aangeboden gekregen. Scholen in cohort

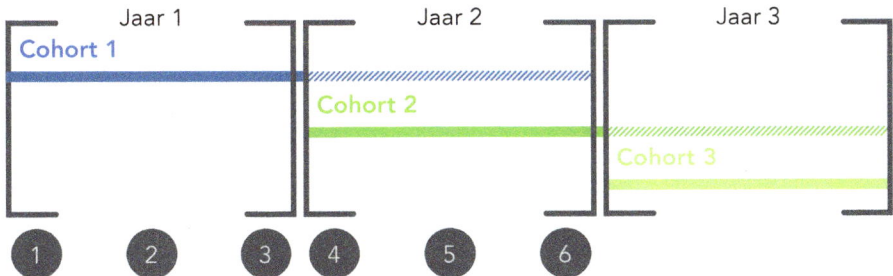

Afbeelding 8.3 Fasering van het project GROW per schooljaar: Het gefaseerde aanbod van het nascholingstraject aan de drie cohorten (in jaar 1, 2 en 3) en de planning van de zes onderzoeksmetingen (in jaar 1 en 2).

2 en cohort 3 zijn tijdens dit schooljaar 'controlescholen' geweest en hebben hun rekenonderwijs zoals gebruikelijk gegeven. Scholen in cohort 2 hebben het nascholingstraject een jaar later aangeboden gekregen, in schooljaar 2013–2014 (jaar 2). Scholen in cohort 1 hebben tijdens jaar 2 zelfstandig voortgebouwd op de ingezette veranderingen, terwijl scholen in cohort 3 dit schooljaar nog 'controle-scholen' zijn geweest. Scholen in cohort 3 hebben het nascholingstraject in schooljaar 2014–2015 (jaar 3) aangeboden gekregen nadat de onderzoeksmetingen zijn afgerond. Op deze manier kan worden onderzocht of differentiatievaardigheden van leerkrachten en rekenvaardigheden en motivatie van leerlingen sterker toenemen in scholen die het traject al volgen, wanneer deze vergeleken worden met scholen die het traject nog niet volgen.

Onderzoeksmetingen

Tijdens de zes onderzoeksmetingen zijn gegevens op klas- en leerlingniveau verzameld. Op klasniveau zijn aspecten van differentiatie gemeten. Aan het begin van jaar 1 en 2 (meting 1 en 4) hebben leerkrachten vragenlijsten ingevuld over welke aspecten van differentiatie zij toepassen in hun rekenonderwijs. Hiervoor is de Differentiatie Zelf-evaluatie Vragenlijst (Prast et al., 2015; zie ook Bijlage I) gebruikt. Daarnaast is aan het begin en aan het eind van jaar 1 en 2 (meting 1, 3, 4 en 6) in een selectie van klassen video-opnamen van rekenlessen gemaakt. Deze video-opnamen zijn gescoord op differentiatiegedrag met behulp van een voor het project ontwikkeld observatie-instrument (Prast, van de Weijer-Bergsma, Kroesbergen, & van Luit, 2014). Ook heeft een selectie van leerkrachten aan het begin en eind van jaar 2 een instructiechecklist voor vijf rekenlessen bijgehouden. Hierop hebben zij aangegeven aan welke vormen van instructie (bijvoorbeeld klassikale of verlengde instructie) zij gebruiken in de rekenles.

Box 8.4   Deelnemende scholen per cohort

Cohort 1 – Nascholingstraject aangeboden in jaar 1
- Basisschool Mariaschool (Reusel)
- Dalton het Mozaïek (Veenendaal)
- Koningin Beatrixschool (Ede)
- OBS Hoge Weerdschool (Epe)
- PCBS De Blenke (Hellendoorn)
- PCBS De Es (Hellendoorn)
- PCBS De Jan Barbier (Hellendoorn)
- PCBS Prinses Beatrix (Nijverdal)
- Willem Teellinckschool (Achterberg)
- Willibrordusschool (Oud-Beijerland)

Cohort 2 – Nascholingstraject aangeboden in jaar 2
- CBS de MarsWeijde (Harderberg)
- CBS Rheezerveen (Rheezerveen)
- CBS Sjaloom (Voorst)
- H. Henricusschool (Hippolytushoef)*
- Islamitische Basisschool Hidaya (Nijmegen)
- OBS De Pijler (Rotterdam)
- OBS Piet Mondriaan (Abcoude)
- PCB Hoef (Putten)
- 't Scathe (Pannerden)

Cohort 3 – Nascholingstraject aangeboden in jaar 3
- Basisschool De Bataaf (Tiel)*
- Basisschool De Klumpert (Nijmegen)*
- Basisschool De Linde (Macharen)
- Basisschool De Tweemaster-Kameleon (Oost-Souburg)
- Basisschool De Vier Heemskinderen (Deursen)
- Basisschool Het Molenven (Vught)
- Basisschool St Lambertus (Haren)
- CBS Avonturijn (Hilversum)
- GBS Eben Haëzer (Ureterp)
- OBS De Casembroot (Sint Annaland)
- OBS De Zevensprong (Almere)
- Pieter van der Plasschool (Wateringen)

* Deze school heeft het nascholingstraject voortijdig afgebroken of niet (volledig) gevolgd in verband met wisselingen in directie en/of verschuivingen in de prioritering van onderwijsverbeteringen.

Op leerlingniveau zijn onder andere gegevens over rekenvaardigheid verzameld. Dit is tijdens meerdere metingen (meting 2, 3, 5 en 6) gedaan met behulp van de Cito-toets Rekenen / Wiskunde (groep 3 t/m 8; Janssen, Scheltens, & Kraemer, 2005) of de Cito-toets Rekenen voor Kleuters (groep 1 en 2; Koerhuis & Keuning, 2011). Ook zijn Cito-gegevens van het schooljaar voorafgaand aan het project opgevraagd (zogeheten meting 0). In de groepen 4 tot en met 8 is ook de Tempo Test Rekenen (TTR; de Vos, 1992) gebruikt tijdens meting 1, 2, 3, 5 en 6. Daarnaast is leerlingen uit groep 3 tot en met 8 gevraagd om op meerdere meetmomenten (meting 1, 3 , 4 en 6) een vragenlijst over hun motivatie voor rekenen in te vullen, de Rekenmotivatievragenlijst voor Kinderen (Prast, van de Weijer-Bergsma, Kroesbergen, & van Luit, 2012). Omdat intelligentie en werkgeheugen belangrijke voorspellers zijn voor de rekenvaardigheid van leerlingen, zijn ook hiervoor gegevens verzameld (aan het begin jaar 1 in groep 3 tot en met 8, aan het begin van jaar 2 voor leerlingen die nieuw zijn in groep 3). Leerlingen hebben verder een klassikale test gemaakt die een schatting van het intelligentieniveau geeft, de Raven Standard Progressive Matrices (Raven, Court, & Raven, 1996). Visueel-ruimtelijk en verbaal werkgeheugen zijn gemeten met behulp van twee computertaken, respectievelijk het Leeuwenspel en het Apenspel (van de Weijer-Bergsma, Kroesbergen, Jolani, & van Luit, 2015; van de Weijer-Bergsma, Kroesbergen, Prast, & van Luit, 2014). Een globaal overzicht van de onderzoeksvariabelen per meetmoment is te vinden in Afbeelding 8.4.

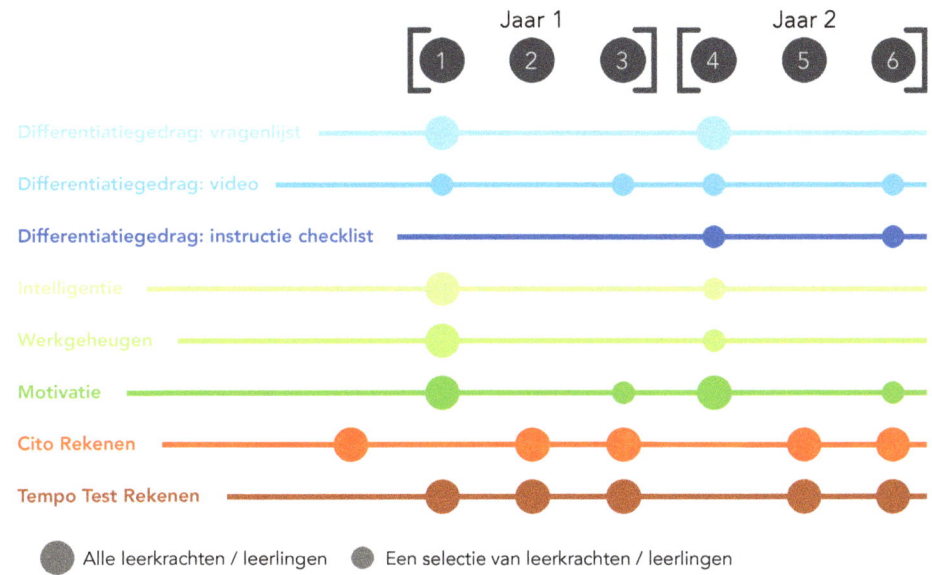

Afbeelding 8.4   Overzicht van onderzoeksvariabelen per meetmoment.

Het nascholingstraject GROW

Ontwikkeling van het traject

Het nascholingstraject is op basis van de resultaten uit het literatuuronderzoek, het Delphi-onderzoek en de leerkracht-interviews ontwikkeld. Hiervoor zijn in januari 2012 twee extra consortiumbijeenkomsten georganiseerd. In de eerste bijeenkomst is experts gevraagd om relevante trainingsmaterialen in te brengen en hun visie te geven op het organiseren van verbetertrajecten en de implementatie daarvan. De rekenexperts hebben enkele belangrijke aandachtspunten aangedragen voor het ontwikkelen van nascholing over differentiatie voor leerkrachten. Inhoudelijk is daarom aandacht besteed aan:

- indeling in verschillende subgroepen waarbij een flexibele indeling cruciaal is;
- specifieke invulling van differentiatie in de groepen 1 en 2;
- voorwaarden van differentiatie.

Wat betreft de randvoorwaarden van het traject is aandacht voor:

- het verkrijgen van inzicht in de huidige rekensituatie van een school;
- het bewerkstelligen van betrokkenheid van de deelnemers;
- mogelijkheid tot differentiatie in het traject zelf op basis van verschillen tussen *scholen* en *leerkrachten* binnen scholen;
- activerende werkvormen waarbij met de inhoud aan de slag gegaan wordt;
- het formuleren van duidelijke doelen voor de nascholing;
- borging van de nascholing in de school.

Deze aspecten zijn meegenomen in de ontwikkeling van het nascholingstraject.

In de tweede bijeenkomst is een voorstel voor een nascholingstraject (opbouw en inhoud) aan de experts gepresenteerd en besproken.

Op basis van deze bijeenkomsten is het traject vervolgens in een korte pilotstudie uitgeprobeerd in vier scholen[2]. De pilot is uitgevoerd tussen februari en mei 2012. Het aantal bijeenkomsten in de pilot (vier tot zes) en de invulling daarvan is afgestemd met de betreffende scholen. Er is gebruik gemaakt van de materialen die in het kader van het project GROW zijn ontwikkeld. Trainers hebben logboeken van de bijeenkomsten bijgehouden, waarin zij invullen welke onderdelen en materialen zij gebruiken, en hoe deze door de deelnemers en trainers ervaren worden. Ter evaluatie van de pilot hebben deelnemers na afloop evaluatie-vragenlijsten ingevuld. Het invullen van de vragenlijsten kon anoniem, maar deelnemers mochten ook hun naam opgeven als zij bereid waren om mee te werken aan een interview. Enkele leerkrachten hebben in een interview toegelicht hoe zij het nascholingstraject hebben ervaren, welke onderdelen zij bijzonder nuttig hebben gevonden, en hoe het nascholingstraject nog verbeterd zou kunnen worden. In juni 2012 zijn de resultaten van de evaluatie besproken met de consortiumleden tijdens twee consortiumbijeenkomsten. Tijdens deze bijeenkomsten is ook een opzet voor de opbouw en inhoud van het nascholingstraject in de hoofdstudie gepresenteerd en besproken.

---

2 Scholen die hebben deelgenomen aan de pilotstudie: de Dalton (Maarssenbroek), de Triangel (Maarssenbroek), de Tweesprong (Maarssenbroek) en de Meester Baars school (Rotterdam)

Consortiumleden is gevraagd om aanvullende trainingsmaterialen. Deze materialen zijn in de periode tussen juni en september 2012 verder verzameld en ontwikkeld. In september 2012 is een extra bijeenkomst gehouden om de trainingsmaterialen voor de effectstudie te presenteren. Ook tijdens het eerste implementatie jaar van het nascholingstraject, in december 2012, is een bijeenkomst voor consortiumleden georganiseerd voor een tussentijdse evaluatie van de opbouw en inhoud van het traject.

Opbouw en inhoud van het GROW nascholingstraject

Vanwege de onderzoeksdoeleinden van het project GROW wordt gekozen voor een intensieve en gestructureerde implementatie van het nascholingstraject (zie ook hoofdstuk 7). Het traject wordt schoolbreed aangeboden: zowel de schoolleider als alle groepsleerkrachten (van groep 1 tot en met groep 8) nemen deel aan het traject. Het traject wordt begeleid door een externe trainer. De externe trainers in het project GROW zijn experts uit het consortium (zie Box 8.1) en als onderwijsadviseur of docent in dienst van een van de consortiumpartners. Naast de externe trainer worden binnen elke school enkele teamleden (vaak IB-ers of rekenspecialisten) ingezet als projectcoaches (zie hoofdstuk 7 voor meer informatie over hun rol in het traject).

Het nascholingstraject bestaat uit een intakegesprek, tien teambijeenkomsten, vijf coachbijeenkomsten, en twee beleidsbesprekingen. Het aantal en de volgorde van de bijeenkomsten wordt gestandaardiseerd aangeboden om verschillen tussen scholen te voorkomen. Een overzicht van de volgorde van de bijeenkomsten is te vinden in Tabel 8.1. Meer informatie over de implementatie van het traject en praktijkervaringen hiermee is te vinden in hoofdstuk 7.

De teambijeenkomsten (totale duur 32 uur) worden verspreid over het schooljaar georganiseerd voor alle groepsleerkrachten, de schoolleider en de projectcoaches. Zes teambijeenkomsten worden geleid door de externe trainer en vier bijeenkomsten worden geleid door de projectcoach van de eigen school. In de teambijeenkomsten wordt gebruik gemaakt van een 'toolkit' met materialen gebaseerd op de differentiatiecyclus, zoals gespecificeerd in de hoofdstukken 1 tot en met 6, en kennis en vaardigheden van leerkrachten die als voorwaarden voor differentiatie gezien worden. De materialen betreffen Prezi presentaties, videomaterialen, artikelen en verwerkingsopdrachten die geordend zijn volgende de bouwstenen van de differentiatiecyclus. Er zijn 37 verwerkingsopdrachten beschikbaar gericht op de verschillende stappen uit de differentiatiecyclus, variërend in werkvorm (zie Afbeelding 7.4 voor een fragment uit de 'toolkit'). Voor veel van de opdrachten zijn twee versies beschikbaar, één voor de groepen 3 tot en met 8 en één voor de groepen 1 en 2. Daarnaast zijn negen opdrachten beschikbaar om in te spelen op verschillende voorwaarden voor differentiatie.

Tabel 8.1 Overzicht en volgorde van bijeenkomsten in het traject GROW

Soort bijeenkomst	Onder leiding van	Duur	Indicatie tijdspad in het schooljaar
Coachbijeenkomst 1	Externe coachtrainer	4 uur	september
Teambijeenkomst Introductie 1	Externe teamtrainer	4 uur	oktober
Teambijeenkomst Introductie 2	Externe teamtrainer	4 uur	oktober
Coachbijeenkomst 2	Externe coachtrainer	4 uur	oktober/november
Teambijeenkomst 1	Projectcoach	3 uur	november
Teambijeenkomst 2	Externe teamtrainer	3 uur	november
Teambijeenkomst 3	Externe teamtrainer	3 uur	november
Beleidsbespreking 1	Externe coachtrainer	2 uur	december
Coachbijeenkomst 3	Externe coachtrainer	2 uur	december
Teambijeenkomst 4	Projectcoach	3 uur	januari
Coachbijeenkomst 4	Externe coachtrainer	4 uur	januari/februari
Teambijeenkomst 5	Externe teamtrainer	3 uur	februari
Teambijeenkomst 6	Projectcoach	3 uur	maart
Beleidsbespreking 2	Externe coachtrainer	2 uur	maart/april
Coachbijeenkomst 5	Externe coachtrainer	2 uur	maart/april
Teambijeenkomst 7	Externe teamtrainer	3 uur	april
Teambijeenkomst 8	Projectcoach	3 uur	mei

De vijf coachbijeenkomsten (totale duur 16 uur) worden regionaal georganiseerd, waarbij projectcoaches van meerdere scholen uit dezelfde regio werden getraind. Tijdens de coachbijeenkomsten worden coachende vaardigheden geoefend, doelen voor het traject op de eigen school geformuleerd en teambijeenkomsten onder leiding van de projectcoach voorbereid. Ook worden de deelnemers voorbereid op het werken met Lesson study (Logtenberg et al., 2014; Murata, 2011) en het uitvoeren van klassenconsultaties met de kijkwijzer (zie hoofdstuk 7).

De twee beleidsbesprekingen (totale duur 4 uur) worden eveneens regionaal voor projectcoaches en schoolleiders georganiseerd. Tijdens deze bijeenkomsten wordt gereflecteerd op de voortgang en eventuele knelpunten in het traject.

Resultaten

In de volgende paragrafen bespreken we de eerste resultaten van de effectstudie. De vragen waarop in deze analyses antwoord gezocht worden, zijn:

- Passen leerkrachten, die hebben deelgenomen aan het nascholingstraject, méér differentiatie toe in de rekenles dan leerkrachten die (nog) niet hebben deelgenomen aan het nascholingstraject?
- Leidt implementatie van differentiatie, met behulp van het nascholingstraject GROW, tot betere rekenresultaten?

Effect op leerkrachtgedrag
Verwachting: De onderzoekers verwachten dat deelname aan het nascholingstraject leerkrachten stimuleert en ondersteunt bij het toepassen van differentiatie, en dat dit leidt tot meer observeerbare differentiatie in de rekenles.

Methode: Om deze verwachting te toetsen zijn de video-opnames van de rekenlessen bekeken met behulp van een observatie-instrument, waarbij de observator voor ieder lesfragment van 5 minuten aangeeft in hoeverre er sprake is van differentiatie voor de intensieve subgroep (bijvoorbeeld verlengde instructie of instructie op een lager handelingsniveau) en voor de gevorderde subgroep (bijvoorbeeld gerichte aandacht voor gevorderde rekenaars of extra uitdaging). Ook beoordeelt de observator algemene aspecten van differentiatie zoals het gebruik van verschillende modaliteiten (visueel / verbaal / handelend) voor de les als geheel. Voor deze analyses is gebruik gemaakt van de video-observaties aan het eind van jaar 2. Aan het eind van dat jaar heeft cohort 2 het nascholingstraject gevolgd en is cohort 3 nog controlegroep, terwijl cohort 1 het nascholingstraject al in het voorgaande jaar gevolgd heeft. Op basis van een deelsteekproef van 21 leerkrachten uit cohort 1, 25 leerkrachten uit cohort 2, en 10 leerkrachten uit cohort 3 is geanalyseerd of de scores van de verschillende cohorten significant van elkaar verschillen.

Resultaten: Aan het eind van jaar 2 zijn er kleine verschillen tussen de cohorten wat betreft differentiatie voor de intensieve subgroep, maar deze verschillen zijn te klein om betekenisvol te zijn (zie Afbeelding 8.5). De cohorten verschillen wel van elkaar op differentiatie voor de gevorderde subgroep, waarbij leerkrachten uit cohort 1 hoger scoren dan leerkrachten uit cohort 2 en 3. Cohort 1 scoort vooral hoger op aandacht voor gevorderde rekenaars en extra uitdaging. Op de schaal over differentiatie in het algemeen lijken cohort 1 en 2 wat hoger te scoren dan cohort 3, maar dit verschil is klein en het is onduidelijk of dat aan het traject of aan toeval toegeschreven kan worden. De conclusie en discussie van deze resultaten en de implicaties voor de praktijk worden besproken in Box 8.5.

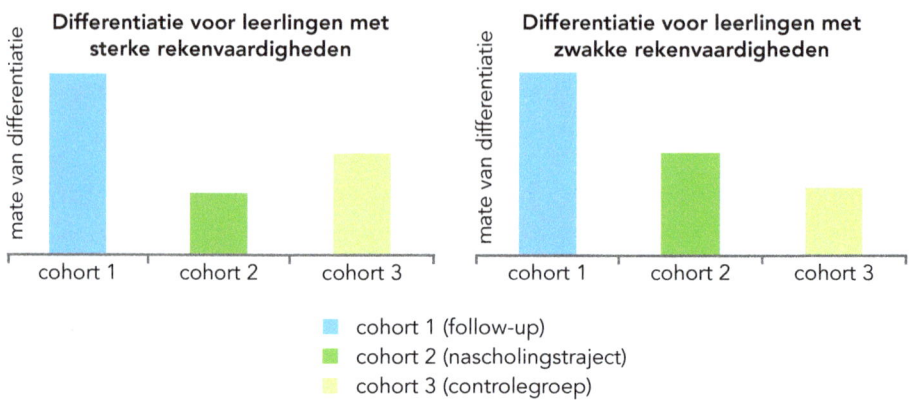

Afbeelding 8.5 Geobserveerde differentiatie door leerkrachten aan het eind van jaar 2.

Box 8.5 Effect op leerkrachtgedrag

Conclusie
Het nascholingstraject lijkt positieve effecten te hebben op het geobserveerde differentiatiegedrag van de leerkracht en dan met name op differentiatie voor gevorderde rekenaars. Opvallend is dat de positieve effecten op differentiatie voor gevorderde rekenaars pas zichtbaar zijn in het jaar ná het nascholingstraject (in cohort 1) en niet in het jaar van het nascholingstraject (in cohort 2).

Discussie en implicaties voor de praktijk
Het nascholingstraject GROW kan leerkrachten helpen bij het toepassen van differentiatie, maar het is geen wondermiddel: het vraagt van alle betrokkenen (leerkrachten, projectcoaches en schoolleiding) een langdurige investering. Differentiatie is niet iets dat een school 'even' kan invoeren: het kan wel 2 jaar duren voordat de resultaten van nascholing zichtbaar worden in het handelen van de leerkracht. Het is belangrijk dat leerkrachten voldoende tijd en mogelijkheden krijgen om te oefenen met het toepassen van differentiatie. De schoolleiding heeft hierin een faciliterende, maar ook een evaluerende en bewakende rol. Het gaat hierbij om onderwijskundig leiderschap.
    Het nascholingstraject lijkt vooral effect te hebben op differentiatie voor leerlingen met sterke rekenvaardigheden. Mogelijk is hier ook de meeste ruimte voor verbetering: specifieke aandacht voor leerlingen met sterke rekenvaardigheden (zoals subgroepinstructie) is bijvoorbeeld vóór de start van het traject bijna nooit geobserveerd. Waar de meeste leerkrachten zich zeer bewust zijn van het belang van differentiatie voor laagpresterende leerlingen, is differentiatie voor gevorderde leerlingen vaak nog een weinig uitgekristalliseerd onderwijsaspect. Het besef dat differentiatie voor leerlingen met sterke rekenvaardigheden méér is dan deze leerlingen af en toe een opdracht over laten slaan of een verrijkingsopdracht uit de methode laten maken, is voor veel leerkrachten in het traject een eye-opener. Het nascholingstraject GROW kan leerkrachten en scholen helpen om systematisch te gaan differentiëren voor alle leerlingen.
    Tegelijkertijd is het teleurstellend dat er geen observeerbare toename in differentiatie voor de intensieve subgroep is. Hoewel leerkrachten van alle cohorten relatief vaak aandacht aan deze subgroep besteden, kan de manier waarop dit gebeurt in veel gevallen nog wel geoptimaliseerd worden door nog specifieker aan te sluiten bij de onderwijsbehoeften van de leerlingen. Bijvoorbeeld door met behulp van het hoofdlijnenmodel eerst na te gaan of de leerlingen de onderliggende hoofdlijnen wel beheersen en vervolgens gericht instructie te geven (door bijvoorbeeld, indien nodig, terug te gaan naar de fase van begripsvorming).

Effect op rekenprestaties

De onderzoekers verwachten dat differentiatie een positief effect heeft op de rekenprestaties van de leerlingen. Wanneer onderwijs beter afgestemd is op de onderwijsbehoeften van de leerlingen, zal het ook effectiever moeten zijn. De verwachting is dan ook dat leerlingen van scholen die het nascholingstraject GROW volgen betere rekenvaardigheden laten zien dan leerlingen van scholen, die nog niet gestart zijn met het nascholingstraject.

Groepen 1 en 2

Methode

Om deze verwachting te toetsen in de groepen 1 en 2 zijn de vaardigheidsscores op de Cito Rekenen voor Kleuters uit jaar 1 en 2 geanalyseerd. Er is bekeken of de gemiddelde vaardigheidsscores verschillen tussen de cohorten.

Resultaten

Aan het eind van jaar 0 en in het midden van jaar 1 zijn er kleine, maar niet betekenisvolle, verschillen tussen kleuters uit de verschillende cohorten. Aan het eind van jaar 1 hebben kleuters uit cohort 1 hogere vaardigheidsscores dan kleuters uit de cohorten 2 en 3 (zie Afbeelding 8.6, linker staafdiagram).

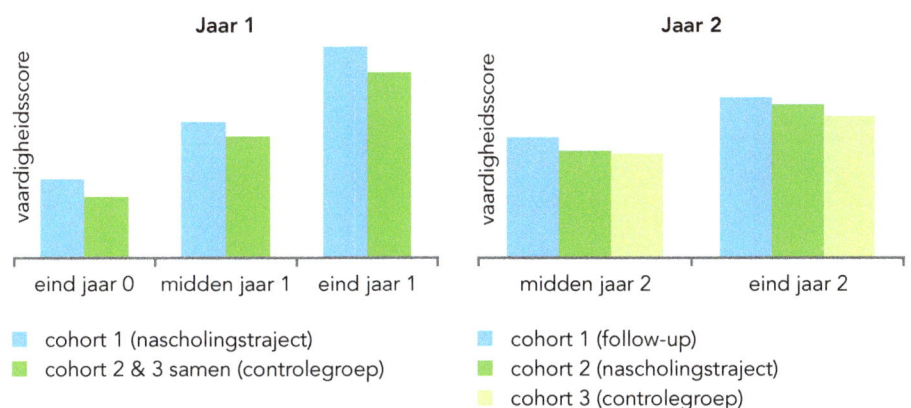

Afbeelding 8.6   Gemiddelde rekenvaardigheid in de groepen 1 en 2 in de verschillende cohorten.

In het midden van jaar 2 zijn er nog geen betekenisvolle verschillen tussen de cohorten (zie Afbeelding 8.6, rechter staafdiagram). Aan het eind van jaar 2 halen kleuters uit cohort 1 hogere vaardigheidsscores dan kleuters uit de cohorten 2 en 3. Hoewel kleuters uit cohort 2, waar het nascholingstraject dan ook is afgerond, hogere vaardigheidsscores halen dan kleuters uit cohort 3, is dit verschil te klein om dit aan het nascholingstraject toe te kunnen schrijven. De conclusie, discussie en implicaties van deze resultaten voor de praktijk worden besproken in Box 8.6.

Groepen 3 tot en met 8

Methode
Om deze verwachting te toetsen in groep 3 tot en met 8 zijn de vaardigheidsscores op de Cito-toets Rekenen en Wiskunde geanalyseerd. Voor zowel jaar 1 en jaar 2 is bekeken hoeveel de kinderen uit de verschillende cohorten binnen dat schooljaar vooruitgaan en of deze groei significant verschilt tussen de cohorten. In deze analyses is gecontroleerd voor individuele verschillen in werkgeheugen en intelligentie.

Resultaten
In jaar 1 gaan de leerlingen van cohort 1, dat in dat jaar het nascholingstraject volgde, méér vooruit dan de leerlingen van cohort 2 en 3 (zie Afbeelding 8.7, linker lijndiagram). Een herhaling van de analyses met subgroepen van leerlingen die op het eerste meetmoment laag (niveauscore V), gemiddeld (niveauscore III) of juist hoog (niveauscore I) presteren laat

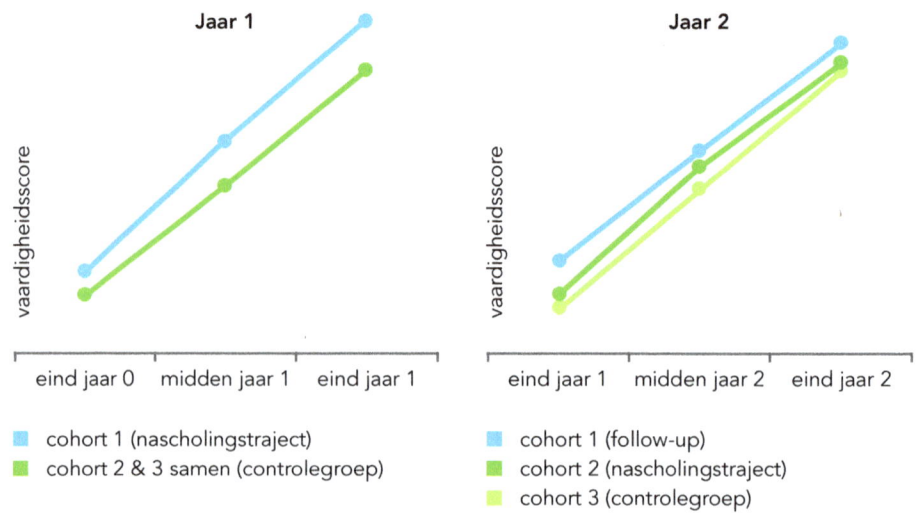

Afbeelding 8.7 Groei in rekenvaardigheid in de groepen 3 tot en met 8 in de verschillende cohorten.

Wetenschappelijke verantwoording

zien dat deze positieve effecten van toepassing zijn op al deze subgroepen. Wel lijken de effecten sterker te zijn voor de subgroep van laagpresterende leerlingen.

In jaar 2 zijn geen betekenisvolle verschillen tussen de cohorten gevonden (zie Afbeelding 8.7, rechter lijndiagram). De leerlingen van cohort 2, die in dat jaar het nascholingstraject hebben gevolgd, gaan niet significant méér vooruit dan de leerlingen in cohort 3, waar het nascholingstraject nog niet is begonnen. Ook is er geen betekenisvol verschil tussen de groei van leerlingen uit cohort 1, waar het nascholingstraject in het vorige schooljaar heeft plaatsgevonden, en de leerlingen uit cohort 2 en 3. De conclusie, discussie en implicaties van deze resultaten voor de praktijk worden besproken in Box 8.6.

Box 8.6 Effect op rekenprestaties

Conclusie
De implementatie van het nascholingstraject GROW heeft in jaar 1 een positief effect op de rekenprestaties van leerlingen van alle rekenniveaus in groep 3 tot en met 8. Het effect op de rekenprestaties is ook te zien in de kleutergroepen. In jaar 2 kunnen echter geen effecten van het nascholingstraject op de rekenprestaties aangetoond worden.

Discussie en implicaties voor de praktijk
De resultaten van jaar 1 zijn veelbelovend, omdat deze niet alleen aantonen dat differentiatie een positief effect kan hebben op rekenprestaties, maar ook dat leerlingen van alle niveaus kunnen profiteren van differentiatie. De angst van sommige leerkrachten dat een indeling van subgroepen op basis van niveau nadelig zou kunnen uitpakken voor bepaalde groepen leerlingen wordt in dit onderzoek dus niet bevestigd. Belangrijke voorwaarden hierbij zijn wel dat de subgroepen flexibel zijn, dat het onderwijs wordt aangepast aan de onderwijsbehoeften van iedere subgroep, en dat leerlingen niet altijd gescheiden zijn in subgroepen maar óók gezamenlijk leren, bijvoorbeeld tijdens de klassikale instructie. Voor de praktijk betekent dit dat het werken met de cyclus van differentiatie, zoals in dit boek uiteengezet, aan te raden is omdat het gunstige effecten kan hebben op de prestaties van alle leerlingen, juist ook voor degenen die aan het begin van het schooljaar nog relatief laag presteren.

De resultaten van jaar 2 laten echter ook zien dat het volgen van een nascholingstraject over differentiatie geen garantie is voor betere rekenresultaten. Hier kunnen allerlei verschillende verklaringen voor zijn, maar één van de meer praktijkgerichte verklaringen is dat veel afhangt van hoe een nascholingstraject door een school wordt opgepakt en of (alle) leerkrachten in staat zijn om het geleerde om te zetten in de praktijk. Het kan zijn dat sommige leerkrachten meer tijd nodig hebben om hun differentiatievaardigheden te versterken en in te zetten in de praktijk. Eerst zullen veranderingen in differentiatiegedrag bij de leerkracht zichtbaar moeten worden, voordat er effecten op het niveau van de leerlingen gevonden kunnen worden. Uiteindelijk is de leerkracht doorslaggevend voor het succes van differentiatie.

validation of

Amélie Roy*, Frédéric

Département des fondements et pra
Université Laval, Québec, Canada

(Rec

EDUCATIONAL PSYCHOLOG
Copyright © Taylor & Francis G
ISSN: 0046-1520 print / 1532-69
DOI: 10.1080/00461520802178

Literatuur

Abbott, G. N., Stening, B. W., Atkins, P. W. B., & Grant, A. J. (2006). Coaching expatriate managers for success: Adding value beyond training and mentoring. *Asia Pacific Journal of Human Resources, 44*, 295-317.

Anderson, L. W. (Ed.), Krathwohl, D. R. (Ed.), Airasian, P. W., Cruikshank, K. A., Mayer, R. E., Pintrich, P. R., . . . Wittrock, M. C. (2001). *A taxonomy for learning, teaching, and assessing: A revision of Bloom's taxonomy of educational objectives* (Complete edition). New York, NY: Longman.

Baard, P. E., Deci, E. L., & Ryan, R. M. (2004). Intrinsic need satisfaction: A motivational basis of performance and well-being in two work settings. *Journal of Applied Social Psychology, 34*, 2045-2068. doi:10.1037/0003-066x.55.1.68

Bakker, M., Bouwman, A., Kaskens, J., & Noteboom, A. (2011). *Als kleuters leren meten*. Amersfoort: CPS.

Ball, D. L., Thames, M. H., & Phelps, G. (2008). Content knowledge for teaching: What makes it special? *Journal of Teacher Education, 59*, 389-407.

Blankestijn, S. (2011). *Trainen met hart en ziel*. Soest: Uitgeverij Nelissen.

Blok, H. (2004). Adaptief onderwijs: Betekenis en effectiviteit. *Pedagogische Studiën, 81*, 5-27.

Borghouts, C., Smits-Verburg, H., & Doorn, F. van (2003). *Haal meer uit je rekentoets. Foutenanalyse bij de Cito-toets Rekenen Wiskunde*. Amsterdam: ABC.

Bosker, R. J. (2005). *De grenzen van gedifferentieerd onderwijs*. Groningen: Rijksuniversiteit Groningen (Inaugurele rede).

Boswinkel, N., Buijs, K., & Os, S. van (2012). *Passende perspectieven rekenen. Overzichten van leerroutes*. Enschede: SLO.

Castelijns, J., & Stevens, L. M. (1996). *Responsieve instructie in de onderbouw*. Amersfoort: CPS.

Cijvat, I., Knol, D., Mulders, H., Reinders, E., & Vernooy, K. (2013). *Duurzame schoolontwikkeling*. Huizen: Pica.

Corno, L. (2008). On teaching adaptively. *Educational Psychologist, 43*, 161-173. doi:10.1080/00461520802178466

Coubergs, C., Struyven, K., Engels, N., Kools, W., & De Martelaer, K. (2013). *Binnenklasdifferentiatie. Leerkansen voor alle leerlingen*. Leuven, België: Acco.

Cronbach, L. J., & Snow, R. E. (1977). *Aptitudes and instructional methods: A handbook for research on interactions*. New York, NY: Irvington.

Csikszentmihalyi, M. (1990). *Flow: The psychology of optimal experience*. New York, NY: Harper Perennial.

Curry, B. K. (1992). *Instituting enduring innovations. Achieving continuity of change in higher education.* Washington, DC: ERIC Clearinghouse on Higher Education, School of Education and Human Development.

Deci, E. L., & Ryan, R. M. (2000). The 'what' and 'why' of goal pursuits: Human needs and the self-determination of behavior. *Psychological Inquiry, 11,* 227-268. doi:10.1207/S15327965PLI1104_01

Deunk, M., Doolaard, S., Smale-Jacobse, A., & Bosker, R. J. (2015). *Differentiation within and across classrooms: A systematic review of studies into the cognitive effects of differentiation practices.* Groningen: Rijksuniversiteit / GION.

Diezmann, C. M., & Watters, J. J. (2000). Catering for mathematically gifted elementary children: Learning from challenging tasks. *Gifted Child Today, 23,* 14-52. doi:10.4219/gct-2000-737

Dweck, C. S. (2000). *Self-theories: Their role in motivation, personality, and development.* Philadelphia, PA: Psychology press.

Faber, J. M., Visscher, A. J., & Schut, W. G. C. (2015). *Opbrengstgericht werken in het primair onderwijs: Competenties, uitvoering en resultaten.* Enschede: Universiteit Twente.

Fernandez, C. & Yoshida, M. (2004). *Lesson study: A Japanese approach to improving mathematics teaching and learning.* Mahwah, NJ: Lawrence Erlbaum Associates, Publishers.

Förrer, M., & Schouten, E. (2009). *Klassenmanagent in de basisschool.* Amersfoort: CPS.

Fullan, M. (2002). Beyond instructional leadership: The change leader. *Educational Leadership, 59,* 16-21.

Gal'perin, P. J. (1969). Stages in the development of mental acts. In M. Cole & I. Maltzman (Eds.), *A handbook of contemporary Soviet psychology* (pp. 249-273). New York, NY: Basic Books.

Gavin, M. K., & Moylan, K. G. (2012). 7 steps to high-end: Research-based actions and practical ideas for implementation can help shape your differentiated instruction. *Teaching Children Mathematics, 19,* 184-192. doi:10.5951/teacchilmath.19.3.0184

Gelderblom, G. (2007). *Effectief omgaan met verschillen in het rekenonderwijs.* Amersfoort: CPS.

Gelderblom, G. (2008). *Effectief omgaan met zwakke rekenaars.* Amersfoort: CPS.

Gelderblom, G. (2009). Effectieve rekeninstructie: De sleutel tot rekensucces. *Jeugd in School en Wereld (JSW), 94*(3), 12-15.

Gelderblom, G. (2010). Effectieve instructie is hart van rekenonderwijs. *Didactief, 40*(7), 6-7.

Groenestijn, M. van, Borghouts, C., & Janssen, C. (2011). *Protocol ernstige rekenwiskundeproblemen en dyscalculie.* Assen: Koninklijke Van Gorcum.

Hargreaves, A. (2008). *The fourth way of change: Towards an age of inspiration and sustainability.* Boston, MA: Boston College.

Hasson, F., Keeney, S., & McKenna, H. (2000). Research guidelines for the Delphi survey technique. *Journal of Advanced Nursing, 32,* 1008-1015. doi:10.1046/j.1365-2648.2000. t01-1-01567.x

Hattie, J. (2014). *Leren zichtbaar maken.* Rotterdam: Bazalt educatieve uitgaven.

Hattie, J., & Timperley, H. (2007). The power of feedback. *Review of Educational Research, 77,* 81-112. doi:10.3102/003465430298487

Hollenberg, J. (2013). Analyseren en toetsgegevens optimaal benutten. *Volgens Bartjens, 33*(2), 34-37.

Homan, T. (2005). *Organisatiedynamica. Theorie en praktijk van organisatieverandering.* Den Haag: Sdu uitgevers.

Inspectie van het onderwijs (2014). *De staat van het onderwijs, Onderwijsverslag 2012/2013.* Utrecht: Inspectie van het Onderwijs. Geraadpleegd via www.onderwijsinspectie.nl

Inspectie van het Onderwijs (2015). *Beginnende leraren kijken terug.* Utrecht: Inspectie van het Onderwijs.

Janson, D. (2011). Differentiatie vraagt voorbereiding: Een groepsplan in de rekenles. *Volgens Bartjens, 31*(5), 10-13.

Janson, D., & Noteboom, A. (2004). *Compacten en verrijken van de rekenles voor (hoog)- begaafde leerlingen in het basisonderwijs.* Enschede: SLO.

Janssen, J., & Hickendorff, M. (2009). Categorieënanalyse bij de LOVS toetsen rekenen- wiskunde. In M. van Zanten (Ed.), *Leren van evalueren: De lerende in beeld bij reken- wiskundeonderwijs* (pp. 49-60). Utrecht: Flsme, Universiteit Utrecht.

Janssen, J., Scheltens, F., & Kraemer, J. M. (2005). *Leerling- en onderwijsvolgsysteem rekenen-wiskunde.* Arnhem: Cito.

Joyce, B., & Showers, B. (2002). *Student achievement through staff development* (3e ed.). Alexandra, VA: Association for Supervision and Curriculum Development.

Kaskens, J., & Goei, S. L. (2016). The implementation of Lesson study in primary education in the Netherlands. In S. L. Goei (Ed.), *Lesson study for inclusive teaching.* London, UK: Taylor & Francis.

Klep, J., & Noteboom, A. (2010). *Als kleuters leren tellen ... : Peilen en stimuleren van getalbegrip bij jonge leerlingen.* Amersfoort: CPS.

Koerhuis, I., & Keuning, J. (2011). *Wetenschappelijke verantwoording van de toetsen Re- kenen voor kleuters.* Arnhem: Cito.

Kotter, J. P., & Cohen, D. S. (2002). *The heart of change. Real life stories of how people change their organizations.* Boston, MA: Harvard Business School Press.

Kroesbergen, E. H., & Luit, J. E. H. van (2003). Mathematics interventions for children with special educational needs: A meta-analysis. *Remedial and Special Education, 24,* 97-114.

Kulik, J. A. (1992). *An analysis of the research on ability grouping: Historical and contemporary perspectives* (RBDM 9204). Storrs, CT: The National Research Center on the Gifted and Talented, University of Connecticut.

Liamputtong, P. (2011). *Focus group methodology. Principles and practice.* London, UK: Sage.

Linde-Meijerink, G. van der, & Kuipers, L. (2011). *Methoden, materialen en screeningsinstrumenten.* Enschede: SLO. Geraadpleegd via: http://www.slo.nl/primair/themas/jongekind/materialen/

Linde-Meijerink, G. van der, & Noteboom, A. (2015). *Rekenspelletjes voor kleuters.* Enschede: SLO. Geraadpleegd via: http://rekenspel.slo.nl/rondjerekenspel/RekenspellenJongeKind/

Logtenberg, H., Lange, S. de, Kamphof, G., Loman, E., Tuyl, L.A., Buitenhuis, A.E., . . . Luit, J. E. H. van (2014). *Lesson study (OGW, PO/VO).* Geraadpleegd via http://www.schoolaanzet.nl/over-school-aan-zet/call-for-proposals/lesson-study-ogw-povo/

Lou, Y., Abrami, P. C., Spence, J. C., Poulsen, C., Chambers, B., & d'Appolonia, S. (1996). Within-class grouping: A meta-analysis. *Review of Educational Research, 66,* 423-458. doi:10.3102/00346543066004423

Luit, J. E. H. van (1994). The effectiveness of structural and realistic arithmetic curricula in children with special needs. *European Journal of Special Needs Education, 9,* 16-26. doi:10.1080/0885625940090102

Luit, J. E. H. van (2010). *Dyscalculie, een stoornis die telt.* Doetinchem: Graviant (Inaugurale rede).

Luit, J. E. H. van (2015). Theoretische achtergrond van 'Hulp bij leerproblemen: Rekenen en wiskunde'. In H. W. Bakker-Renes & C. M. Fennis-Poort (Red.), *Hulp bij leerproblemen: Rekenen & wiskunde* (pp. G0041/1-G0041/7). Alphen aan den Rijn: Betelgeuze.

Luit, J. E. H. van, Bloemert, J., Ganzinga, E. G., & Mönch, M. E. (2014). *Protocol dyscalculie: Diagnostiek voor gedragsdeskundigen* (2e druk). Doetinchem: Graviant.

Luit, J. E. H. van, & Rijt, B. A. M. van de (2009). *Utrechtse Getalbegrip Toets-Revised.* Doetinchem: Graviant.

Luit, J. E. H. Van, & Toll, S. W. M. (2013). *Op weg naar rekenen. Remediërend programma voor kleuterrekenen.* Doetinchem: Graviant.

Marzano, R. J. (2012). *Becoming a reflective teacher.* Bloomington, IN: Marzano Research.

Maslow, A. H. (1987). *Motivation and Personality* (3rd ed.). New York, NY: Harper and Row.

Ministerie van Onderwijs, Cultuur & Wetenschap (2009). *Referentiekader Taal en Rekenen.* Almelo: Lulof Druktechniek.

Ministerie van Onderwijs, Cultuur & Wetenschap (2014). *Plan van aanpak toptalenten 2014-2018*. Geraadpleegd via https://www.rijksoverheid.nl/documenten/kamerstukken/2014/03/10/plan-van-aanpak-toptalenten-2014-2018

Mönks, F. J., & Mason, E. J. (2000). Developmental psychology and giftedness: Theories and research. In K. A. Heller, F. J. Mönks, R. J. Sternberg, & R. F. Subotnik (Eds.), *International handbook of giftedness and talent* (2nd ed., pp. 141-155). Oxford, UK: Pergamon.

Mourshed, M., Chijioke, C., & Barber, M. (2010). *How the world's most improved school systems keep getting better*. London, UK: McKinsey.

Murata, A. (2011). Introduction: Conceptual overview of Lesson study. In L. C. Hart, A. Alston, & A. Murata, (Eds.), *Lesson study research and practice in mathematics education* (pp. 1-12). London, UK: Springer.

Murata, A., Bofferding, L., Pothen, B. E., Taylor, M. W., & Wischnia, S. (2012). Making connections among student learning, content, and teaching: Teacher talk paths in elementary mathematics Lesson study. *Journal for Research in Mathematics Education*, 43, 616-650. doi:10.5951/jresematheduc.43.5.0616

Nathans, H. (2004). *Adviseren als beroep. Resultaat bereiken als adviseur*. Deventer: Kluwer.

Nelissen, J. M. C. (2006). Opvattingen over innovatie en implementatie. *Tijdschrift voor Nascholing en Onderzoek van het Reken-wiskundeonderwijs*, 21(4), 14-21.

Nijhof, M. (2012). *Handvatten voor sterke rekenaars op school*. Amersfoort: Expertis Onderwijsadviseurs.

Noteboom, A. (2009). *Fundamentele doelen rekenen-wiskunde: Uitwerking van het fundamenteel niveau 1F voor einde basisonderwijs, versie 1.2*. Enschede: SLO.

Noteboom, A. (2013). *Beschrijving van spellen ter ondersteuning van het rekenen in het basisonderwijs*. Enschede: SLO.

Noteboom, A., & Klep, J. (2010). *Als kleuters leren tellen...* Amersfoort: CPS/SLO.

Noteboom, A., Os, S. van, & Spek, W. (2011). *Concretisering referentieniveaus rekenen 1F/1S*. Enschede: SLO.

Notten, C., Versteeg, B., & Martens, L. (2014). *Leren rekenen, ook als het moeilijk wordt*. Assen: Koninklijke Van Gorcum.

Nye, B., Konstantopoulos, S., & Hedges, L. V. (2004). How large are teacher effects? *Educational Evaluation and Policy Analysis*, 26, 237-257. doi:10.3102/01623737026003237

Pameijer, N., & Beukering, T. van (2009). *Handelingsgerichte diagnostiek*. Leuven: Acco.

Pameijer, N., Beukering, T. van, & Lange, S. de (2009). *Handelingsgericht werken: Een handreiking voor het schoolteam*. Leuven/Den Haag: Acco.

Prast, E., Weijer-Bergsma, E. van de, Kroesbergen, E. H., & Luit, J. E. H. van (2012). *Handleiding voor de Rekenmotivatievragenlijst voor Kinderen*. Utrecht: Universiteit Utrecht.

Prast, E., Weijer-Bergsma, E. van de, Kroesbergen, E. H. & Luit, J. E. H. van (2014). *Differentiatie in Mathematische Instructie (DMI): Een observatie-instrument*. Utrecht: Universiteit Utrecht.

Prast, E., Weijer-Bergsma, E. van de, Kroesbergen, E. H., & Luit, J. E. H. van (2015). Readiness-based differentiation in primary school mathematics: Expert recommendations and teacher self-assessment. *Frontline Learning Research, 3*, 90-116. doi:10.14786/flr.v3i2.163

Raven, J. C., Court, J. H., & Raven, J. (1996). *Manual for Raven's Standard Progressive Matrices and Vocabulary Scales*. Oxford, UK: Oxford Psychologists Press.

Reezigt, G. J., & Creemers, B. P. M. (2005). A comprehensive framework for effective school improvement, school effectiveness and school improvement. *International Journal of Research, Policy and Practice, 16*, 407-424. doi:10.1080/09243450500235200

Roelofs, E., Raemaekers, J., & Veenman, S. (1991). *Verder met combinatieklassen: Effecten van teamgerichte nascholing en coaching*. Nijmegen: ITS.

Roth McDuffie, A. M., & Mather, M. (2006). Reification of instructional materials as part of the process of developing problem-based practices in mathematics education. *Teachers and Teaching: Theory and Practice, 12*, 435-459. doi:10.1080/13450600600644285

Roy, A., Guay, F., & Valois, P. (2013). Teaching to address diverse learning needs: Development and validation of a differentiated instruction scale. *International Journal of Inclusive Education, 17*, 1186-1204. doi:10.1080/13603116.2012.743604

Ruijssenaars, A. J. J. M., Luit, J. E. H. van, & Lieshout, E. C. D. M. van (2006). *Rekenproblemen en dyscalculie. Theorie, onderzoek, diagnostiek en behandeling*. Rotterdam: Lemniscaat.

Severiens, S., Wolff, R., & Herpen, S. van (2014). Teaching for diversity: A literature overview and an analysis of the curriculum of a teacher training college. *European Journal of Teacher Education, 37*, 295-311. doi:10.1080/02619768.2013.845166

Shute, V. J. (2008). Focus on formative feedback. *Review of Educational Research, 78*, 153-189. doi:10.3102/0034654307313795

Sjoers, S. (2012). Excellent rekenen in beeld: Rekenen voor (hoog) begaafde leerlingen. *Volgens Bartjens, 32*(1), 4-7.

Slavin, R. E. (1987). Ability grouping and student achievement in elementary schools: A best-evidence synthesis. *Review of Educational Research, 57*, 293-336. doi:10.3102/00346543057003293

Slavin, R. E., & Lake, C. (2008). Effective programs in elementary mathematics: A best-evidence synthesis. *Review of Educational Research, 78*, 427-515. doi:10.3102/0034654308317473

SLO (2010). *Rekenontwikkeling van het jonge kind: De doelen*. Enschede: SLO.

SLO (2013). *Scholing opbrengstgericht werken met jonge kinderen.* Enschede: SLO.

SLO (2015a). *Als je merkt dat het werkt...* Geraadpleegd via: www.slo.nl/primair/themas/als-je-merkt-dat-het-werkt/

SLO (2015b). *Digilijn rekenen.* Geraadpleegd via: http://digilijnrekenen.slo.nl/

Stals, K. (2012). *De cirkel is rond. Onderzoek naar succesvolle implementatie van interventies in de jeugdzorg.* Utrecht: Universiteit Utrecht (Proefschrift).

Theeboom, T., Beersma, B., & Vianen, A. van (2013). Wat is coaching en werkt het. *Tijdschrift voor Coaching, 3,* 97-100.

Tieso, C. L. (2002). *The effects of grouping and curricular practices on intermediate students' mathematics achievement.* Storrs, CT: National Research Center on the Gifted and Talented.

Tieso, C. L. (2003). Ability grouping is not just tracking anymore. *Roeper Review, 26,* 29-36. doi:10.1080/02783190309554236

Tieso, C. L. (2005). The effects of grouping practices and curricular adjustments on achievement. *Journal for the Education of the Gifted, 29,* 60-89. doi:10.1177/016235320502900104

Tomlinson, C. A. (2005). *How to differentiate instruction in mixed ability classrooms* (2nd ed.). Upper Saddle River, NJ: Pearson Education.

Tomlinson, C. A., Brighton, C., Hertberg, H., Callahan, C. M., Moon, T. R., Brimijoin, . . . Reynolds, T. (2003). Differentiating instruction in response to student readiness, interest, and learning profile in academically diverse classrooms: A review of literature. *Journal for the Education of the Gifted, 27,* 119-145. doi:10.1177/016235320302700203

VanTassel-Baska, J., Quek, C., & Feng, A. X. (2007). The development and use of a structured teacher observation scale to assess differentiated best practice. *Roeper Review, 29,* 84-92. doi:10.1080/02783190709554391

Veen, K. van, Zwart, R., & Meirink, J. (2010, juni). *Professionele ontwikkeling van docenten: Resultaten van een PROO-reviewstudie.* Paper gepresenteerd op de Onderwijs Research Dagen, Enschede.

Verloop, N., & Lowyck, J. (2009). *Onderwijskunde: Een kennisbasis voor professionals.* Groningen/Houten: Noordhoff.

Visser, Y. (2003). *Coaching in het primair onderwijs.* Amersfoort: CPS.

Vos, T. de (1992). *Tempo Test Rekenen (TTR).* Amsterdam: Harcourt Test Publishers.

Vos, T. de (2010). *Tempo Test Automatiseren (TTA).* Amsterdam: Boom Test Uitgevers.

Vygotsky, L. S. (1978). *Mind in society: The development of higher psychological processes.* Cambridge, MA: Harvard University Press.

Weerd, N. T. E. de, & Logtenberg. H. (2011). *Lesson Study: No teacher left behind.* Zwolle/Amersfoort: Hogeschool Windesheim/CPS.

Weijer-Bergsma, E. van de, Kroesbergen, E., Jolani, S., & Luit, J. E. H. van (2015). The Monkey game: A computerized verbal working memory task for self-reliant administration in primary school children. *Behavior Research Methods*. doi:10.3758/s13428-015-0607-y

Weijer-Bergsma, E. van de, Kroesbergen, E. H., Prast, E., & Luit, J. E. H. van (2014). Validity and reliability of an online visual-spatial working memory task for self-reliant administration in school-aged children. *Behavior Research Methods, 47*, 708-719. doi:10.3758/s13428-014-0469-8

Weijer-Bergsma, E. van de, & Prast, E. (2013). Gedifferentieerd rekenonderwijs volgens experts: De resultaten uit een Delphi onderzoek. *Orthopedagogiek: Onderzoek & Praktijk, 52*, 336-349.

Weijer-Bergsma, E. van de, Prast, E., Kroesbergen, E., & Luit, J. E. H. van (2012). Afstemmen op onderwijsbehoeften: Gedifferentieerd rekenonderwijs. *Volgens Bartjens, 31*, 4, 31-33.

Williams, L. (2008). Tiering and scaffolding: two strategies for providing access to important mathematics. *Teaching Children Mathematics, 14*, 324-329.

With, J. de, Littel, H., & Hoogendijk, W. (2003). *De rekenles: Een vak apart*. Rotterdam: CED-Groep.

Yogica (2015). *De Balintmethode*. Geraadpleegd via www.yogica.net/Components/balintmethode.pdf

Yoon, K. S., Duncan, T., Lee, S. W. Y., Scarloss, B., & Shapley, K. (2007). *Reviewing the evidence on how teacher professional development affects student achievement*. (Issues & Answers Report, REL 2007-No.033). Washington, DC: Department of Education, Institute of Education Sciences, National Center for Education Evaluation and Regional Assistance, Regional Educational Laboratory Southwest.

Yousuf, M. I. (2007). Using experts' opinions through Delphi technique. *Practical Assessment Research & Evaluation, 12*, 1-7.

Ysseldyke, J., Tardrew, S., Betts, J., Thill, T., & Hannigan, E. (2004). Use of an instructional management system to enhance math instruction of gifted and talented students. *Journal for the Education of the Gifted, 27*, 293-310. doi:10.4219/jeg-2004-319

Zanten, M. van (2009). Verschillende oplossingsstrategieën variëren of vermijden. *Volgens Bartjens, 28*(3), 4-8.

Bijlagen

Bijlage I
Differentiatie Zelf-evaluatie Vragenlijst

Handleiding

Met onderstaande vragenlijst kunnen leerkrachten (individueel en in teamverband) zelf in kaart brengen hoe het staat met de toepassing van differentiatie in het rekenonderwijs: welke aspecten van differentiatie worden al toegepast, en welke aspecten kunnen nog verder ontwikkeld worden? Elke stelling wordt beantwoord op een vijfpuntsschaal:

1 - helemaal niet van toepassing op mij
2 - niet van toepassing op mij
3 - enigszins van toepassing op mij
4 - van toepassing op mij
5 - helemaal van toepassing op mij

De vragenlijst kan op verschillende manieren gebruikt worden:

- Door voor elke subschaal een *gemiddelde schaalscore* te berekenen en deze in te vullen in het differentiatieprofiel verderop in deze bijlage, krijgt u zicht op welke stap(pen) uit de differentiatiecyclus u nog kunt versterken.
- Door naar de *antwoorden* binnen elke subschaal te kijken, krijgt u zicht op welk specifieke aspect van een bepaalde stap u differentiatie nog zou kunnen verbeteren. Een score van 3 of lager op een item kan aanleiding zijn om dit aspect van differentiatie verder te ontwikkelen. Naast elk item staat aangegeven op welke pagina(s) meer informatie over dit onderwerp gevonden kan worden.
- De vragenlijst kan gebruikt worden gebruikt worden om te *identificeren* (wat is de stand van zaken bij aanvang van professionalisering?) en te *evalueren* (welke verbeteringen zijn opgetreden? Zijn de gestelde doelen van de professionalisering behaald?).
- Bij het gebruik van de vragenlijst in een schoolteam wordt sterk geadviseerd om de antwoorden *anoniem* te verwerken, bijvoorbeeld door een frequentieverdeling te maken van het aantal gegeven antwoorden op de verschillende vragen.

In project GROW is aangetoond dat de vragenlijst een betrouwbaar en valide meetinstrument is voor differentiatiegedrag (Prast et al., 2015).

Differentiatie Zelf-evaluatie Vragenlijst

Onderwijsbehoeften vaststellen [stap 1, hoofdstuk 2]

		Helemaal niet van toepassing op mij				Helemaal van toepassing op mij	Zie pagina
1.	Ik analyseer de antwoorden op methodegebonden rekentoetsen om de onderwijsbehoefte van een leerling in te schatten	1	2	3	4	5	28, 29, 31, 32, 33, 35, 111-112
2.	Ik analyseer de antwoorden op Cito-rekentoetsen om de onderwijsbehoefte van een leerling in te schatten	1	2	3	4	5	31, 32, 33, 35, 111-112
3.	Ik schat de onderwijsbehoefte van specifieke leerlingen in op basis van ingevulde rekenopdrachten	1	2	3	4	5	29, 32, 33, 51, 109, 115, 116
4.	Ik schat de onderwijsbehoefte van specifieke leerlingen in op basis van (informele) observaties tijdens de rekenles	1	2	3	4	5	28, 29, 33, 36-37, 50, 51, 109, 115, 116
5.	Ik voer indien nodig diagnostische gesprekken om de onderwijsbehoefte van specifieke leerlingen te analyseren	1	2	3	4	5	32, 33, 38-46, 51, 109, 114-115, 116

Somscore	Aantal items	Gemiddelde schaalscore
:	5	=

195

Gedifferentieerde doelen stellen [stap 2, hoofdstuk 3]

		Helemaal niet van toepassing op mij				Helemaal van toepassing op mij	Zie pagina
6.	Ik hanteer verschillende doelen voor de leerlingen, afhankelijk van hun niveau	1	2	3	4	5	59-60, 61, 63, 66, 69
7.	Ik stel extra uitdagende doelen voor leerlingen met sterke rekenvaardigheden	1	2	3	4	5	59, 62-64
8.	Voor leerlingen met zwakke rekenvaardigheden hanteer ik weloverwogen (minimum)doelen	1	2	3	4	5	59, 60-62, 65-66
9.	Ik ken de mogelijkheden die de methode biedt voor differentiatie	1	2	3	4	5	50, 60, 69, 92, 94, 96
10.	Ik benut de mogelijkheden die de methode biedt voor differentiatie voor leerlingen met sterke rekenvaardigheden	1	2	3	4	5	69, 94, 96
11.	Ik benut de mogelijkheden die de methode biedt voor differentiatie voor leerlingen met zwakke rekenvaardigheden	1	2	3	4	5	69, 93

Somscore   Aantal items   Gemiddelde schaalscore

: 6 =

Differentiatie Zelf-evaluatie Vragenlijst

Gedifferentieerde instructie [stap 3, hoofdstuk 4]

		Helemaal niet van toepassing op mij				Helemaal van toepassing op mij	Zie pagina
12.	Ik pas het handelingsniveau van mijn instructie aan aan de behoefte(n) van de leerlingen	1	2	3	4	5	19-21, 74, 75, 76-77, 79, 80, 82
13.	Ik pas de modaliteit van mijn instructie (visueel, verbaal, handelend) aan aan de behoefte(n) van de leerlingen	1	2	3	4	5	74, 75, 83
14.	Ik pas het tempo van mijn instructie aan aan de behoefte(n) van de leerlingen	1	2	3	4	5	74, 75, 79
15.	Ik stel bewust open vragen tijdens de klassikale instructie	1	2	3	4	5	74, 75, 77, 82
16.	Ik stel bewust vragen van verschillende moeilijkheidsgraad tijdens de klassikale instructie	1	2	3	4	5	74, 75, 77, 82
17.	Ik geef regelmatig extra instructie (verlengde instructie, preteaching) aan leerlingen met zwakkere rekenvaardigheden	1	2	3	4	5	74, 78, 80, 83, 86-88
18.	Ik geef leerlingen met sterke rekenvaardigheden regelmatig instructie of begeleiding op hun niveau, in groepsverband of individueel	1	2	3	4	5	74, 80, 82, 86-88

Somscore   Aantal items   Gemiddelde schaalscore

: 7 =

Bijlage I

Gedifferentieerde verwerking [stap 4, hoofdstuk 5]

		Helemaal niet van toepassing op mij				Helemaal van toepassing op mij	Zie pagina
19.	Ik varieer verschillende verwerkingsvormen tijdens de rekenles (bijv. individueel – groepsgewijs, oplossing gesproken – geschreven – getekend)	1	2	3	4	5	92, 98
20.	Ik stem verschillende vormen van verwerking af op de behoeften van de verschillende leerlingen in de klas (bijv. specifieke leerling de sommen op de computer laten maken omdat hij hier meer van leert)	1	2	3	4	5	92, 96, 97, 98, 100
21.	Ik selecteer de meest belangrijke verwerkingsstof voor leerlingen met zwakke rekenvaardigheden	1	2	3	4	5	93-94, 99
22.	Ik maak gebruik van compacting van de methode voor leerlingen met sterke rekenvaardigheden	1	2	3	4	5	92, 94-96, 99
23.	Ik bied leerlingen met sterke rekenvaardigheden verrijkingsopdrachten	1	2	3	4	5	94-96
24.	Ik maak in mijn rekenonderwijs ook gebruik van computerprogramma's of websites over rekenen	1	2	3	4	5	*
25.	Ik zet computerprogramma's of websites in om leerlingen gericht te laten oefenen met een vaardigheid die ze nog niet voldoende beheersen	1	2	3	4	5	93-94, 99*
26.	Ik zet computers en / of rekenwebsites in om bepaalde leerlingen extra uitdaging te bieden in de rekenles	1	2	3	4	5	94-96*

	Somscore	Aantal items		Gemiddelde schaalscore
	:	8 (of 5)*	=	

* Als u (nog) geen gebruik maakt van computersoftware of websites, dan kunt u ook alleen de eerste vijf vragen invullen en door 5 delen om een gemiddelde schaalscore te berekenen. Computersoftware en websites voor rekenen kunnen een effectieve manier zijn om te differentiëren, zeker wanneer het aanbod van deze programma's adaptief is. De principes voor differentiatie zijn hetzelfde als bij verwerking 'op papier'. Wij verwijzen in dit boek niet naar specifieke software en websites omdat deze aan snelle veranderingen onderhevig kunnen zijn.

Differentiatie Zelf-evaluatie Vragenlijst

Aanvullende aandachtspunten bij verwerking

- Hoe selecteert u de meest belangrijke verwerkingsstof voor leerlingen met (zeer) zwakke rekenvaardigheden? *(pagina 93-94)*
- Hoe selecteert u de stof voor het compacte programma? *(pagina 94-95)*
- Op basis waarvan beoordeelt u of leerlingen in aanmerking komen voor een compact programma? *(pagina 94, 115)*
- Wat voor verrijkingsopdrachten biedt u aan? *(pagina 95-97)*
- Hoe vaak maken leerlingen met sterke rekenvaardigheden bij u in de klas verrijkingsopdrachten? *(pagina 101-102)*

Evalueren van differentiatie [stap 5, hoofdstuk 6]

		Helemaal niet van toepassing op mij				Helemaal van toepassing op mij	Zie pagina
27.	Ik gebruik scores op Cito- en methodegebonden toetsen om te evalueren of de leerdoelen bereikt zijn	1	2	3	4	5	110-112, 113-114, 114-115
28.	Ik analyseer de antwoorden op methodegebonden toetsen om te evalueren of de leerdoelen van de lessencyclus bereikt zijn	1	2	3	4	5	110-111, 113, 114-115
29.	Ik evalueer regelmatig of alle leerlingen de lesdoelen bereikt hebben op basis van hun dagelijkse rekenwerk	1	2	3	4	5	109, 115, 116-117
30.	Ik evalueer of alle leerlingen de lesdoelen bereikt hebben op basis van (informele) observaties tijdens de rekenles	1	2	3	4	5	106, 108-109, 116
31.	Ik voer diagnostische gesprekken om te evalueren of specifieke leerlingen de lesdoelen bereikt hebben	1	2	3	4	5	106, 108-109, 114, 115, 116
32.	Ik evalueer of de door mij gekozen manieren van instructie en verwerking effectief waren voor de meerderheid van de leerlingen in de klas	1	2	3	4	5	106-107, 108, 109
33.	Ik evalueer of een specifieke manier van instructie effectief was voor specifieke leerlingen	1	2	3	4	5	107, 108, 109, 114, 115, 116

Somscore : Aantal items 7 = Gemiddelde schaalscore

Bijlage I

Differentiatieprofiel

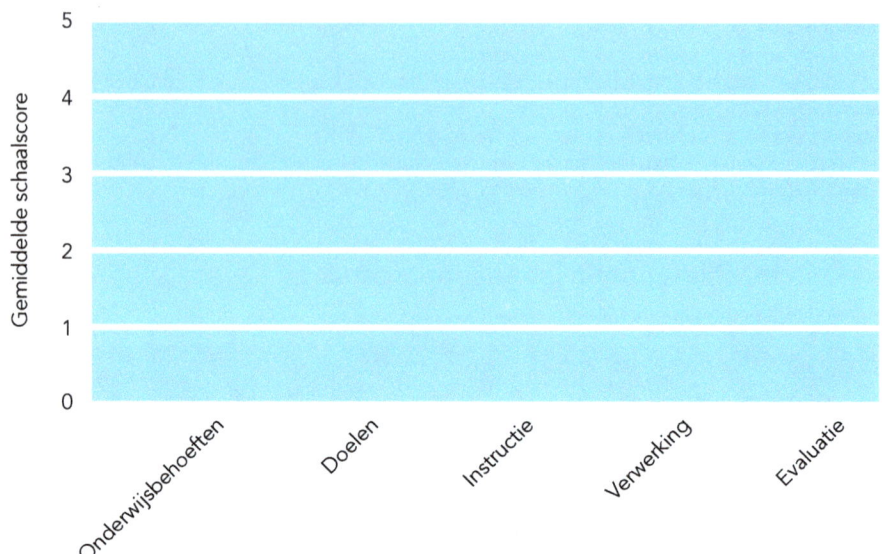

Bijlage II
Leerdoelen voor leerkrachten

Onderwijsbehoeften vaststellen

Alle leerkrachten:

Ik weet waar leerlingen met zwakke rekenvaardigheden over het algemeen behoefte aan hebben

Ik weet waar leerlingen met sterke rekenvaardigheden over het algemeen behoefte aan hebben

Ik kan de resultaten op de Cito-toets interpreteren

Ik kan de methodegebonden toets analyseren om meer zicht te krijgen op de onderwijsbehoeften van individuele leerlingen en de groep als geheel

Ik kan op basis van leerlingresultaten op de Cito-toets en methodegebonden toetsen een eerste indeling in subgroepen maken

Ik weet hoe ik peilingsspelletjes kan inzetten om te kijken wat een leerling al kan en waar het nog behoefte aan heeft

Gevorderd / expert:

Ik kan in een diagnostisch gesprek achterhalen welke oplossingsprocedures een leerling gebruikt

Ik gebruik diagnostische gesprekken om de onderwijsbehoefte van leerlingen scherper in beeld te brengen

Ik analyseer resultaten op de verschillende onderdelen van de Cito-toets om meer zicht te krijgen op de onderwijsbehoeften van individuele leerlingen

Ik analyseer leerlingwerk om de gebruikte oplossingsprocedures en de onderwijsbehoefte van leerlingen scherper in beeld te brengen

Ik verfijn mijn indeling in subgroepen met behulp van analyse van leerlingwerk / diagnostische gesprekken / peilingsspelletjes

Doelen stellen

Alle leerkrachten:

Ik kan per les, per lessencyclus en per leerjaar achterhalen wat de doelen uit mijn rekenmethode zijn

Ik ken het onderscheid dat in het project wordt gemaakt tussen basisdoelen (1S), verrijkingsdoelen (méér dan 1S), en naar beneden bijgestelde doelen (1F)

Voordat ik een les geef bedenk ik of er kinderen zijn die het basisdoel al (bijna) behaald hebben of leerlingen die het basisdoel met het methode-aanbod waarschijnlijk niet gaan halen

Ik weet in welke situaties het verstandig is om over te stappen op fundamentele doelen of Passende Perspectieven

Gevorderd / expert:

Ik stel weloverwogen verrijkingsdoelen voor leerlingen met sterke rekenvaardigheden

Differentiatie in instructie

Alle leerkrachten:

Ik ken het handelingsmodel en weet hoe ik hierin kan schakelen om tegemoet te komen aan de onderwijsbehoeften van mijn leerlingen

Ik ken het hoofdlijnenmodel en weet hoe ik dit kan gebruiken om te onderzoeken of een rekenprobleem voortkomt uit het niet succesvol afronden van een onderliggende hoofdlijn

Ik kan mijn klassikale instructie breed en interactief opzetten zodat leerlingen van uiteenlopend niveau ervan profiteren

Ik geef regelmatig instructie (verlengde instructie / preteaching) aan een subgroep van leerlingen met zwakke rekenvaardigheden

Leerlingen met sterke rekenvaardigheden doen alleen mee aan de klassikale instructie als dit voor hen meerwaarde heeft (bijvoorbeeld bij de introductie van nieuwe onderwerpen / oplossingsprocedures)

Gevorderd / expert:

Bij subgroepinstructie aan leerlingen met zwakke rekenvaardigheden onderzoek ik eerst wat de kern van het probleem is (bv. onderliggend handelingsniveau, onderliggende hoofdlijn, onderliggende leerlijn) en vervolgens pas ik mijn instructie hierop aan

Bij subgroepinstructie aan leerlingen met zwakke rekenvaardigheden besteed ik expliciet aandacht aan oplossingsprocedures en rekenstrategieën

Ik besteed systematisch aandacht aan leerlingen met sterke rekenvaardigheden, bijvoorbeeld door verrijkingsopdrachten met hen te bespreken in een subgroep

Differentiatie in verwerking

Alle leerkrachten:

Ik weet of en, indien van toepassing, welke differentiatie in verwerking mijn methode biedt voor leerlingen met zwakke en met sterke rekenvaardigheden

Ik kan bepalen of de verwerking zoals geboden in de methode aansluit bij de onderwijsbehoeften van de verschillende (subgroepen) leerlingen in mijn groep

Ik kan indien nodig de verwerking aanpassen (bijvoorbeeld toevoegen van materialen, aanpassen van opdrachten) voor leerlingen met zwakke rekenvaardigheden

Ik maak gebruik van compacting voor leerlingen met sterke rekenvaardigheden die hiervoor in aanmerking komen (hoge scores op Cito- en/of methodegebonden toets en minimaal 80% goed op de vooraf afgenomen toets)

Gevorderd / expert:

Ik weet hoe ik opdrachten uit de methode kan verrijken voor leerlingen met sterke rekenvaardigheden

Ik weet hoe ik een beredeneerde keuze kan maken voor bestaand verrijkingsmateriaal

Ik bied leerlingen met sterke rekenvaardigheden verrijkingswerk dat aansluit bij de verrijkingsdoelen en bij de onderwijsbehoeften van de leerlingen

Evaluatie

Alle leerkrachten:

Ik kan met behulp van Cito- en methodegebonden resultaten nagaan of mijn leerlingen de basisdoelen behaald hebben

Ik kan nagaan of de werkwijze die ik voor een individuele leerling of een subgroep gekozen heb effectief is geweest

Gevorderd /expert:

Ik kan nagaan of leerlingen voor wie ik de doelen naar beneden had bijgesteld deze behaald hebben (o.a. met aanvullende diagnostiek)

Ik kan nagaan of leerlingen de verrijkingsdoelen behaald hebben (o.a. door analyse van leerlingwerk en / of diagnostische gesprekken)

Organisatie

Alle leerkrachten:

Ik kan mijn rekenlessen zo organiseren (over de hele week) dat alle leerlingen voldoende aan bod komen in instructiemomenten

Gevorderd / expert:

Ik maak voorafgaand aan het blok een plan voor differentiatie (voorgenomen differentiatie in doelen, instructie en verwerking in grote lijnen)

Voorwaarden voor differentiatie

Alle leerkrachten:

Ik ken de meestgebruikte oplossingsstrategieën in mijn leerjaar en het jaar ervoor en erna

Ik ken de meestgebruikte didactische modellen in mijn leerjaar en het jaar ervoor en erna

Ik ken de leerlijnen van mijn eigen leerjaar en het jaar daarvoor en daarna

Ik weet wat referentieniveaus zijn en kan de link leggen tussen wat ik aanbied in mijn lessen en de referentieniveaus

Ik creëer in mijn klas een pedagogisch klimaat waarin verbetering ten opzicht van de eerdere eigen resultaten centraal staat en kinderen durven vragen te stellen en fouten durven maken.

Ik heb een helder klassenmanagement en het werken in subgroepen verloopt soepel

Ik ben weinig tijd kwijt aan wisselingen tussen activiteiten in de rekenles

Bijlage III
Kijkwijzer Differentiëren in de Rekenles

Handleiding

De kijkwijzer "differentiëren in de rekenles' bestaat uit 4 onderdelen:

A. Een observatie-instrument voor differentiatie in instructie en inoefening, bestaande uit de onderdelen:
   A1 klassikale instructie
   A2 verlengde instructie, preteaching en begeleide inoefening
   A3 subgroepinstructie aan leerlingen met sterke rekenvaardigheden
B. Een korte kijkwijzer voor algemene aspecten van effectieve instructie
C. Een handreiking voor het bespreken van differentiatie in zelfstandig verwerking. Differentiatie in verwerking is moeilijk te observeren tijdens de rekenles, maar is mogelijk wel interessant om te bespreken naar aanleiding van een observatie. Deze handreiking biedt u aanknopingspunten om hierover samen in gesprek te gaan.
D. Een appendix met voorwaarden voor differentiatie. Indien bepaalde aspecten van differentiatie moeilijk aan te pakken zijn, is het goed om terug te gaan naar de voorwaarden voor differentiatie en te bekijken of hieraan wordt voldaan.

Stappenplan voor het gebruik van het observatie-instrument

1. *Voorgesprek:* Bij de onderdelen in het observatie-instrument staan verschillende aspecten benoemd die wenselijk zijn bij differentiatie in de rekenles. Kies het onderdeel (of de onderdelen) van de les dat geobserveerd zal worden (bijvoorbeeld De klassikale instructie, deel A1). Bepaal welk(e) aspect(en) van het onderdeel u samen wilt observeren. Het is afhankelijk van de les, het onderwerp en de leerlingen in de groep of alle aspecten die genoemd staan van toepassing zijn. Bepaal bij het voorgesprek (of bij het ontwerpen van de les in het geval van een Lesson Study) welke aspecten van toepassing zijn. Bij het observeren kan gekozen worden voor de optie 'niet van toepassing tijdens deze rekenles'. In dit geval wordt het beschreven gedrag niet geobserveerd, maar bent u van mening dat dit gedrag in deze les ook niet wenselijk of noodzakelijk zou zijn.

   1 - onvoldoende
   2 - matig
   3 - voldoende
   4 - goed

5 - uitstekend

nvt - niet van toepassing tijdens deze les

2. *Observatie:* Kijk bij het observeren van de door u gekozen aspecten van de kijkwijzer zowel naar de frequentie waarmee iets voorkomt als de kwaliteit.

3. *Nagesprek:* Geef feedback op wat er al goed gaat en bekijk samen met de geobserveerde leerkracht hoe dit kan worden uitgebouwd.

Gebruikte bronnen

- With, J. de, Littel, H., & Hoogendijk, W. (2003). *De rekenles: Een vak apart.* CED-groep, Rotterdam.
- Observatieformulier effectieve instructie tijdens de rekenles. Bronnenboek SLO. www.slo.nl/primair/themas/als-je-merkt-dat-het-werkt/5._effectieve_instructie.zip/
- Visser, Y. (2003). *Coaching in het primair onderwijs.* Amersfoort: CPS.

Handelingsmodel

Mentaal handelen	Verwoorden / communiceren	Formeel handelen (formele bewerkingen uitvoeren)	Symbolen
		Voorstellen – abstract (representeren van de werkelijkheid aan de hand van denkmodellen)	Wiskundige denkmodellen
		Voorstellen – concreet (representeren van objecten en werkelijkheidssituaties in concrete afbeeldingen)	Realistische denkmodellen
		Informeel handelen in werkelijkheidssituaties (doen)	Doen

Hoofdlijnenmodel

Bijlage III

A1. Klassikale instructie

Leerkracht: _____   Observator: _____

Groep: _____   Les: _____   Datum: _____

	Tijdens de klassikale instructie komen de volgende handelingsniveaus aan bod						
1a	Informeel handelen (doen)	1	2	3	4	5	nvt
1b	Concrete representatie (realistische denkmodellen)	1	2	3	4	5	nvt
1c	Abstracte representatie (wiskundige denkmodellen)	1	2	3	4	5	nvt
1d	Het formele niveau (symbolen)	1	2	3	4	5	nvt
2	De leerkracht legt verbinding tussen de verschillende handelingsniveaus	1	2	3	4	5	nvt
3	De leerkracht stelt vragen die voor leerlingen met zwakke rekenvaardigheden te beantwoorden zijn	1	2	3	4	5	nvt
4	De leerkracht stelt vragen die ook voor leerlingen met sterke rekenvaardigheden uitdagend zijn	1	2	3	4	5	nvt
5	De leerkracht stelt open vragen die op verschillende niveaus opgelost kunnen worden	1	2	3	4	5	nvt
6	De leerkracht geeft denktijd nadat hij/zij een rekenprobleem aan de orde heeft gebracht	1	2	3	4	5	nvt
7	De leerkracht biedt de leerlingen de gelegenheid de opdracht (op papier) uit te werken	1	2	3	4	5	nvt
8	De leerkracht geeft leerlingen de gelegenheid om te overleggen nadat hij/zij een vraag heeft gesteld	1	2	3	4	5	nvt
9	De leerkracht besteedt aandacht aan het gebruik van strategieën (denkproces verwoorden)	1	2	3	4	5	nvt

1 = onvoldoende, 2 = matig, 3 = voldoende, 4 = goed, 5 = uitstekend, nvt = niet van toepassing tijdens deze les

A2. Verlengde instructie, preteaching en begeleide inoefening

Leerkracht: _____ Observator: _____

Groep: _____ Les: _____ Datum: _____

	Tijdens de instructie komen de volgende handelingsniveaus aan bod						
1a	Informeel handelen (doen)	1	2	3	4	5	nvt
1b	Concrete representatie (realistische denkmodellen)	1	2	3	4	5	nvt
1c	Abstracte representatie (wiskundige denkmodellen)	1	2	3	4	5	nvt
1d	Het formele niveau (symbolen)	1	2	3	4	5	nvt
2	De leerkracht legt verbinding tussen de verschillende handelingsniveaus	1	2	3	4	5	nvt
3	De leerkracht introduceert alvast onderwerpen die later in de klassikale instructie aan de orde komen (preteaching)	1	2	3	4	5	nvt
4	De leerkracht behandelt onderwerpen uit de vorige klassikale instructie (verlengde instructie)	1	2	3	4	5	nvt
5	De leerkracht behandelt onderliggende onderwerpen/vaardigheden die nog niet voldoende beheerst worden	1	2	3	4	5	nvt
6	De leerkracht onderzoekt met welke aspecten leerlingen problemen hebben	1	2	3	4	5	nvt
7	De leerkracht past het instructietempo aan op het tempo van de leerlingen (lager tempo)	1	2	3	4	5	nvt
8	De leerkracht legt de stof op een kwalitatief andere manier uit	1	2	3	4	5	nvt
9	De leerkracht bepaalt de voorkeursstrategie met de leerlingen met zwakke rekenvaardigheden	1	2	3	4	5	nvt
10	De leerkracht geeft expliciete instructie over één of meerdere rekenprocedures	1	2	3	4	5	nvt
11	De leerkracht biedt de leerlingen de mogelijkheid om oplossingsstrategieën te vergelijken	1	2	3	4	5	nvt
12	De leerkracht besteedt aandacht aan het gebruik van strategieën (denkproces verwoorden)	1	2	3	4	5	nvt

1 = onvoldoende, 2 = matig, 3 = voldoende, 4 = goed, 5 = uitstekend, nvt = niet van toepassing tijdens deze les

13	De leerkracht geeft denktijd nadat hij/zij een rekenprobleem aan de orde heeft gebracht	1	2	3	4	5	nvt
14	De leerkracht biedt de leerlingen de gelegenheid de opdracht (op papier) uit te werken	1	2	3	4	5	nvt
15	De leerkracht zorgt voor interactie tussen leerlingen over een of meerdere rekenprocedures	1	2	3	4	5	nvt
16	De leerkracht leert de leerlingen algemene stappenplannen aan die niet specifiek zijn voor een bepaald probleem	1	2	3	4	5	nvt
17	De leerkracht oefent de stof met de leerlingen in (begeleide inoefening)	1	2	3	4	5	nvt
18	De leerkracht stelt bij begeleide inoefening korte en duidelijke vragen / geeft korte opdrachten	1	2	3	4	5	nvt
19	De leerkracht gaat bij begeleide inoefening na of de leerlingen de leerstof begrijpen / beheersen	1	2	3	4	5	nvt
20	De leerkracht sluit bij begeleide inoefening aan bij de instructiebehoeften van de leerlingen, differentieert op lengte en inhoud van de inoefening	1	2	3	4	5	nvt
21	De leerkracht geeft rekeninhoudelijke feedback	1	2	3	4	5	nvt
22	De leerkracht geeft positieve feedback over inzet	1	2	3	4	5	nvt

1 = onvoldoende, 2 = matig, 3 = voldoende, 4 = goed, 5 = uitstekend, nvt = niet van toepassing tijdens deze les

A3. Subgroepinstructie voor leerlingen met sterke rekenvaardigheden

Leerkracht: _____ Observator: _____

Groep: _____ Les: _____ Datum: _____

	Tijdens de subgroepinstructie komen de volgende handelingsniveaus aan bod						
1a	Informeel handelen (doen)	1	2	3	4	5	nvt
1b	Concrete representatie (realistische denkmodellen)	1	2	3	4	5	nvt
1c	Abstracte representatie (wiskundige denkmodellen)	1	2	3	4	5	nvt
1d	Het formele niveau (symbolen)	1	2	3	4	5	nvt
2	De leerkracht legt verbinding tussen de verschillende handelingsniveaus	1	2	3	4	5	nvt
3	De leerkracht past het instructietempo aan op het tempo van de leerlingen (hoger tempo)	1	2	3	4	5	nvt
4	De leerkracht behandelt stof die complexer is	1	2	3	4	5	nvt
5	De leerkracht geeft instructie die uitdagend is voor de deelnemende leerlingen	1	2	3	4	5	nvt
6	De leerkracht geeft denktijd nadat hij/zij een rekenprobleem aan de orde heeft gebracht	1	2	3	4	5	nvt
7	De leerkracht biedt de leerlingen de gelegenheid de opdracht (op papier) uit te werken	1	2	3	4	5	nvt
8	De leerkracht besteedt aandacht aan het gebruik van strategieën (denkproces verwoorden)	1	2	3	4	5	nvt
9	De leerkracht biedt de leerlingen de mogelijkheid om oplossingsstrategieën te vergelijken	1	2	3	4	5	nvt
10	De leerkracht stimuleert de ontwikkeling van redeneervaardigheden (bijvoorbeeld door leerlingen te laten argumenteren)	1	2	3	4	5	nvt
11	De leerkracht geeft rekeninhoudelijke feedback	1	2	3	4	5	nvt
12	De leerkracht geeft positieve feedback over inzet	1	2	3	4	5	nvt

1 = onvoldoende, 2 = matig, 3 = voldoende, 4 = goed, 5 = uitstekend, nvt = niet van toepassing tijdens deze les

B. Algemene aspecten van effectieve instructie (los van differentiatie)

Leerkracht: _____   Observator: _____

Groep: _____ Les: _____   Datum: _____

1	De leerkracht maakt een koppeling met gerelateerde voorgaande stof	1	2	3	4	5	nvt
2	De leerkracht laat de leerlingen de benodigde voorkennis ophalen	1	2	3	4	5	nvt
3	De leerkracht vertelt het doel van de les in taal die leerlingen begrijpen	1	2	3	4	5	nvt
4	De leerkracht zorgt voor veel interactie tussen leerlingen	1	2	3	4	5	nvt
5	De leerkracht zorgt voor veel interactie tussen leerkracht en leerlingen	1	2	3	4	5	nvt
6	De leerkracht geeft de leerlingen de gelegenheid tot het stellen van vragen	1	2	3	4	5	nvt
7	De leerkracht laat leerlingen aan het einde van de les reflecteren op de inhoud van de les	1	2	3	4	5	nvt
8	De leerkracht laat leerlingen aan het einde van de les reflecteren op het leerproces	1	2	3	4	5	nvt
9	De leerkracht controleert aan het einde van de les welke leerlingen het lesdoel gehaald hebben	1	2	3	4	5	nvt

1 = onvoldoende, 2 = matig, 3 = voldoende, 4 = goed, 5 = uitstekend, nvt = niet van toepassing tijdens deze les

Kijkwijzer Differentiëren in de Rekenles

C. Handreiking voor differentiëren in verwerking

Leerkracht: _____   Observator: _____

Groep: _____   Les: _____   Datum: _____

De onderstaande onderwerpen bieden u aanknopingspunten voor een gesprek over differentiatie in verwerking

Algemeen

1. De leerkracht laat de inhoud van de verwerkingsopdrachten aansluiten bij de instructiefase
2. De leerkracht differentieert bij het geven van verwerkingsopdrachten naar het niveau van de leerlingen
3. Leerlingen mogen zelf ondersteunend materiaal kiezen bij de verwerking van opdrachten
4. De leerkracht reikt ondersteunend materiaal aan bij de verwerking van opdrachten (bijv. munten bij geldsommen of kladblaadje)

Verwerking door leerlingen met zwakke rekenvaardigheden

1. (Bepaalde) leerlingen met zwakke rekenvaardigheden mogen de moeilijker sommen overslaan
2. De leerkracht reikt ondersteunend materiaal aan bij de verwerking van opdrachten (bijv. munten bij geldsommen of kladblaadje)
3. De leerlingen kunnen zelf ondersteunend materiaal pakken bij de verwerking van opdrachten
4. De leerkracht laat de leerlingen handelen, tekenen en schrijven

Verwerking door leerlingen met sterke rekenvaardigheden

1. (Bepaalde) leerlingen met sterke rekenvaardigheden mogen bepaalde sommen overslaan
2. Compacting gebeurt op basis van
   ☐ de richtlijnen uit de methode
   ☐ compactingboekje (bijv. van SLO)
   ☐ anders, namelijk ...
3. Als leerlingen met sterke rekenvaardigheden klaar zijn met de basisopdrachten worden verrijkingsopdrachten gemaakt
4. Het verrijkingsmateriaal voor leerlingen met sterke rekenvaardigheden sluit beredeneerd aan bij de onderwijsbehoefte van de leerlingen
5. De leerkracht laat de leerlingen handelen, tekenen en schrijven

Bijlage III

D. Appendix: Voorwaarden voor differentiëren

Als het moeilijk blijkt om bepaalde aspecten van differentiatie in de rekenles aan te pakken, dan kunt u met onderstaande lijst nagaan of wordt voldaan aan de voorwaarden voor differentiëren.

☑ Vink aan als aan de voorwaarde wordt voldaan

a) Pedagogisch klimaat & klassenmanagement
b) Werkhouding
c) Zelfstandig werken
d) Samen oefenen en rekenproblemen oplossen

Leerkracht: _____ Observator: _____

Groep: _____ Les: _____ Datum: _____

Pedagogisch klimaat & Klassenmanagement

- ☐ De leermaterialen liggen klaar
- ☐ De afspraken zijn voor alle leerlingen duidelijk
- ☐ De les wordt nauwelijks onderbroken / de groepen storen elkaar niet
- ☐ De wisseling van groeperingsvormen verloopt snel
- ☐ De leertijd wordt efficiënt gebruikt: leerlingen kunnen op eigen niveau vooruit
- ☐ Er zijn regels zichtbaar aanwezig (bijv. pictogrammen)
- ☐ De regels worden door de leerkracht en leerlingen serieus genomen
- ☐ De kwaliteit van de regels is goed
- ☐ Er is respect voor elkaar: leerkracht - leerlingen
- ☐ Er is respect voor elkaar: leerlingen onderling
- ☐ De leerkracht is persoonlijk betrokken bij de leerlingen
- ☐ Er heerst een prettige werksfeer
- ☐ Leerlingen zijn op hun gemak bij het stellen van vragen en het vragen om hulp
- ☐ De leerkracht benadrukt verbetering t.o.v. eerdere prestaties i.t.t. competitie met andere leerlingen

Werkhouding

- [ ] De leerlingen zitten op hun plaats als dat van hun verwacht wordt
- [ ] De leerlingen luisteren naar de leerkracht
- [ ] De leerlingen luisteren naar elkaar als het over het rekenonderwerp gaat
- [ ] De leerlingen geven alleen een reactie nadat ze een beurt krijgen
- [ ] De leerlingen geven op de afgesproken manier aan dat ze de beurt willen
- [ ] De leerlingen proberen een antwoord te bedenken op een vraag die de leerkracht in het algemeen stelt
- [ ] De leerlingen gaan na een opdracht direct aan het werk
- [ ] De leerlingen werken door bij het individueel werken
- [ ] De leerlingen werken goed door, ongeacht de groeperingsvorm
- [ ] De leerlingen lossen zelf problemen op: een vol schrift, lege pen, stomp potlood e.d.
- [ ] De leerkracht hoeft weinig te interrumperen om de regels en afspraken te handhaven
- [ ] Een brede range van leerlingen doet actief mee

Zelfstandig werken & hulp

- [ ] Er zijn duidelijke gedragsregels m.b.t. zelfstandig werken
- [ ] De leerlingen helpen elkaar bij regelzaken
- [ ] De leerlingen helpen elkaar bij de inhoud van het werk
- [ ] De leerlingen vragen hulp aan de leerkracht
- [ ] De leerlingen vragen hulp aan elkaar als dat toegestaan is
- [ ] De leerlingen accepteren hulp van elkaar
- [ ] Er wordt duidelijk aangegeven wanneer leerlingen hulp kunnen vragen/geven
- [ ] De opdracht staat duidelijk en volledig op het bord
- [ ] De leerlingen kunnen de overstap maken naar de volgende opdracht
- [ ] De leerkracht maakt regelmatig een ronde door de klas bij het zelfstandig werken
- [ ] Er wordt een beginronde gemaakt om te checken of iedereen aan de gang is
- [ ] De leerkracht houdt bij het zelfstandig werken goed overzicht
- [ ] De leerkracht maakt goed onderscheid tussen hulp en ondersteuning
- [ ] Het gewenste gedrag wordt regelmatig voor- en nabesproken en concreet genoemd
- [ ] Gelet op lesdoel en groepssituatie is het zelfstandig werken een goed gekozen werkvorm

Samen oefenen en rekenproblemen oplossen

- ☐ De leerlingen maken afspraken
- ☐ De leerlingen komen afspraken na
- ☐ De leerlingen verdelen beurten
- ☐ De leerlingen gaan eerst zelf over de oplossing nadenken
- ☐ De leerlingen beginnen op het afgesproken moment tegelijk met bespreken
- ☐ Iedere leerlingen binnen het groepje komt aan de beurt
- ☐ De leerlingen argumenteren met elkaar
- ☐ De leerlingen verwoorden allemaal het antwoord van de groep
- ☐ De leerlingen luisteren naar elkaar
- ☐ De leerlingen signaleren dat de andere de opgaven niet begrijpt of anders interpreteert
- ☐ De leerlingen geven elkaar op een aardige manier feedback
- ☐ De leerlingen helpen elkaar zonder direct voor te zeggen
- ☐ Rollen van de leerlingen worden duidelijk verdeeld toegelicht en geoefend
- ☐ De rollen worden gecodeerd (denk aan voorzittersketting()
- ☐ Het gewenste gedrag wordt regelmatig voorbesproken, voorgedaan of concreet benoemd
- ☐ De leerkracht maakt een beginronde door de klas om te checken of iedereen aan het werk is
- ☐ De leerkracht maakt regelmatig een ronde door de klas bij het samenwerken
- ☐ De leerkracht heeft bij het samenwerken een goed overzicht
- ☐ Het gewenste gedrag wordt regelmatig nabesproken en concreet benoemd

Bijlage IV
Aanbieders van het GROW-traject

Onderstaande instellingen hebben de trainingsmaterialen uit GROW tot hun beschikking en onderwijsadviseurs in dienst die de werkwijze met de differentiatiecyclus in scholen kunnen implementeren.

Naam instelling	Contactpersoon	website
CED-Groep	Ruud Janssen	www.cedgroep.nl
CPS Onderwijsontwikkeling & advies	Henk Logtenberg	www.cps.nl
Expertis	Ina Cijvat	www.expertis.nl
Hogeschool Windesheim	Jarise Kaskens	www.windesheim.nl
Rekenkracht	Bronja Versteeg	www.rekenkracht.com
Marnix Onderwijscentrum	Carla Compagnie	www.marnixonderwijscentrum.nl